园林工程从新手到高手——

假山、水景、景观小品工程

主编 何艳艳

参编 魏文智 阎秀敏 白巧丽
孙玲玲 董亚楠

本书将内容分为新手必读与高手必懂及综合实例三部分，以帮助读者掌握专业内容的关键点，从而快速提升从业技能。

本书共分为五章，内容包括：假山、水景、景观小品工程的基础知识，假山工程，水景工程，景观小品工程以及综合实例。

本书内容通俗易懂，简明扼要，可作为园林工程现场施工人员的技术参考书，也可作为园林相关专业人员的参考资料。

本书超值赠送专业相关实景照片与视频。

图书在版编目(CIP)数据

园林工程从新手到高手：假山、水景、景观小品工程/何艳艳主编．—北京：机械工业出版社，2021.3

ISBN 978-7-111-67679-9

Ⅰ．①园…　Ⅱ．①何…　Ⅲ．①园林－工程施工　Ⅳ．①TU986.3

中国版本图书馆CIP数据核字（2021）第039235号

机械工业出版社(北京市百万庄大街22号　邮政编码100037)
策划编辑：张　晶　责任编辑：张　晶　吴海宁
责任校对：刘时光　封面设计：马精明
责任印制：李　昂
北京机工印刷厂印刷
2021年5月第1版第1次印刷
184mm×260mm · 13.5印张 · 360千字
标准书号：ISBN 978-7-111-67679-9
定价：49.00元

电话服务	网络服务
客服电话：010-88361066	机　工　官　网：www.cmpbook.com
010-88379833	机　工　官　博：weibo.com/cmp1952
010-68326294	金　　书　　网：www.golden-book.com
封底无防伪标均为盗版	机工教育服务网：www.cmpedu.com

PREFACE

前　言

随着我国经济的快速发展，城市建设规模不断扩大，作为城市建设重要组成部分的园林工程也随之快速发展。人们的生活水平不断提高，因而越来越重视生态环境，园林工程对于改善环境具有重大影响。

园林工程是一门主要研究园林建设的工程技术，包括地形改造的土方工程，叠山、置石工程，园林理水工程和园林驳岸工程，喷泉工程，园林的给水排水工程，园路工程，种植工程等。园林工程的特点是以工程技术为手段，塑造园林艺术的形象。在园林工程中如何运用新材料、新设备、新技术是当前的重大课题。园林工程的中心内容是如何在综合发挥园林的生态效益、社会效益和经济效益的前提下，处理园林中的工程设施与园林景观之间的矛盾。

园林工程施工人员是完成园林施工任务的最基层的技术和组织管理人员，是施工现场建设一线的组织者和管理者。随着人们对园林工程越来越重视，园林施工工艺越来越复杂，导致对施工人员的要求不断提高。因此需要大量掌握园林施工技术的人才，来满足规模日益扩大的园林工程。为此，我们特别编写了“园林工程从新手到高手”丛书。

本丛书共5分册，包括：《园林基础工程》《园路、园桥、广场工程》《假山、水景、景观小品工程》《园林种植设计与施工》《园林植物养护》。

本丛书不仅涵盖了先进、成熟、实用的园林施工技术，还包括了现代新材料、新技术、新工艺等方面的知识及实际案例，力求做到技术先进、实用，文字通俗易懂，以满足不同文化层次的施工技术人员和读者的需求。

由于时间有限，书中难免有不妥之处，希望广大读者批评指正。

编　者

CONTENTS

目录

第一章 假山、水景、景观小品工程的基础知识

第一节 假山工程概述

【新手必读】假山的概念

假山是园林中以造景为目的，用土、石等材料构筑的山。人们通常称呼的“假山”实际上包括假山和置石两个部分。

图 1-1 苏州环秀山庄假山

假山是以造景游览为主要目的，充分地结合其他多方面的功能作用，以土、石等为材料，以自然山水为蓝本并加以艺术化的提炼和夸张，人工再造的山水景物的统称，如图 1-1 所示。

置石是以山石为材料，做独立性或附属性的造景布置，主要表现山石的个体美或局部的组合美，而不具备完整的山形形态，如图 1-2 所示。

图 1-2 苏州怡园山石景观

假山和置石的区别：一般地说，假山的体量大而集中，可观可游，使人有置身于自然山林之感。置石则主要以观赏为主，结合一些功能方面的作用，体量较小而分散。

【新手必读】假山的作用

我国园林要求达到“虽由人作，宛自天开”的高超艺术境界。园主为了满足游览活动的需要，必然要建造一些体现人工美的园林建筑。但就园林的总体规划而言，在景物

外貌的处理上则要求人工美从属于自然美，并把人工美融合到体现自然美的园林景观中去。假山之所以在我国园林中得到广泛的应用，主要在于假山可以满足这种要求和愿望。

假山的作用主要表现在以下 5 个方面：

方面一：作为自然山水园的主景和地形骨架

一些采用突出主景的布局方式的园林尤其重视假山作为自然山水园的主景和地形骨架作用，或以山为主景，或以山石为驳岸的水池作主景。整个园子的地形骨架、起伏、曲折皆以此为基础来变化，这类园林实际上是假山园。

例如：金代在太液池中用土石相间的手法堆叠的琼华岛（今北京北海白塔山）、明代南京徐达王府的西园（今南京瞻园）、明代所建今上海豫园、清代扬州个园和苏州环秀山庄等，总体布局都是以山为主，以水为辅，其中建筑并不一定占主要的地位，如图 1-3、图 1-4 所示。

图 1-3　北京北海白塔山

方面二：作为园林划分空间和组织空间的手段

对于集锦式布局的园林，假山的作用显得尤为重要和明显。用假山组织空间还可以结合园林景观作为障景、对景、背景、框景、夹景等手法灵活运用。我国园林善于运用“分景”的手法，根据用地功能和造景特色将园子化整为零，形成丰富多彩的景区，这就需要划分和组织空间。划分空间的手段很多，利用假山划分空间则是从地形骨架的角度来划分，使空间具有自然和灵活的特点。特别是用山水结合相映成趣地来组织空间，使空间更富于性格的变化。

图 1-4　南京瞻园

例如：圆明园“武陵春色”为了表现世外桃源的意境，用土山将地块分隔成独立的空间，其中又运用“两山夹水，时收时放”的手法作出“桃花溪”“桃花洞”“渔港”等地形变化，于极狭处见辽阔，似塞又通，由暗窥明，给人以“山重水复疑无路，柳暗花明又一村”的体验，如图 1-5 所示。

图 1-5　圆明园“桃花洞”遗址

方面三：运用山石小品作为点缀园林空间和陪衬建筑、植物的手段

山石的点缀和陪衬作用在我国南、北方园林中均有所见，以江南私家园林运用最为广泛。

例如：苏州留园东部庭院的空间基本是用山石和植物装点而成，有的园林以山石作花台，或以石峰凌空，或藉以粉墙前散置，或以竹、石结合作为廊间转折的小空间和窗外的对景，如图1-6 所示。

图 1-6 苏州留园

方面四：用山石做驳岸、挡土墙、护坡和花台等

在坡度较陡的土山坡地常散置山石以作护坡。这些山石可以阻挡和分散地表径流，降低地表径流的流速，从而减少水土流失。在用地面积有限的情况下要堆起较高的土山，则需利用山石作山脚的藩篱。这样，由于土易崩而石可壁立，就可以缩小土山所占的底盘面积并使其具有相当的高度和体量，如图 1-7 所示。

图 1-7 山石护坡

方面五：作为室内外自然式的家具或器设

山石可作为室内外自然式的家具或器设，如石屏风、石榻、石桌、石几、石凳、石栏等，既不怕日晒夜露，又可结合造景。此外，山石还可用作室内外楼梯（称为云梯）、园桥、汀石和镶嵌门、窗、墙等，如图 1-8 所示。

假山作用的归纳总结：假山的这些功能都是和造景密切结合的，在园林布局中可以因高就低，随势赋形。山石与园林中其他组成元素诸如建筑、园路、广场、植物等组成各式各样的园景，使人工建筑物和构筑物自然化，减少某些建筑物线条呆板、生硬的缺陷，增加自然、生动的气氛，使人工美通过假山或山石的过渡与自然山水园的环境构成协调的关系。因此，假山则成为我国自然山水园最普遍、最灵活和最具体的一种造景元素。

图 1-8 石凳与石屏风

【新手必读】假山分类

假山景观的应用主要体现在布置庭院、驳岸、护坡、挡土墙，设置自然式花台等，还可以与园林建筑、园路、场地和园林植物组合成富于变化的景致。

根据假山主要材料、景观特征、环境取景的不同，可以分成多个类别。

一、按主要材料划分

土山

土山以土壤作为基本堆山材料，在陡坎、陡坡处，可用块石作护坡、挡土墙或作蹬道，但一般不用自然山石在山上造景。这类假山占地面积往往很大，是构成园林基本地形和基本景观的重要构造元素。在实际造园中，常利用建筑垃圾（如废砖瓦、墙土等）堆积成山，外覆土壤而成，如图1-9所示。

图1-9　土山

石山

石山的堆山材料主要是自然山石，只在石间空隙处填土配植植物。由于这类假山造价较高，故一般规模都比较小，主要用在庭院、水池等空间比较闭合的环境中，或者在挡土墙一侧作为瀑布、滴泉的山体来应用，以取得事半功倍的景观效果，如图1-10所示。

图1-10　石山

带石土山

带石土山的主要堆山材料是泥土，指在土山的山凹、山麓点缀岩石，在陡坎或山顶部分用自然山石堆砌成的悬崖绝壁景观，一般还有山石做成的梯级和磴道。带石土山可以做得比较高，但其用地面积却比较小，多用在较大的庭园中，如图1-11所示。

图1-11　带石土山

带土石山

带土石山从外观看主要是由自然山石筑成的，山石多用在山体的表面，由石山墙体围成假山的基本形状，墙后则用泥土填实。这种土石结合而露石不露土的假山占地面积较小，山体的特征却尤为突出，适宜于营造奇峰、悬崖、深峡、崇山峻岭等多种山地景观，在我国古典园林中最为常见，如图1-12所示。

图1-12　带土石山

塑山

FRP塑山、塑石：FRP是玻璃纤维增强塑料的简称，俗称玻璃钢。它是由不饱和聚酯树脂与玻璃纤维结合而成的一种质量轻、质地韧的复合材料。FRP工艺成型速度快、质薄而轻、刚度好、耐用、价廉、方便运输，可直接在工地施工，适用于异地安装的塑山工程。但FRP具有对操作者的要求高；劳动条件差，树脂溶剂为易燃品；工厂制作过程中产生有毒气体；玻璃钢在室外强日照下，受紫外线的影响，易导致表面酥化，寿命为20～30年等特性。

GRC假山：GRC是玻璃纤维增强水泥的简称，是将耐碱玻璃纤维加入到低碱水泥砂浆中硬化后产生的高强度的复合物。优点是：石的造型、皴纹逼真，具岩石坚硬润泽的质感，模仿效果好；材料自身质量轻，强度高，抗老化且耐水湿，易进行工厂化生产，施工方法简便、快捷、造价低，可在室内外及屋顶花园等处广泛使用；GRC假山造型设计、施工工艺较好，可塑性大，在造型上需要特殊表现时可满足要求，加工成各种复杂形体，与植物、水景等配合，可使景观更富于变化和表现力；GRC造假山可利用计算机进行辅助设计，结束过去假山工程无法做到石块定位设计的历史，使假山不仅在制作技术上有所推进，而且在设计手段上取得了新突破；具有环保特点，可取代真石材，减少对天然矿产及林木的开采。

CFRC塑石：CFRC即碳纤维增强混凝土。20世纪70年代，英国首先制作出聚丙烯腈基碳素纤维增强水泥基材料的板材，并应用于建筑工程，开创了CFRC应用的先例。

CFRC人工岩：是把碳纤维搅拌在水泥中，制成碳纤维增强混凝土并用于造景工程。其抗盐侵蚀、抗水性、抗光照能力等方面均明显优于GRC，并具抗高温、抗冻融及抗干湿变化等优点。其强度长期保持，适合用于河流、港湾等各种自然环境的护岸、护坡。由于其具有电磁屏蔽功能和可塑性，因此可用于隐蔽工程，也适用于园林假山造景、彩色路石、广告牌、浮雕等各种景观的创造。

二、按景观特征划分

仿真型假山

仿真型假山的造型是真实自然山形的模仿或微缩，山景逼真。峰、崖、岭、谷、洞、壑的形象都按照自然山形塑造，能够以假乱真，达到“虽由人作，宛自天开”的景观效果，如图1-13所示。

写意型假山

写意型假山的山景具有一些自然山形特征，但经过明显的抽象概括和夸张处理。在塑造山形时，特意夸张了山体的动势、山形的变化和山景的寓意，而不再以自然山形作为造景的主要依据，如图1-14所示。

图1-13 仿真型假山

图1-14 写意型假山

透漏型假山

透漏型假山的山景基本没有自然山形的特征，而是由很多穿眼嵌空的奇形怪石堆叠成可游可行可登攀的石山地。山体中洞穴、孔眼密布，透漏特征明显，身在其中也能感到一些山地境界，如图1-15所示。

实用型假山

实用型假山既可以有自然山形特征，又可以没有山形特征，其造型多数是一些庭院实用品的形象，如庭院山石门、山石屏风、山石楼梯、山石墙等。在现代公园中，也常把工具房、配电房、厕所等附属小型建筑掩藏在假山内部，如图1-16所示。

图1-15　透漏型假山

图1-16　实用型假山

盆景型假山

盆景型假山指在一些园林庭园中，将山石布置成大型的山水盆景。盆景中的山水景观大多数都是按照真山真水形象塑造的，有着显著的小中见大的艺术效果，能够让人领会到咫尺千里的山水意境，如图1-17所示。

图1-17　盆景型假山

三、按环境取景划分

以楼面做山

以楼面做山指以楼房建筑为主，用假山叠石做陪衬，强化周围的环境气氛。这种类型在园林建筑中应用普遍，如图 1-18 所示。

依坡岩叠山

依坡岩叠山指假山营造多与山亭建筑相结合，利用土坡山丘的边岩叠石成山。将石块半嵌在土中，显得厚重有根。土壤自然潮湿，使得林木芳草丛生，在山上建一小亭，更显得幽雅自然，如图 1-19 所示。

图 1-18　以楼面做山

图 1-19　依坡岩叠山

水中叠岛成山

水中叠岛成山指在水中用山石堆叠成岛山，在山上配以建筑。这种假山工程庞大，但具有非常高的观赏性，如图 1-20 所示。

点缀型小假山

点缀型小假山指在庭院中、房屋旁、水池边，用几块山石堆叠的小假山，作为环境布局的点缀。高不过屋檐，径不过五尺[㊀]，规模不大，小巧玲珑，如图 1-21 所示。

图 1-20　水中叠岛成山

图 1-21　点缀型小假山

㊀ 1 尺 =0.33 米。

【高手必懂】山石造景应用

园林假山石以大自然山水为创作的源泉和依据，以山石为材料，做独立性或依附性的造景布置，表现出山石的个体美。假山与园林建筑相结合，打破了建筑物呆板的风格，使其趋于自然、曲折，如花架、回廊转折处的廊间山石小品、漏窗、门洞透景石、云梯等。此外，山石还可作为园林建筑的台基、支墩、护栏和镶嵌门窗，装点建筑物入口。

一、置石

置石是将石材或仿石材布置成自然露岩景观的造景手法，如图1-22所示。置石还可结合挡土、护坡以发挥种植床或器设等实用功能，并可点缀园林空间。置石能够用简单的形式，体现较深的意境，达到“寸石生情”的艺术效果。置石的配置方式又可分为特置、对置、散置、群置和山石器设。

图1-22 苏州留园石林小院

二、山石与园林建筑相结合

这是用山石来陪衬建筑的做法，即用少量的山石在适宜的部位装点建筑，营造出将建筑置于自然的山岩上的效果。所置山石模拟自然裸露的山岩，建筑则依岩而建。因此，山石在这里所表现的实际是大山之一隅，可以适当运用局部夸张的手法。其目的仍然是减少人工的气氛，增添自然的气氛。常见的结合形式有以下6种：

形式一：山石踏跺和蹲配

图1-23 山石踏跺

踏跺是用于丰富建筑立面、强调建筑出入口的手段。中国传统的建筑多建于台基之上，出入口的部位需要有台阶作为室内外上下的衔接部分。园林建筑常将自然山石作为踏跺，它不仅有台阶的功能，而且有助于从人工建筑到自然环境的过渡，如图1-23所示。石材多选择扁平状的长方形，间以各种角度的梯形甚至是不等边的三角形。每级高在10～30cm，甚至可以更高一些，每级的高度不一。由台明出来的头一级可与台基地面同高，使人在下台阶前有个准备。山石每一级都向下坡方向设置2%的倾斜坡度以便排水。石级断面要上挑下收，以免人们上台阶时脚尖碰到石级上沿。用小块山石拼合的石级，拼缝要上下交错，以上石压下缝。

蹲配是常和踏跺配合使用的一种置石方式。蹲配以体量大而高者为“蹲”，体量小而低者为配。蹲配可兼备垂带和门口对置的石狮、石鼓之类装饰品的作用，但从外形上又不像垂带和石鼓那样呆板。既可作为石级两端支撑的梯形基座，也可以由踏跺本身层层迭上而用蹲配遮挡两端不易处理的侧面。在保证这些实用功能的前提下，蹲配在空间造型上则可利用山石的形态极尽自然变化。蹲配也可“立”、可“卧”，以求组合上的变化。但务必使蹲配在建筑轴线两旁有均衡的构图关系。

山石踏跺有石级平列的，也有互相错列的；有径直而入的，也有偏径斜上的。当台基不高时，可以采用前坡式踏跺；当游人出入量较大时，可采用分道而上的办法。总之，踏跺虽小，但可以发挥匠心的处理却不少。一些现代园林布置常在台阶两旁设花池，并把山石和植物结合在一起用以装饰建筑出入口。

图 1-24　抱角

形式二：抱角与镶隅

以山石成环抱之势紧包基脚墙面称为抱角（图 1-24）；以山石填镶墙内角称为镶隅。在建筑外面包一些山石使得建筑似坐落在自然的山岩上。山石抱角和镶隅的体量均须与墙体所在空间取得协调，也可以用以小衬大的手法，用小巧的山石衬托宏伟、精致的园林建筑。

江南园林多用山石作小花台来镶填墙隅。花台内点植体量不大却又灵动、轻盈的观赏植物。由于花台两面靠墙，植物的枝叶必然向外斜伸，从而使本来比较呆板、平直的墙隅变得生动活泼而富于光影、风动的变化。

图 1-25　壁山

形式三：粉壁置石

粉壁置石一般指以墙作为背景，在面对建筑的墙面、山墙或建筑墙面前基础种植的部位作石景或山景布置，因此也称“壁山”，如图 1-25 所示。在江南园林中，这种布置随处可见。有的结合花台、特置和各种植物布置，式样多变。

形式四：回廊转折处的廊间山石小品

园林中的回廊为了营造空间的变化或使游人可以从不同角度去观赏景物，在平面上往往做成曲折回环的半壁廊。这样便会在廊与墙之间形成一些大小不一、形体各异的小天井空隙地，使园林中很小的空间也富于层次和景致的变化。同时可以诱导游人按设计的游览序列入园，丰富沿途的景致，使建筑空间小中见大，活泼无拘，如图 1-26 所示。

图 1-26　廊间山石小品

形式五：“尺幅窗”和“无心画”

园林景色为了使室内外互相渗透常用漏窗透石景，如图 1-27 所示。以“尺幅窗”透取“无心画”是从暗处看明处的取景手法，窗花有剪影的效果，加以石景以粉墙为背景，从早到晚，窗景因时而变。

苏州留园东部“揖峰轩”北窗三叶均以竹石为画。微风拂来，竹叶翩洒，阳光投入，修篁弄影。些许小空间却十分精美、雅致，居室内而得室外风景之美。此外，山石还可作为园林建筑的台基，支墩和镶嵌门窗，变化之多，不胜枚举。

形式六：云梯

云梯指以山石叠成的室外楼梯，如图 1-28 所示。既可节约使用室内建筑面积，又可形成自然山石景。如果只能在功能上作为楼梯而不能成景则不是上品。云梯的建造最忌山石楼梯暴露无遗，和周围的景物缺乏联系和呼应。而做得好的云梯往往是组合丰富，变化自如。

图 1-27　“尺幅窗”透取“无心画”

图 1-28　云梯

三、山石与植物相结合

图 1-29　山石花台

山石花台在江南园林中运用极为普遍，如图 1-29 所示。主要原因是这一带地下水位较高，土壤排水不良，一些名花如牡丹、芍药之类却要求土壤排水良好。为此，用花台提高种植地面的高程，可以相对地降低地下水位，为这些观赏植物的生长创造合适的生态条件，同时又可以将花卉提高到合适的高度，以免躬下身去观赏；花台之间的铺装地面是自然式的路面，庭院中的游览路线可以运用山石花台来组合；山石花台的形体可随机应变，小可占角，大可成山，特别适合与壁山结合随心变化。

四、叠山

叠山较之置石就复杂得多了，需要考虑的因素也更多一些，要求把科学性、技术性和艺术性统筹考虑。历代的假山匠师多由画师而来，因此我国传统的山水画论也就成为指导叠山实践的艺术理论基础，故有“画家以笔墨为丘壑，掇山以土石为皴擦。虚实虽殊，理致则一”之说。

假山最根本的法则就是“有真为假，做假成真”。这是中国园林所遵循的“虽由人作，宛自天开”的总则在叠山方面的具体化。假山必须合乎自然山水地貌景观形成和演变的科学规律，在外观上注重整体感，在结构方面注意稳定性，假山营造手法可归纳为以下 7 点：

营造手法一：山水结合，相映成趣

中国园林把自然风景看成是一个综合的生态环境景观，山水是自然景观的主要组成。如果片面地强调堆山叠石却忽略了其他的因素，其结果必然是“枯山”“童山”而缺乏自然的活力。苏州环秀山庄山峦起伏构成主体，弯月形水池环抱山体西、南两面，一条幽谷山涧穿贯山体再入池，如图 1-30 所示。苏州拙政园中部以水为主，池中却又造山作为对景，山体又被水池的支脉分割为主次分明而又密切联系的两座岛山，这为拙政园的地形奠定了关键性的基础，如图 1-31 所示。南京瞻园因用地南北狭长而使假山各居两端，池在两山麓又以长溪相沟通。此类都是山水结合的成功之作。

图 1-30　苏州环秀山庄

图 1-31　苏州拙政园

营造手法二：相地合宜，构园得体

自然山水景物丰富多样。在一个具体的园址上究竟要在什么位置造山，造什么样的山，采用哪些山水地貌组合单元，都必须结合相地、选址，因地制宜地把主观要求和客观条件相结合，把所有的园林组成元素作统筹的安排。如避暑山庄在澄湖中设“青莲岛”，岛上建烟雨楼以仿嘉兴的烟雨楼，而在澄湖东部则辟小金山以仿镇江金山寺，如图 1-32 所示。这两处假山总体布局摹拟名景，但具体处理又必须立足于客观条件。只有因地制宜地确定山水地貌才能达到“构园得体”和“有若自然”。

图 1-32　承德避暑山庄青莲岛

营造手法三：巧于因借，混假于真

“巧于因借，混假于真”也是因地制宜的一个方面，即利用环境条件造山。如果园之远近有自然山水相因，那就要灵活地加以利用。在“真山”附近造假山是用“混假于真”的手段取得“真假难辨”的造景效果。例如，位于无锡惠山东麓的寄畅园借九龙山、惠山于园内作为远景；承德避暑山庄借远处的磬锤峰为远景，将美丽的外景收于园内，别有一番景色耐人寻味，如图 1-33 所示。

图 1-33　无锡寄畅园借景惠山

“混假于真”的手法不仅用于布局取势，也用于细部处理。颐和园的“桃花沟”和“画中游”等都是用本山裸露的岩石为材料，把人工堆叠的山石和自然露岩相混布置，也都收到了“作假成真”的成效。

营造手法四：独立端严，次相辅弼

“独立端严，次相辅弼”即要主景突出，先立主体，再考虑如何搭配次要景物以突出主体景物。布局时应先从园的功能和意境出发并结合用地特征来确定宾主之位。假山必须根据其在总体布局中的地位和作用来安排，最忌不顾大局和喧宾夺主。例如：瞻园（图1-34）、个园、静心斋以山为主景，以水体和建筑辅助山景；留园东部庭院则以建筑为主体，以山、水陪衬建筑；北海画舫斋中的“古柯庭”就以古槐为主体，庭院的建筑和置石都围绕这株古槐布置。

图1-34　南京瞻园

营造手法五：三远变化，移步换景

假山在处理主次关系的同时还必须结合“三远”的理论来布局。宋代郭熙《林泉高致》说：“山有三远。自山下而仰山巅谓之高远；自山前而窥山后谓之深远；自近山而望远山谓之平远。”山正面如此，侧面又如此，背面又如此，每看每异，所谓山形面面看也。假山在处理三远变化时，要做到高远、平远和深远。例如，苏州环秀山庄内由造园大师戈裕良设计建造的假山，其均达到了高远、平远、深远，是古典园林假山之最，如图1-35所示。

图1-35　苏州环秀山庄

营造手法六：远观山势，近看石质

“势”指山水形势，即山水轮廓、组合与所体现的动势和性格。远观山势，近看石质是说假山营造既要强调布局和结构的合理性，又要重视细部处理，如图1-36所示。

图1-36　远观山势，近看石质

营造手法七：寓情于石，情景交融

假山很重视内涵与外观的统一，常运用象形、比拟和激发联想的手法造景。所谓“片山有致，寸石生情”也是要求无论置石或叠山都讲究“弦外之音”的营造，如图 1-37 所示。这包括长期相为因循的“一池三山”“仙山琼阁”等寓为神仙境界的意境；“峰虚五老”“狮子上楼台”“金鸡叫天门”等地方性传统程式；“十二生肖”及其他各种象形手法；“武陵春色”“濠濮涧想”等寓意隐逸或典故的追索；寓名山大川和名园的手法，如艮岳仿杭州凤凰山、苏州怡隐园水洞仿小林屋洞等；寓自然山水性情的手法和寓四时景色的手法等。

图 1-37　仁寿殿峰虚五老（仿庐山五老峰）

第二节 水景工程概述

【新手必读】水的概念

一、水的特性

水是构成生命的要素，动植物离开水是不能生存的。水更是人类心灵的向往，人类自古以来都喜欢择水而居。水的特性如图 1-38 所示。

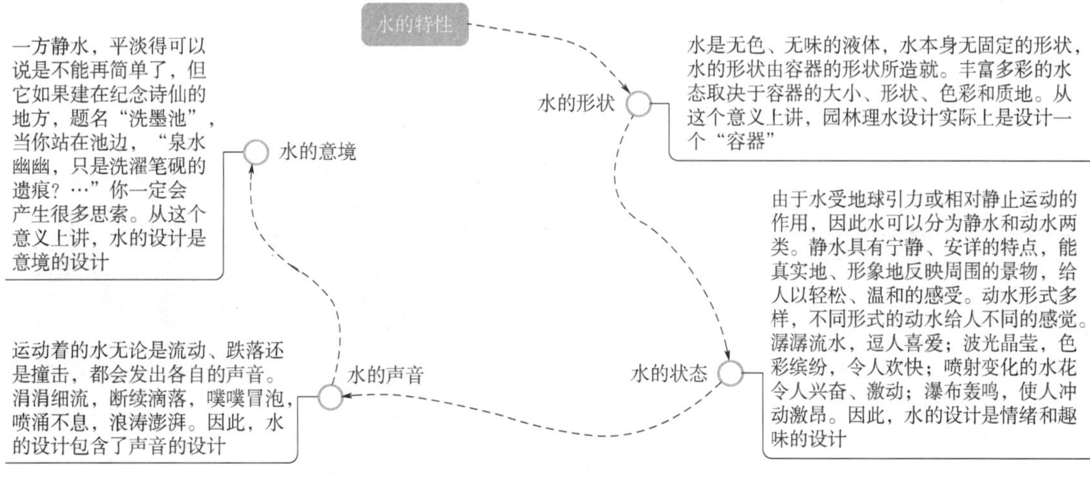

图 1-38　水的特性

二、水的尺度和比例

水面的大小与周围环境的比例关系是水景设计中需要慎重考虑的内容，除自然形成的或已具规模的水面外，一般应对水面的大小加以控制。把握设计中水的尺度需仔细推敲所采用的水景设计形式、表现主题和周围的环境景观。尺度较大的水面浩瀚缥缈，适合用于大面积自然风景、城市公园和巨大的城市空间或广场。但过大的水面散漫、不紧凑，难以组织，而且浪费用地。水面的大小是相对的，同样大小的水面在不同环境中所产生的效果可能完全不同。小尺度的水面较亲切怡人，适合于宁静、较小的空间，如庭院、花园以及城市小型公共空间；但过小的水面则显得局促，难以形成气氛。总之，无论是大尺度的水面，还是小尺度的水面，关键在于掌握空间中水与环境的比例关系。

三、水的平面限定和视线

用水面限定空间、划分空间有一种浑然天成的感觉，使得人们的行为和视线不知不觉地在一种较亲切的气氛下得到引导，这种手段明显优于过多地、单一地使用墙体、绿篱等手段生硬的分隔空间、阻挡穿行。由于水面只是平面上的限定，因此能保证视觉上的连续性和渗透性。

用水面控制视距、分隔空间的同时还应考虑岸畔或水中景物的倒影，这样一方面可以扩大和丰富空间，另一方面还可以使景物的构图更完美。利用水面创造倒影时，水面的大小应由景物的高度、宽度、预期的倒影长度以及视点的位置和高度等决定。倒影的长度或倒影量的大小应从景物、倒影和水面几个方面综合考虑，视点的位置或视距的大小应满足较佳的视角。

四、水体的设计

水体可以根据不同的环境设计成各种景观，是园林工程中的重要组成部分。

水体设计一：自然水景

自然水景与海、河、江、湖、溪相关联。这类水景设计必须服从原有自然生态景观，自然水景线与局部环境水体的空间关系，正确运用借景、对景等手法，充分利用自然条件，形成的纵向景观、横向景观和鸟瞰景观，使其融和居住区内部和外部的景观元素，创造出新的亲水居住形态，如图 1-39 所示。

图 1-39　自然水景

水体设计二：瀑布跌水

瀑布按其跌落形式分为滑落式、阶梯式、幕布式、丝带式等多种类型，并模仿自然景观，采用天然石材或仿石材设置瀑布的背景和引导水的流向（如景石、分流石、承瀑石等），考虑到观赏效果，不宜采用平整饰面的白色花岗石作为落水墙体，如图 1-40 所示。为了确保瀑布沿墙体、山体平稳滑落，应对落水口处山石作卷边处理，或对墙面作坡面处理。另外，瀑布因其水流量及落水高差不同，会产生不同视觉、听觉效果。因此，落水口的水流量和落水高差的控制成为设计的关键参数，居住区内的人工瀑布落水高差宜在1m以下。

跌水是呈阶梯式的多级跌落瀑布，其梯级宽高比宜在3:2～1:1之间，梯面宽度宜在0.3～1.0m之间。

水体设计三：溪流

溪流的形态应根据环境条件、水量、流速、水深、水面宽度和所用材料进行合理的设计。溪流分为可涉入式和不可涉入式两种。可涉入式溪流的水深应小于0.3m，以防止儿童溺水，同时水底应做防滑处理。可涉入式溪流，应安装水循环和过滤装置。不可涉入式溪流宜种植适应当地气候条件的水生动植物，增强观赏性和趣味性。溪流配以山石可充分展现其自然风格，石景在溪流中所起到的景观效果，如图1-41所示。

图1-40　瀑布跌水

图1-41　溪流

水体设计四：驳岸

驳岸是亲水景观中应重点处理的部分。驳岸与水线形成的连续景观线是否能与环境相协调，不但取决于驳岸与水面间的高差关系，还取决于驳岸的类型及用材的选择。居住区中的沿水驳岸（池岸），无论规模大小，无论是规则几何式驳岸（池岸）还是不规则驳岸（池岸），驳岸的高度和水的深浅设计都应满足人的亲水要求，如图1-42所示。

图1-42　驳岸

水体设计五：生态水池和涉水池

图 1-43　生态水池

生态水池是既适用于水下动植物生长，又能美化环境、调节小气候、供人观赏的水景。在居住区里的生态水池多饲养观赏鱼虫和习水性植物（如鱼草、芦苇、荷花、莲花等），营造动物和植物互生互养的生态环境，如图 1-43 所示。

涉水池可分为水面下涉水和水面上涉水两种。水面下涉水主要用于儿童嬉水，其深度不得超过 0.3m，池底必须进行防滑处理，不能种植苔藓植物及藻类植物。水面上涉水主要用于跨越水面，应设置安全可靠的踏步平台和踏步石（汀步），面积不小于 0.4m×0.4m，并满足连续跨越的要求，如图 1-44 所示。上述两种涉水方式应设水质过滤装置，保持池水的清洁，以防儿童误饮池水。

图 1-44　涉水池

水体设计六：泳池水景

泳池水景以静为主，旨在营造一个让居住者在心理和生理上的放松环境，同时突出满足人的参与性的特征（如游泳池、水上乐园、海滨浴场等）。居住区内设置的露天泳池不仅是锻炼身体和游乐的场所，也是邻里之间的重要交往场所。泳池和水面的造型也极具观赏价值，如图 1-45 所示。

水体设计七：庭院水景

庭院水景通常以人工水景为多。根据庭院空间的不同，采取多种手法进行引水造景（如叠水、溪流、瀑布、涉水池等），在场地中有自然水体的景观要保留利用，进行综合设计，使自然水景与人工水景融为一体。庭院水景设计要借助水的动态效果营造充满活力的居住氛围，如图 1-46 所示。

图 1-45　泳池水景

图 1-46　庭院水景

水体设计八：喷泉

喷泉是完全靠设备制造出的水景。对水的射流控制是喷泉关键环节，采用不同的手法对喷泉装置进行组合，会出现多姿多彩的形态变化，如图 1-47 所示。

图 1-47　喷泉

【新手必读】水景类型

依据不同的分类方式可将水景分成不同的类型，如图 1-48 所示。

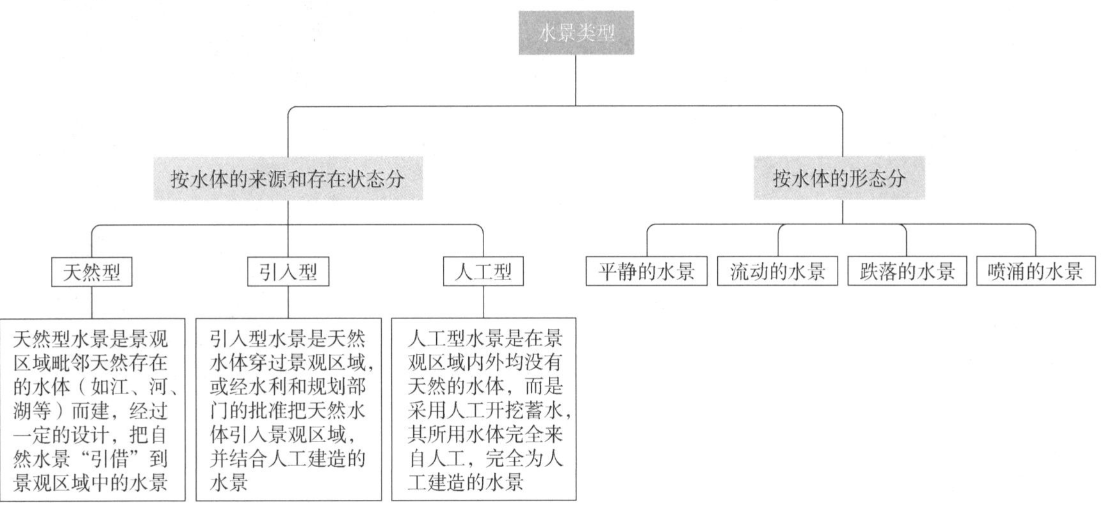

图 1-48　水景类型

【新手必读】水景的景观特点

一、有动有静

水平如镜的水面，给人以平静、安逸、清澈的环境体验和情感。飞流直下的瀑布与翻滚的漂水又具有强烈的动势，如图 1-49 所示。

图 1-49　瀑布

二、有声有色

瀑布的轰鸣，溪水的潺潺，泉水的叮咚，这些模拟自然的声响给人以不同的听觉感受，构成园林空间的特色，如图 1-50 所示。

图 1-50　溪水

三、扩大空间景观

水边的山体、桥石、建筑等均可在水中形成倒影，另有一层天地。很多私家园林为克服小面积的园地给视觉带来的阻塞，常采用较大的集中水面，建筑周边布局，用水面扩大园林的视域感，如图 1-51 所示。

【新手必读】水景的作用

水景现已成为现代园林景观设计中一个不可缺少的部分，多数稍有体量的园林景观设计中都会有水景，那么水景在园林景观设计中都有哪些作用呢?

图 1-51 池塘

一、景观作用

基底作用：大面积的水面视域开阔、坦荡，能映衬岸畔和水中景观。即使水面不大，但水面在整个空间中仍具有“面”的感觉时，水面仍可作为映衬岸畔和水中景观的基底，从而产生倒影，扩大和丰富空间。

系带作用：水面具有将不同的园林空间、景点连接起来产生整体感的作用，还具有作为一种关联因素，使散落的景点统一起来的作用。前者称为线形系带作用，后者称为面形系带作用。

焦点作用：喷涌的喷泉、跌落的瀑布等动态形式的水景的形态和声响能引起人们的注意，吸引住人们的视线。此类水景通常安排在向心空间的焦点、轴线的交点、空间醒目处或视线容易集中的地方，以突出其焦点作用。

二、生态作用

地球上以各种形式存在的水构成了水圈，与大气圈、岩石圈及土壤圈共同构成了生物的物质环境。作为地球水圈组成部分的水景，为各种不同的动植物提供了栖息、生长、繁衍的水生环境，维护了生物的多样性，进而维持水体及其周边环境的生态平衡，对城市区域生态环境的维持和改善起到了重要的作用。

水景对于调节气候，改善环境质量以及改善居住区环境微气候和城市区域气候都有着重要的作用，这主要表现在它可以增加空气湿度、降低温度、净化空气、增加负氧离子、降低噪声等。

三、休闲娱乐作用

人类本能地喜爱水，接近、触摸水都会感到舒服、愉快。在水上还能从事多项娱乐活动，如划船、垂钓、游泳等。因此在现代景观中，水是人们消遣娱乐的一种载体，它可以带给人们无穷的乐趣。

四、蓄水、灌溉及防灾作用

水景中大面积的水体，可以在雨季起到蓄积雨水，减轻市政排污压力，减少洪涝灾害发生的作用。而蓄积的水源，又可用来灌溉周围的树木、花丛、灌木和草地等。尤其是在干旱季节和地震发生时，蓄水既可用作饮用、洗漱等生活用水，还可用于扑救地震引起的火灾。

【高手必懂】水景的应用

在园林水景规划设计中，水景已占据了很重要的地位，它具有水固有的特性，表现形式多样，易与周围景物形成各种关系。

一、与临水硬质景观相互搭配

红花需要绿叶配，水景也是同样。水景要有景物搭配才能形成；水声要与硬质物体碰撞才能发音；水影舞动要与动力结合才能活跃；水波要有起伏变化的驳岸才能起落。因此没有其他要素相配，则很难衬托出水景本质的美。

临水硬质景观一：亭

水景的类型不同特点也不相同，有些明朗、开阔、舒展，有些宁静、幽深，形形色色、情趣各异。所以，为突出不同的水景效果，在进行景观设计时，一般在小水面建亭，为了能够仔细观察细微的涟漪宜低临水面建造；设计大水面时，为了能够观赏到波涛汹涌的整体效果，宜在临水高台或者比较高的石台上建亭，以方便观赏远山近水，如图 1-52 所示。

图 1-52　水中设亭

临水硬质景观二：桥

桥为人类带来生活的进步和交通的便捷，素有人间彩虹的美誉。在中国自然山水园林中，地形与水路通常各自变化、独立成景，这就需要用桥来联系交通、沟通景区、组织游览路线，同时桥因其造型优美、形式多样，也经常作为园林中重要的造景建筑。因此在设计桥时，应充分与园林道路系统配合，与道路系统相互补充、相得益彰，如图 1-53 所示。

图 1-53　水面架桥

临水硬质景观三：亲水平台与亲水步道

小范围缩短人与水景的距离是增加亲水性的方法之一。创建亲水平台和亲水步道等亲水设施，在保障安全的情况下，能更加近距离的让人体验水景的优美和乐趣。

亲水平台可以让人更加亲密地接触水景，能够满足人们嬉水和观赏水景的双重需要，如图 1-54所示。

亲水步道则一般是在河岸边缘的走道或是由沿河岸边高低起伏的台阶组成，此时部分台阶延伸到水面以下，部分台阶矗立在水面以上，这样就可以使人们在进行亲水活动时，不会受到水面高度的起伏变化的影响，如图 1-55 所示。

图 1-54　亲水平台

图 1-55　亲水步道

二、水景与植物景观相结合

在园林规划设计中，重视水体的造景作用，处理好植物与园林水体景观的相互关系，不但可以营造出引人入胜的场所，而且能够进一步体现园林水体景观的卓越风姿。

与植物景观相结合一：配置岸边植物

为避免出现形式单调呆板的情况，进行水岸边配植植物时不要等距种植或统一进行整式修剪，应该在构图上注意使用探向水面的枝、干，尤其是一些倾斜的水边乔木，这样能收获到一些意想不到的景观效果。

因此一般可以在水边种植垂柳，营造柔条拂水的效果，同时在水边种植落羽松、池松、水杉等耐水湿植物，以及具有下垂气生根的高山榕等植物，这样可以勾勒水边的线条和构图，增加水景的景观层次，如图 1-56 所示。

图 1-56　岸边植物

与植物景观相结合二：配置水中植物

种植于水中的植物一般宜低于人们的观赏视线，因此在设计时要注意使其与水中倒影、水边景观互相搭配。如果是水池中相对独立的一个小的局部水面，可以采取水面全部栽满水中植物的设计方式。

在一些体量较大的水景设计中，在水面部分栽植水生植物的情况则比较普遍，在设计时一定要注意植物与水面周围景观的视野、水面的大小比例等相协调，尤其不要妨碍岸边景观倒影产生的效果，如图 1-57 所示。

图 1-57　水中植物

第三节 景观小品工程概述

【新手必读】景观小品的作用

景观小品的作用主要表现在满足人们休息、娱乐、游览和文化宣传等活动的需求，既有使用功能，又具有观赏价值及美化环境等功能。

方面一：使用功能

现代的或古典特色的亭、廊、架提供了一定的休闲、休憩场所。人们游玩累了，可以找一处带有坐凳的亭子坐下来休息欣赏周围的景色，在外面细雨纷飞的时候可以在廊、亭中躲避风雨，欣赏有别于天气晴好时的风景，如图1-58所示。在布满爬藤植物的廊架下，伴着阳光影印下的枝影斜条可以细数知了的声声高唱；园灯可提供夜间照明，方便夜间休闲活动；铺地可方便行走和健身活动；儿童游乐设施小品可为儿童游戏、娱乐、玩耍所使用；电话亭则方便人们进行通信及交流等。

图1-58 休息凉亭

方面二：组织空间功能

景观小品可以将外界的景色组织起来，在园林空间中形成无形的纽带，引导人们由一个空间进入另一个空间，起着导向和组织空间画面的构图作用；能在各个角度都构成完美的景色，使园林空间具有诗情画意。景观小品还起着分隔空间与联系空间的作用，使步移景异的空间增添了变化和明确的标志。例如：上海烈士陵园正门入口组雕使游人视线受阻，从而分隔和联系空间，使游人入园达到“柳暗花明”的游览效果，如图1-59所示。

图1-59 上海烈士陵园

方面三：美化功能

景观小品与山水、花木种植相结合而构成园林内的许多风景画面，如图 1-60 所示。有宜于就近观赏的、有宜于远眺的。在一般的情况下，景观小品往往是这些画面的重点或主体。

方面四：游览路线

以道路结合景观小品进行穿插、对景和障隔的布局，创造一种步移景异并具有导向性的游动观赏效果，如图 1-61 所示。

图 1-60　有趣的景观小品

图 1-61　游览路线

方面五：安全防护功能

一些景观小品还具有安全防护功能，以保证人们游览、休息或活动时的人身安全，并实现不同空间功能的强调和划分以及环境管理上的秩序和安全，如各种安全护栏、围墙、挡土墙等，如图 1-62 所示。

方面六：信息传达功能

一些景观小品还具有信息传达功能，如宣传廊、宣传牌可以向人们介绍各种文化知识以及进行各种法律法规教育等；有些小品则可提供各种信息，如道路标志牌可给人提供有关区域及交通的信息，如图 1-63 所示。

图 1-62　安全护栏

图 1-63　道路标志牌

【新手必读】景观小品的分类

景观小品按其功能可分为以下 5 类：

一、可供休息的景观小品

可供休息的景观小品包括各种造型的靠背园椅、凳、桌和遮阳的伞、罩等；结合环境，用自然块石或用混凝土做成仿石、仿树墩的凳、桌等；或利用花坛、花台边缘的矮墙和地下通气孔道来作椅、凳等；围绕大树基部设椅、凳，既可供休息，又能纳凉，如图1-64所示。

二、装饰性景观小品

各种固定的和可移动的花钵、饰瓶，可以经常更换花卉。装饰性的日晷、水缸、香炉，各种景墙（如九龙壁）、景窗等，在园林中起点缀作用，如图1-65所示。

图1-64　座椅

图1-65　九龙壁

三、结合照明的景观小品

园灯的基座、灯柱、灯头、灯具都有很强的装饰作用，如图1-66所示。

四、展示性景观小品

各种布告板、指路标牌、导游图板以及动物园、植物园和文物古建筑的说明牌、阅报栏、图片画廊等，都对游人有宣传、教育、引导的作用，如图1-67所示。

图1-66　园灯

图1-67　告示牌

五、服务性小品

服务性小品有为游人服务的饮水泉、洗手池、时钟塔、公用电话亭等；为保护园林设施的栏杆、格子垣、花坛绿地的边缘装饰等；为保持环境卫生的废物箱等，如图 1-68 所示。

图 1-68 废物箱

【新手必读】景观小品的特点

一、与环境的协调性及整体性

一个好的景观小品不单单指它的外观有多美，风格有多独特，形式有多复杂，材料有多珍贵，而是它与周围环境的协调性以及作为一个系统的整体性。由于景观小品总是处于一定环境的包容中，所以人们看到的不只是它本身，而是它与周围环境所共同形成的整体的艺术效果。在设计与配置景观小品时，要整体考虑其所处的环境和空间模式，保证其与周围环境和建筑之间做到和谐、统一，避免在形势、风格、色彩上产生冲突和对立，如图 1-69 所示。

图 1-69 仙鹤铜像

二、设置与创作上的科学性

在设计之前要考虑到景观小品设置后一般是不可以随意搬迁的，具有相对的固定性。要考虑当地的实际情况，结合交通、环境等各种因素来确定景观小品形式、内容、尺寸、空间规模、位置、色泽、质感等方面的营建方式。只有经过全面科学的考虑，才会有成熟完美的设计方案。

三、风格上的民族性和时代感

景观小品相当的艺术观赏性应是其第一属性。它通过本身的造型、质地、色彩、肌理向人们展示其形象特征，表达某种感情，同时也反映特定的社会、地域、民俗的审美情趣。所以景观小品的制作，必须注意形式美的规律，如图 1-70 所示。它在造型风格、色彩基调、材料质感、比例尺度等方面都应该符合整体统一和富有个性的原则。

图 1-70 民族乐器雕塑

四、文化性和地方特色

景观小品的文化性是指其所体现的本土文化，其对本土文化内涵不断升华、提炼的过程反映了一个地区自然环境、社会生活、历史文化等方面的特点。所以景观小品的形象应与本地区的文化背景相呼应。

五、表现形式的多样性与功能的合理性

景观小品表现形式多样，不拘一格，其体量的大小、手法的变化、组合形式的多样、材料的丰富，都使其表现

内容丰富多彩。同时景观小品设计的目的是为了直接创造服务于人、满足于人、取悦于人的空间环境。因此，景观小品要以合理的尺度、优美的造型、协调的色彩、恰当的比例以及舒适的材料质感来满足人们的活动需求，如图 1-71 所示。

图 1-71　稻草人

【高手必懂】景观小品的设计原则

景观小品的历史源远流长，景物虽小却妙趣横生。景观小品设计与周围的环境和人的联系是多方面的。景观小品的设计是功能与技术和艺术相结合的产物，要符合适用、坚固、经济、美观的要求。

一、功能性原则

景观小品绝大多数均有较强的实用意义，在设计中除满足装饰要求外，应通过提高技术水平，逐步增加其服务功能，要符合人的行为习惯，满足人的心理需求。建立人与景观小品之间的和谐关系。通过对各类人群不同的行为方式与心理状况的分析及对他们活动特性的研究调查，实现在景观小品的功能中给予充分满足。因此，景观小品的设计要考虑人类心理需求的空间形态，如私密性、舒适性、归属性等。景观小品在为景观服务的同时，必须强调其基本功能性，即景观小品多为公共服务设施，是为满足游人在浏览中的各种活动而产生的，像公园里的桌椅设施或凉亭可为游人提供休息、避雨、等候和交流的服务功能，而厕所、废物箱、垃圾桶等更是人们户外活动不可缺少的服务设施，如图 1-72 所示。

图 1-72　功能性景观小品

二、师法自然

“虽由人作，宛自天开”是我国古典园林造园基本原则。我国园林追求自然，一切造园要素都尽量保持其原始自然的特色。景观小品作为园林中的点睛之笔，要和自然环境很好地融合在一起。所以在设计的过程中尽量保持原有的地形地貌，做到得景随形，充分利用景观小品的灵活性、多样性以丰富园林空间，如图 1-73 所示。

三、文化性原则

图 1-73　师法自然

历史文化遗产是不可再造的资源，它代表了一个民族和城市的记忆，保存了大量的历史信息，可以为人们带来文化认同感，提高民族凝聚力，使人们有自豪感和归属感。中国园林区别于其他国家园林的一个明显特点，是在一定程度上通过表面塑造达到感受其隐含的意境。现代园林的发展更多的是追求景观视觉性，可景观小品的文化内涵更能增加其观赏价值，它也是构成现代城市文化特色和个性的一个重要因素，如图 1-74 所示。

所以，建设具有地方文化特色的景观小品，一定要满足文化背景的认同，积极地融入地方的环境肌理，创造出真正适合本土条件的，突出本土文化特点的景观小品，使其真正成为反映时代文化的媒介。

四、生态性原则

人们越来越倡导生态型的城市景观建设，对公共设施中的景观小品也越来越要求其环保、节能和生态，石材、木材和植物等材料得到了更多的使用，在设计形式、结构等方面也要求景观小品尽可能地与周边自然环境相衔接，维持与自然和谐共生的关系，体现“源于自然、归于自然”的设计理念，如图 1-75 所示。

图 1-74　文化小品

图 1-75　树根雕

所谓生态性，即是一种与自然相作用、相协调的营造方式。任何无机物都要与生态的延续过程协调，使其对环境的破坏影响达到最小。通过这些景观小品向人们展示周围环境的种种生态现象、生态作用，以及生态关系，唤起人与自然的情感联系，使观者在欣赏之余，受到启发进而反思人类对环境的破坏，唤醒人们对自然的关怀。

五、精于体宜

比例与尺度是产生协调的重要因素，美学中的首要问题即为协调。凡是美的事物都是和谐的和比例合度的。在景观小品的设计过程中，精巧的比例和合理的构图是园林整体效果的第一位。中国古典园林的私家园林中，精致小巧的凉亭、千姿百态的假山、蜿蜒曲折的九曲小桥都能构成以小见大的园林佳作；而颐和园中宽敞大气的长廊、长长的十七孔桥镶嵌在宽阔的昆明湖面上，构成整体景观，彰显了皇家园林的大气恢宏和帝王贵族至高无上的权力。所以在空间大小、地势高低、近景远景等空间条件各不相同的园林中，景观小品的设计应有相应的体量和尺度，既要达到效果又不可喧宾夺主。

六、艺术性原则

景观小品设计是一门艺术的设计，因为艺术中的审美形式及设计语言一直贯穿整个设计过程中，使景观设计成为艺术的设计和改善人类生存空间的设计。景观小品设计的审美要素包括点、线、面，节奏韵律，对比协调，尺寸比例，体量关系，材料质感以及色彩等。审美要素以它们独有的特征对人的视觉感官产生刺激，将有质量的景观呈现于人的眼前，使人置身于某种“境界”之中，如图 1-76 所示。把景观小品设计作为艺术的设计，使视觉体验和心理感受在对景观之美的审视中产生愉悦，提升人们的生活品质。因此，景观小品的设计首先应具有较高的视觉美感，必须符合美学原理。

图 1-76　小矮人

七、人性化原则

景观小品的服务对象是人。人是环境中的主体，所以人的习惯、行为、性格、爱好都决定了其对空间的选择。人类的行为、习惯等各种生活状态是景观小品设计的重要参考依据。其次，景观小品的设计要了解人的生理尺度，并由此决定景观小品空间尺度。现代景观小品设计在满足人们实际需要的同时，追求以人为本的理念，并逐步形成人性化的设计趋向，在造型、风格、体量、数量等因素上更加考虑人们的心理需求，使景观小品更加体贴、亲近和人性化，提高了公众参与的热情。如公园座椅、洗手间等公共设施设计更多考虑方便不同人群（特别是残障人士、老年人和儿童等）的使用。在节奏紧张的今天，人性关怀的设计创作需求更为迫切。富于人性化的景观小品能真正体现出对人的尊重与关心，这是一种人文精神的集中体现，是时代的潮流与趋势。

八、创造性原则

创新使景观小品更为形象地展示，以审美的方式显露自然，丰富了景观的美学价值。它不仅可以使观者看到人类在自然中留下的痕迹，而且可以使复杂的生态过程显而易见，容易被理解，使生态科学更加平易近人。在这个过程中，不仅要从艺术的角度设计景观的形式，更重要的是引导观者的视野和运动，设计人们的体验过程，设计规范人们的行为。对创造性的理解与研究应该运用在景观小品设计的最初阶段。从解决现实问题的角度来考虑创造性问题，推动景观小品推陈出新，探索新材料、新技术的使用。

【高手必懂】景观小品在园林中的应用

景观小品在园林中应用广泛，它可以美化园林环境，提高园林氛围，在园林景观设计中有着重要的作用。

一、在艺术方面的应用

1）根据园林主体文化的不同需求，系统地运用景观小品。比如一个以体育为主题的园林景区，其对景观小品的选择要凸显体育元素。比如奥运五环图标的摆放位置，各种体育运动造型的布置，都应围绕体育主题这个中心来开展工作，使游人入园能感受到体育元素的存在。

2）有了主题这根红线，每个景观小品的设计和搭配布置都要和主题遥相呼应并贯穿始终。结合景区地形设计特点，在园林不同的区域加入景观小品的运用。还以体育主题为例，在园区的林荫小道上加入一些体育卡通人物造型，既活跃了景观气氛，又不使整个园林显得死气沉沉，卡通人物造型尤其能博得小朋友的好感和喜欢，如图 1-77 所示。

图 1-77 龙猫

3）适当加入文人名人笔墨能提高景观小品的艺术性。在景观小品的使用上恰如其分地融入文化元素，使园林主题风格更加突出。如在假山的顶端，布置有石头之类的景观小品，加入名家书法“会当凌绝顶，一览众山小”，这样能让游人产生心旷神怡、把酒临风的豪迈之气。

二、在观赏价值方面的应用

随着园林建设的发展，人们对园林功能的需求不仅是休闲、歇息，而更倾向它的格调、情趣、品味。如何在众多的景观小品中选择格调高雅、富有情趣、极具观赏性的作品一直是园林设计中不容忽视的一个主要内容。长时间以来，人们在园林建设中过度强调其绿化效应，从而忽略了景观小品在园林建设中的观赏性体现，在园林景观中恰到好处地布置形态各异、美观大方、格调高雅、个性突出的景观小品使得整个园林景观更加具有协调性、观赏性。

比如，在园林中设置文化长廊，雕刻上城市的人文历史、风土人情、当地历史名人的雕像，让游客感受当地历史的厚重。景观小品，不仅可以美化园林环境，而且具有一定的艺术观赏价值，因为其夸张的造型、鲜明的色彩更具有视觉冲击。例如，洛阳王城公园里的牡丹仙子造型，优美的线条、慈祥的面容，充分表达了洛阳牡丹花城的开放包容，并且有很强的观赏性。景观小品在园林景观中进行合理布局，将成为园林景观内的人文景观，在很大程度上提高园林的观赏价值，使其更具有观赏性。

三、在实用方面的应用

形态各异的椅子在景观小品中比比皆是，无论是花间草丛还是河岸树荫，它们或为陶瓷、或为竹板、或为石头制作而成，能够给游人、居民在游园健身后提供休息和交流沟通，有着很高的实用性。再如，亭台楼阁在景观小品中也是一个重要的因素，亭是一种有顶无墙的小型构筑物，有圆形、方形、八角形、梅花形等多种形状，使园中的风景更加美丽。不仅使园林具有观赏价值，还能够为游客提供休息、遮阳避雨的场所，如图 1-78 所示。

图 1-78　亭子

第二章 假山工程

第一节 假山材料

【新手必读】山石种类

从一般叠山所用的材料来看，假山的材料可以概括为如下几大类，每一类又因各地地质条件不一可细分为多种。

一、湖石

湖石因原产太湖一带而得名，是在江南园林中运用最为普遍的一种，也是历史上开发较早的一类山石。湖石在我国分布很广，但在色泽、纹理和形态方面有些差别。湖石又可分为以下5种：

太湖石

太湖石色泽于浅灰中露白色，为比较丰润、光洁，紧密的细粉砂质地，质坚而脆，纹理纵横，脉络显隐。轮廓柔和圆润，婉约多变，石面环纹、曲线婉转回还，穴窝（弹子窝）、孔眼、漏洞错杂其间，使石形变化极大。太湖石原产于苏州所属太湖中的西洞庭山，江南其他湖泊区也有出产，如图2-1所示。

图2-1　太湖石

图2-2　房山石

房山石

新开采的房山石呈土红色、橘红色或更淡一些的土黄色，日久之后表面带些灰黑色。质地坚硬，质量大，有一定韧性，不像太湖石那样脆。这种山石也具有太湖石的窝、沟、环、洞的变化，因此，也有人称它们为北太湖石，如图2-2所示。房山石的特征除了颜色和太湖石有明显的区别以外，容重比太湖石大，扣之无共鸣声，多密集的小孔穴而少有大洞，因此外观比较沉实、浑厚、雄壮。这和太湖石外观的轻巧、清秀、玲珑有明显差别。与房山石比较接近的还有镇江所产的砚山石，其形态变化颇多而色泽淡黄清润，扣之微有声。房山石产于北京房山区大灰厂一带的山上。

英石

英石原产广东省英德市一带。岭南园林中常用这种山石叠山，也常见于几案石品。英石质坚而特别脆，用手指弹扣有较响亮的共鸣声。淡青灰色，有的间有白脉笼络。这种山石多为中、小形体，很少见有很大块的。英石又可分白英、灰英和黑英三种，一般以灰英居多，白英和黑英均甚罕见，所以多用作特置和散置，如图 2-3 所示。

图 2-3　英石

灵璧石

灵璧石原产安徽省灵璧县。石产土中，被赤泥渍满，须刮洗方显本色。石呈灰色且甚为清润，质地亦脆，用手弹亦有共鸣声。石面有坳坎的变化，石形亦千变万化，但其很少有宛转回折之势，须藉人工以全其美。这种山石可用作山石小品，在多数情况下作为盆景石玩，如图 2-4 所示。

宣石

宣石初出土时表面有铁锈色，经刷洗过后，时间久了就转为白色；或在灰色山石上有白色的矿物成分，有若皑皑白雪盖于石上，具有特殊的观赏价值。此石极坚硬，石面常有明显棱角，皴纹细腻且多变化，线条较直，如图 2-5 所示。宣石产于安徽省宁国市。

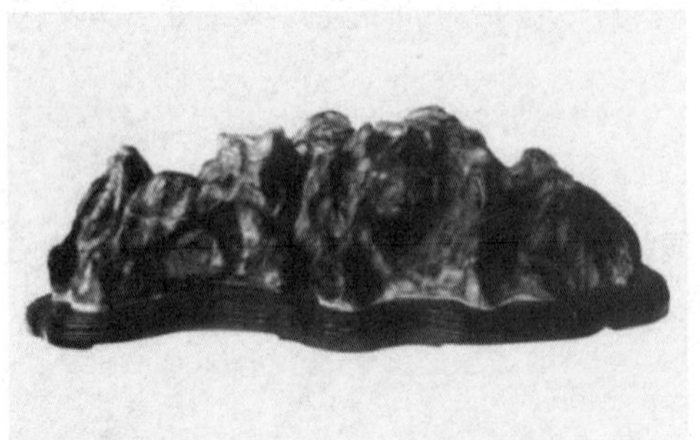

图 2-4　灵璧石

图 2-5　宣石

二、黄石

黄石是一种带橙黄色的细砂岩，质重、坚硬、形态浑厚沉实、拙重顽夯，且具有雄浑挺括之美。苏州、常州、镇江等地皆有所产，以常熟虞山的自然景观最为著名。采下的单块黄石多呈方形或墩状，少有极长或薄片状者。由于黄石节理接近于相互垂直，所形成的峰面具有棱角，锋芒毕露，棱角的两面具有明暗对比、立体感较强的特点，无论叠山、理水都能发挥出其石形的特色，如图 2-6 所示。明代所建上海豫园的大假山、苏州耦园的假山和扬州个园的秋山均为黄石叠成的佳品。

图 2-6　黄石

三、青云片石

青云片石是一种青灰色的细砂岩，质地纯净而少杂质。北京西南一带均有所产。青云片石的节理不像黄石那样规整，不一定是相互垂直的纹理，也有交叉互织的斜纹。由于青云片石是沉积而成的岩石，石内则有一些水平层理。水平层的间隔一般不大，所以石形大多为片状，因而有“青云片”的称谓。青石石形也有一些块状的，但成厚墩状者较少，如图 2-7 所示。北京圆明园“武陵春色”中的桃花洞、北海的濠濮涧和颐和园后湖某些局部都用这种青云片石叠山，这种山石在北京的园林中应用较多。

图 2-7　青云片石

四、石笋石

石笋石是外形修长如竹笋的一类山石的总称，这类山石产地颇广。石笋石颜色多为淡灰绿色、土红灰色或灰黑色，质重而脆，是一种长形的砾岩岩石。石形修长呈条柱状，立于地上即为石笋石，顺其纹理可竖向劈分。石笋石产于浙江与江西交界的常山、玉山一带。常见石笋石又可分为 4 种，如图 2-8 所示。

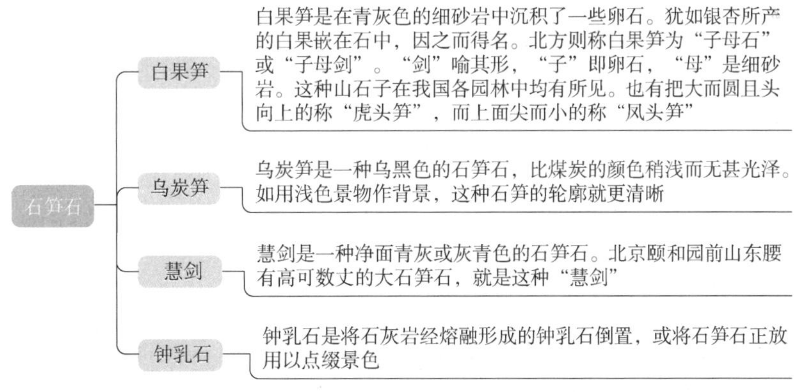

图 2-8　石笋石的种类

五、其他石品

如黄蜡石、水锈石、石蛋石、木化石和松皮石等，如图 2-9 所示。

【新手必读】基础材料

假山工程常用的基础材料如图 2-10 所示。

图 2-9 其他石品

图 2-10 假山工程常用的基础材料

【高手必懂】山石选择

山石的选用是假山施工中一项很重要的工作，其主要目的就是要将不同的山石选用到最合适的位置上，组成最和谐的山石景观。我国山石的资源是极其丰富的，但假山的营造也要因地制宜，不要沽名钓誉地去追求名石，应该“是石堪堆”。这不仅是为了节省人力、物力，同时也有助于发挥不同的地方特色。

一、山石选择的步骤

山石选择的步骤是：先头部后底部，先表面后里面，先正面后背面，先大处后细部，先特征点后一般区域，先洞口后洞中，先竖立部分后平放部分。

1）首先选择主峰或孤立小山峰的峰顶石、悬崖崖头石、山洞洞口所需的用石，选到后分别作上记号，以备施工到这些部位时使用。

2）接着选择假山山体向前凸出部位的用石和山前、山旁显著位置上的用石，以及土山山坡上的石景用石等。

3）其次要将一些重要的结构用石选好，如长而弯曲的洞顶梁用石、拱券式结构所用的券石、峰底承重用石、斜立式小峰用石、洞柱用石等。

4）其他部位的用石则在叠石造山施工中随用随选，用一块选一块。

二、山石尺度选择

1）假山施工开始时，对于主山前面比较显眼的位置上的小山峰，需要根据设计高度选用适宜的山石，一般应当尽可能选用大石，以削弱山石拼合峰体时的琐碎感。在山体上的凸出部位或是容易引起视觉注意的部位也最好选用大石，而假山山体中段或山体内部以及山洞洞壁所用的山石则可小一些。

2）大块的山石中，墩实、坚韧、平稳的可用作山脚的底石，而石形变化大、皴纹丰富的山石则应用于山顶作为压顶的石头。较小的、形状比较平淡而皴纹较好的山石一般应该用在假山山体中段。

3）山洞的盖顶石、平顶悬崖的压顶石应采用宽而稍薄的山石。层叠式洞柱的用石或石柱的垫脚石可选矮墩状山石。竖立式洞柱、竖立式结构的山体表面用石最好选择长条石，尤其是需要在山体表面做竖向沟槽和棱柱线条时，更要选择长条状山石。

三、石形的选择

除了作为石景用的单峰石外，并不是每块山石都要具有独立而完整的形态。在选择山石的形状时，挑选的根据应是山石在结构方面的作用和石形对山形样貌的影响。从假山自下而上的构造来分，可以分为底层、中腰和收顶三部分，这三部分在选择石形方面有不同的要求。

1）假山的底层山石位于基础之上，如果有桩基则在桩基盖顶石之上。这一层山石要求石形顽夯、墩实。选一些块大而形状高低不一的山石，具有粗犷的形态和简括的皴纹，可以用于在山底承重和满足山脚造型的需要。

2）假山的中腰层山石在视线以下，即地面上 1.5m 高度以内，其单个山石的形状也不必特别好，只要能够用来与其他山石组合营造出粗犷的沟槽线条即可。石块体量也不需要很大，一般的中小型山石相互搭配使用就可以了。在假山 1.5m 以上高度的山腰部分，比较能引起人的注意，故要选用形状较好的山石。一般应选形状有些变化、石面有一定皱褶和孔洞的山石。

3）假山的收顶部分、山洞口的上部以及其他比较凸出的部位，应选形状变化较大、皴纹较美、孔洞较多的山石，以加强山景的自然特征。

四、山石皴纹选择

假山的山石与普通建筑材料所用的石材区别在于是否有可供观赏的天然石面及其皴纹。“石贵有皮”就是说，假山石如果具有天然“石皮”，即有天然石面及天然皴纹就是可贵的，就是做假山的好材料。皴纹、皱褶、孔洞比较丰富的山石应当作为假山表面用石，而石形规则、石面形状平淡无奇的山石则可选作假山下部、假山内部的用石。

此外，叠石造山要求脉络贯通，而皴纹是体现脉络的主要因素。皴指较深较大块面的皱褶，而纹则指细小、窄长的细部凹线。在假山选石中，要求同一座假山的山石皴纹最好要属同一种类。如果采用了折带皴的山石，则以后所选用的其他山石也要是如同折带皴的山石；选了斧劈皴的山石，一般就不要再选用非斧劈皴的山石。统一采用一种皴纹的山石，假山整体上才能显得协调完整，可以在很大程度上减少杂乱感，增加整体感。

五、石态的选择

（1）“形”与“态”结合　在山石的形态中，形是外在的形象，态是内在的形象，山石的形状总是要表现出一定的精神态势。瘦长状的山石能够给人以骨力的感觉；矮墩状的山石给人安稳、坚实的印象；石形、皴纹倾斜让人感到动势；石形、皴纹平行垂立则能够让人感到宁静、安详、平和。因此，在选择石形的同时还应当注意到其态势、精神的表现，以提高假山造景的内在形象表现。

（2）传统品石标准　审丑，是中国古代特有的赏石文化精髓。叠石造景要讲究“瘦、漏、透、皱、清、丑、顽、拙”等特点，有助于园林意境的形成。石的外在形象如同一个人的外表，而内在的精神气质则如同一个人的心灵。因此，在假山施工选石中尤其强调要“观石之形，识石之态”，要透过山石的外观形象看到其内在的精神、气势和神采。

六、山石颜色的选择

1）山石颜色的选择应与所造假山区域的景观特色相互联系起来。在同一座假山中，对下部的山石，应选用较深的颜色，而对上部的山石，则选用较浅的颜色。对凹陷部位的山石应选用较深的颜色，对凸出部位的山石则选用较浅的颜色。

2）叠石造山要讲究山石颜色的搭配。不同类的山石固然色泽不一，而同一类的山石也有色泽的差异。原则上要求将颜色相同或相近的山石尽可能选用在一处，以确保假山在整体的颜色效果上协调统一。

七、石质的选择

（1）不同质感　石的质感包括粗糙、细腻、多皱、平滑等。同样一种山石，其质地往往也有粗有细、有硬有软、有纯有杂、有良有莠。在假山选石中，一定要注意到不同石块之间在质地上的差别，将质地相同或差别不大的山石选用在一处，质地差别大的山石则选用在不同的处所。

（2）相对密度和强度　石质的另一差别因素是山石的相对密度和强度。如作为梁柱式山洞石梁、石柱和山峰下垫脚石的山石必须具有足够的强度和较大的密度。对于强度稍差的片状石，就不能选用在这些地方，但可以用作石级或铺地。对于外观形状及皴纹好的山石，其受力很差，不能用在假山的受力部位。

【高手必懂】山石采运

山石的开采和运输因山石种类和施工条件的差别而有所不同，如图 2-11 所示。

一、掘取

对于成块半埋在山土中的山石应采用掘取的方法，这样既可以保持山石的完整性又不至于太费工力。但如果是整体的岩系就不可能挖掘取出。有经验的假山师傅只须用手或铁器轻击山石，便可从声音大致判断山石埋的深浅，以便决定取舍。如果是卵石，则直接用人工搬运或用起重机装载。

图 2-11 山石的开采

二、凿取

对于整体的湖石，特别是形态奇特的山石，最好用凿取的方法开采，把它从整体中分离出来。开凿时力求缩小分离的剖面以减少人工开凿的痕迹。湖石质地清脆，开凿时要避免因过大的震动而损伤非开凿部分的石体。湖石开采以后，对其中玲珑嵌空易于损坏的好材料应用木板或其他材料作为保护性的包装，以保证其在运途中不致损坏。

三、爆破

对于黄石、青石一类带棱角的山石材料，采用爆破的方法不仅可以提高工效，同时还可以得到合乎理想的石形。据经验，一般凿眼，上孔直径为 5cm，孔深 25cm。如果下孔直径放大一些使爆孔呈瓶形，则爆破效力要增大 0.5 ~ 1 倍。一般炸成 0.5 ~ 1t 一块，体积大则山石更为完整，炸得太碎则破坏了山石的观赏价值，也给施工带来很多困难。

第二节 置石设计与施工

【新手必读】布置置石的基本原则

布置一组置石时，必须反复推敲，认真思考所处环境（包括地形、建筑、植物、铺地等）、石头的形状、体量、颜色等诸多因素，艺术性地处理石头的平面及立面效果。也就是把完全不同的因素（地形、建筑、植物、铺地、石头等）有机地联系起来，创造一个统一的空间，典型化地再现自然山水之美，达到“虽由人作，宛自天开”的境界。

布置置石的基本原则如图 2-12 所示。

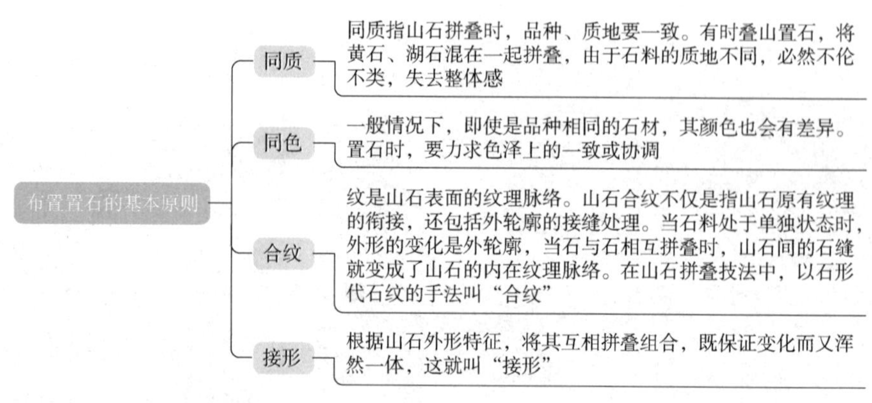

图 2-12　布置置石的基本原则

【新手必读】置石的注意事项

一、现代园林置石存在的问题

现代园林置石在继承传统园林置石理念的基础上，创造了新的置石风格特色，建造了众多现代置石作品，其中不乏佳作，但也有一部分是不成功的，存在这样那样的缺陷，概括起来有如下几点：

1）布局缺少总体设计上的审美把握，显得堆砌罗列杂乱无章，极不自然，缺少自然的意态神韵之美。

2）不考虑环境大小，置石体量不当，显得不是局促闷塞就是空旷无物。

3）盲目模仿，照搬照抄，没有个性。

4）刻意追求形状的肖似，导致置石形象趋于媚俗。

5）视觉效果不佳，返工率高。

6）置石浮浅搁置，石组不够均衡稳定，缺乏自然感。

7）人工痕迹明显，无法达到“宛自天开”的效果。

8）置石在环境中的位置过于居中，给人严整对称、矫揉造作之感。

9）盲目追求名石、奇石，不顾环境的要求，不能把置石与地形、建筑、植物、水体、铺地等因素有机结合，创造统一的空间。

二、置石应注意的问题

园林中的景观，应当以对游人具有高尚的美的教育和启迪为前提，置石更应如此。当今园林置石要抛弃其中的糟粕，取其精华。在实践中应注意如下问题：

1）设计时注意把握整体感，讲究章法，尊重自然，师法自然，重塑自然界的山石形象。

2）设计方案要进行多种方案的比较，施工前后可用各种方法进行模型比较，确定最佳方案和最佳观赏面，减少返工次数。

3）尊重文化、艺术、历史，把握置石的目的、功能、风格和主题思想，使置石充分体现地方特色和历史文化内涵，建造有“灵魂”的置石作品。

4）不可盲目追求名贵、特殊的石材，应就地取材，具有地方特色的石材最为可取。同一环境中石种必须统一，不可五彩缤纷，才能使局部与整体协调，否则整体效果不伦不类，杂乱不堪。

5）石贵在神似，拟形的置石又贵在似与不似之间，不必刻意去追求外形的雷同，置石的意态神韵更能吸引人们的眼光。

6）选石、置石应把握好比例尺度，要与环境相协调。在狭小局促的环境中，石组不可太大，否则会令人感到窒息，宜用石笋石之类的石材置石，配以竹或花木，形成竖向的延伸，以减少紧迫局促感；在空旷的环境中，石组不宜太小、太散，那会显得过于空旷，与环境不协调。

7）置石应在游人视线焦点处放置，但不宜居于几何中心，宜偏于一侧，将不会使后来造景形成对称、严肃的排列组合。

8）不论地面、水中置石应力求平衡稳定，石应埋入土中或水中一部分，使之像是从其中生长出来的一样，给人以稳定、自然之感。

9）可利用植物和石刻、题咏、基座来修饰置石，吸引游人的注意力，减弱人工痕迹。但石刻、题咏的形式、大小、字体、疏密、色彩必须与造景相协调，才能产生诗情画意，基座要有自然式、规则式之分。植物宜常绿、耐旱、耐高温、低矮，用以掩饰山石的缺陷，不能喧宾夺主。

【新手必读】置石设计形式

置石在园林中的应用方式亦有多种类型，常见形式有特置、对置、散置、群置、山石器设等。

一、特置

特置是指将体量较大、形态奇特，具有较高观赏价值的山石单独布置成景的一种置石方式，亦称单点、孤置山石。应选用体量大、轮廓分明、姿态多变、色彩突出、具有较高观赏价值的山石。特置常用作入门的障景和对景，或置于天井中间、漏窗后面、亭侧、水边、路口或园路转折之处，也可以和壁山、花台、岛屿、驳岸等结合布置。现代园林中的特置多结合花台、水池、草坪或花架来布置。特置山石还可以结合台景布置。台景也是一种传统的布置手法，用石头或其他建筑材料做成整形的台，内盛土壤，台下有一定的排水设施，然后在台上布置山石和植物。或仿做大盆景布置，使人欣赏这种有组合的整体美。

特置的要点在于相石立意，山石体量与环境应协调，可采用前置框景、背景衬托和利用植物弥补山石的缺陷等布局手法。特置山石的安置可采用整形的基座，如图2-13所示；也可以坐落在自然的山石上面，如图2-14所示，这种自然的基座称为磐。

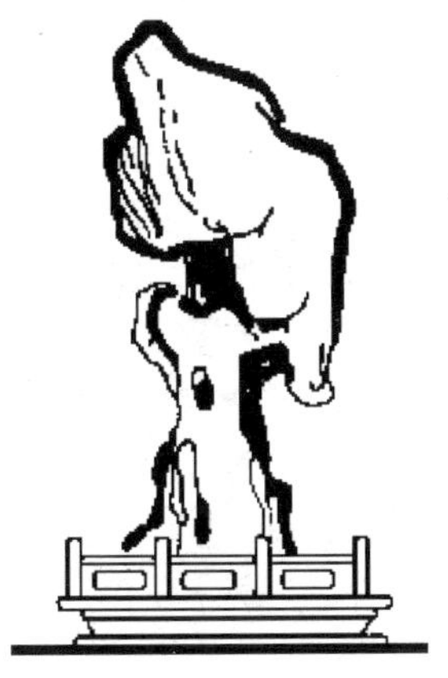

图2-13　整形基座上的特置山石

图2-14　自然基座上的特置山石

特置山石在工程结构方面要求稳定和耐久，其关键是掌握山石的重心线以保持山石的平衡。传统做法是用榫头定位，如图 2-15 所示。榫头必须在重心线上，其直径宜大不宜小，榫肩宽 3cm 左右，榫头长度则根据山石体重大小而定，一般从十几厘米到二十几厘米不等。榫眼的直径应大于榫头的直径，榫眼的深度略大于榫头的长度，这样可以保证榫肩与基磐接触可靠稳固。吊装山石前须在榫眼中浇入少量黏合材料，待榫头插入榫眼时，黏合材料便可充满空隙。在养护期间，应加强管理，禁止游人靠近，以免发生危险。

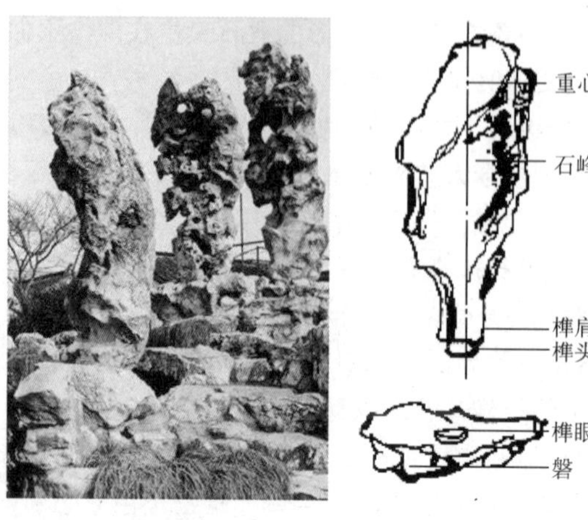

图 2-15　特置山石的传统做法

二、对置

对置是指在建筑物前两旁对称地布置两块山石，以陪衬环境，丰富景色，如图 2-16 所示。

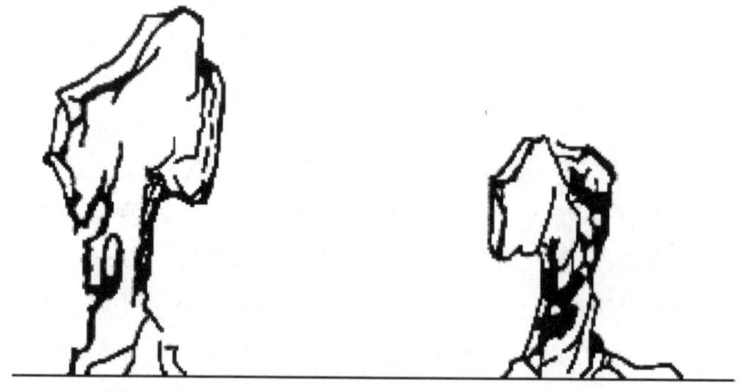

图 2-16　对置

三、散置

散置是仿照山野岩石自然分布的状态而施行点置的一种手法，亦称“散点”，如图 2-17 所示。散置并非散乱随意点置，而是让山石形成断续相连的群体。散置山石时，要求有聚有散、有断有续、主次分明、高低曲折、顾盼呼应、有疏有密、远近合适、层次丰富，切不可众石纷杂、零乱无章。

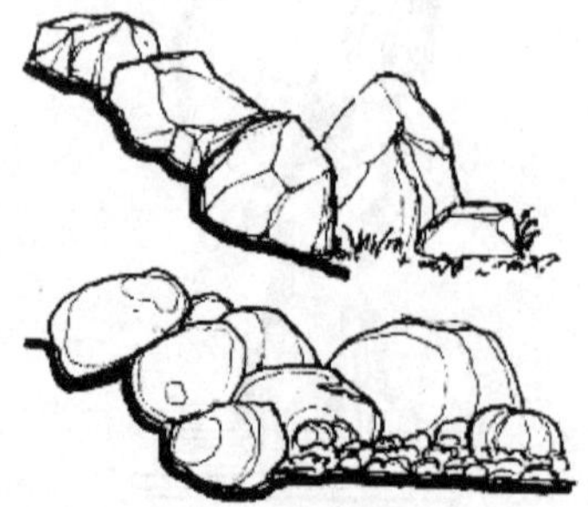

图 2-17　散置

散置的运用范围甚广，在土山的山麓、山坡、山头，在池畔水际，在溪涧河流中，在林下，在花径，在路旁均可以散点山石而得到意趣。北京北海公园琼华岛南山西路的山坡上有用房山石布置的散置，处理得比较成功，不仅起到了护坡作用，同时也增添了山势的变化。

四、群置

群置又称“大散点”，是指运用数块山石互相搭配点置，组成一个群体，亦称聚点。其置石要点与散置基本相同，区别在于群置所在空间比较大。如果用较小的山石做散置会显得与环境不相称。应以较大的山石堆叠，每堆的体量都不小，而且堆数也可增多。但就其布置的特征而言仍是散置，只不过以大代小，以多代少而已。群置常用于园门两侧、廊间、粉墙前、路旁、山坡上、小岛上、水池中或与其他景物结合造景。

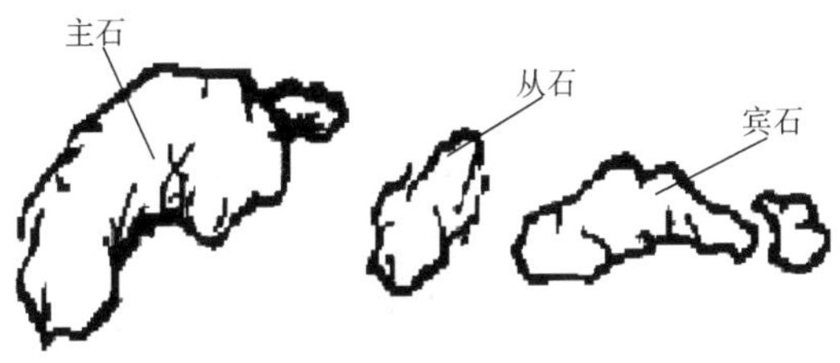

图 2-18　配石示例

图 2-19　群置

群置的关键手法在于一个“活”字，这与我国国画中所谓“攒三聚五”“大间小、小间大”等画石方法相仿。布置时要主从有别，宾主分明，搭配适宜，如图 2-18 所示。应根据“三不等”原则（即石之大小不等，石之高低不等，石之间距不等）进行配置，如图 2-19 所示。

群置山石还应与植物相结合，配置得体，则树、石掩映，妙趣横生，景观之美，足可入画，如图 2-20 所示。

图 2-20　群置石与树相配
a）示例一　b）示例二

五、山石器设

用山石做室内外的家具和器设是我国园林中的传统做法。山石几案不仅具有使用价值，而且可与造景密切配合，特别适用于地形起伏的地段，易与周围的环境取得协调，既节省木材又坚固耐久，且不怕日晒雨淋，无须搬进搬出。

山石几案宜布置在林间空地或有树木遮阴的地方，以免游人受太阳暴晒。山石几案虽有桌、几、凳之分，但切不可按一般家具那样对称安置。如图 2-21 所示，几个石凳大小、高低、体态各不相同，却又很均衡地统一在石桌周围，西南隅留空，植油松一株以挡西晒。

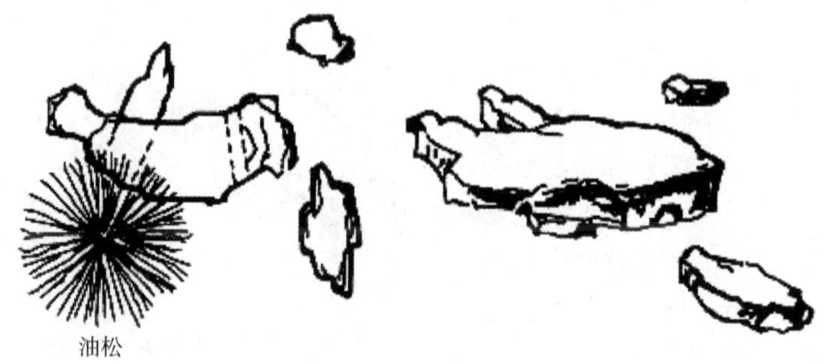

图 2-21　山石几案布置

【高手必懂】置石的造型设计

在园林置石中切忌盲目地追求华丽、名贵的石材，应以当地石材为主，因为具有地方特色的石材才最能体现置石的意态神韵。所谓“一拳代山，一勺代水”，正是其艺术特征的最佳写照。

一、单峰石的造型设计

单峰石主要利用天然怪石造景，因此造型过程中选石和峰石的形象处理最为重要，其次还要做好拼石和置石基座的安排。单峰石造型设计要点如图 2-22 所示。

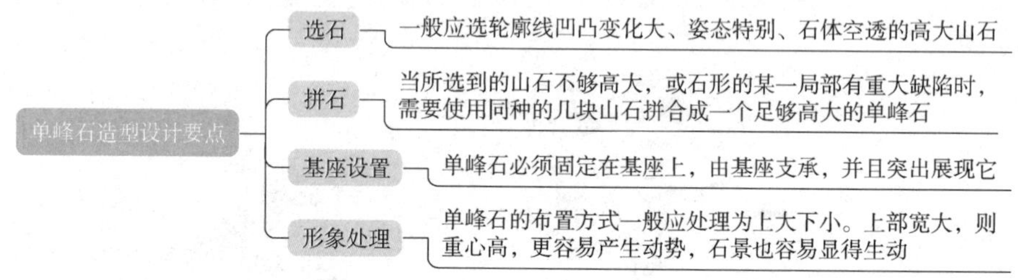

图 2-22　单峰石造型设计要点

二、子母石的造型设计

子母石的造型设计最重要的是保证山石的自然分布和石形、石态的自然性表现。为此，子母石的石块数量最好为单数，要“攒三聚五”，数石成景。所用的石材应大小有别，形状相异，并有天然的风化石面。子母石的造型设计要点如图 2-23 所示。

三、散兵石的造型设计

布置散兵石与布置子母石有所不同，一定要布置成分散状态，石块的体量不能大，各个山石相互独立最好。当然，分散布置不等于均匀布置，石块与石块之间的关系仍然应按不等边三角形处理。置石要注意石头之间的位置关系，要疏密结合，不要出现平接或是全部散置的情况，如图 2-24 所示。

子母石造型设计

- 平面构成：子母石的布置应使主石绝对突出，母石在中间，子石围绕在周围。石块的平面布置应按不等边三角形法则处理，即每三块山石的中心点都要排成不等边三角形，要有聚有散，疏密结合
- 立面组合：在立面上，山石要高低错落，其中当然以母石最高。母石应有一定的姿态造型，采取卧、斜、仰、伏、翘、蹲等体态都可以，要在单个石块的静势中体现石块共同的生动性。子石的形状一般不再加以造型，而是利用现成的自然山石布置在母石的周围，要以其方向性、倾向性与母石紧密联系，互相呼应

图 2-23　子母石造型设计要点

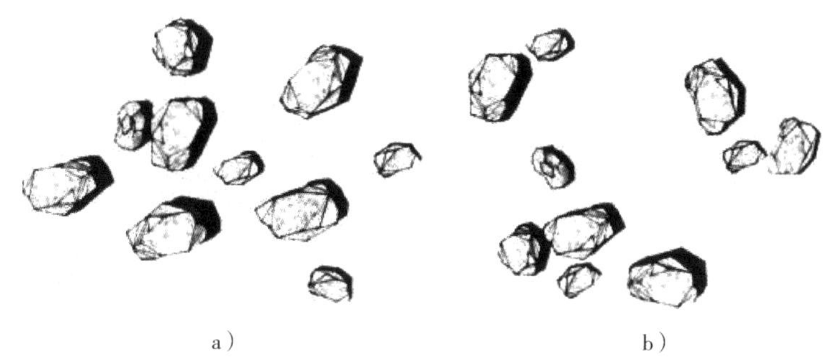

a）　b）

图 2-24　散兵石造型设计

a）缺乏规律的造型设计　b）疏密结合的造型设计

散兵石的造型设计要点：在地面布置散兵石，一般应采取浅埋或半埋的方式安置山石。山石布置好后，应当像是地下岩石、岩层的自然露头，而不要像是临时性放在地面上的。散兵石还可以附属于其他景物而布置，如半埋于树下、草丛中、路边、水边等。

四、象形石的造型设计

由于人工塑造的山石物象很难做到以假乱真，因此一般不应由人工来塑造或雕琢出象形石，如图 2-25 所示。象形石要采用天然生成的，但略加修整还是可以的，修整后往往能使其象形的特征更明显和突出。修整后的表面一定要清除加工中留下的痕迹。象形石放在草坪上、庭院中或广场上时，应采取特置或孤置的方式。周围可加栏杆围护，可以起到保护石景的作用，还能增加象形石的珍贵感。

图 2-25　象形石

【高手必懂】置石与周围环境的结合

一、置石与植物结合

置石与植物的关系大致可以概括为“遮、挡、露、衬”四种。所谓“遮、挡”，是指通过合理的植物配置，遮掩局部置石（多为基部或瑕疵处），用以修正、弥补置石的某些缺陷，柔化僵硬的山石棱角，同时增强置石景观的透视效果。“露、衬”则是强调通过植物的衬托，突出置石

主要观赏面，渲染和强化置石的主体地位，提升景观意境。

置石与植物组合造景时，应根据置石的特性，选择植物进行搭配，力求体现植物本身的形态美。如松柏造型刚劲有力常与浑厚古朴的泰山石搭配，梅、竹体态清逸宜与湖石之玲珑剔透相结合。根据植物的形态特征，结合置石的个体美，可以更好地凸显景观效果。

此外，置石应结合场地考虑布置。一般在比较开阔的区域，植物与石搭配，常选常绿树与落叶树混合栽植作为背景，配以少数成长较慢、姿态较好、叶片较小、枝条纤细的花木，或点缀常绿球类植物于石前，利用植物的秀美与置石相结合，创造和谐的景观效果；当场地比较局限时，应结合具体情况，选用一至两种常绿植物搭配，手法应简洁明快，亦可突出置石景观。置石与植物结合如图 2-26，置石与植物和水体结合如图 2-27 所示。

a）

b）

图 2-26　置石与植物结合

图 2-27　置石与植物、水体结合

二、置石与水体结合

置石一般都能很好地与水体环境相协调。水石结合的景观所给人的自然感觉更为强烈。河流溪涧散点置石，或半含土中；或与驳岸相结合，生动自然；或与动水结合，凸显动势；或与静水相交，彰显静谧；或静铺水底。不同的组合形式可营造出迥然不同景观效果。在规则式水体中，置石一般不在池边布置，而常常是布置在池中，但不宜布置在水池正中，要在池中稍偏后和稍偏于一侧的地方布置，置石与水体结合如图 2-28 所示。

总体来讲，在现代园林绿地中，置石与水体的组合关系，以山石驳岸应用居多。以山石作为驳岸不仅可以加固岸基，防止水流冲刷坍塌，便于游人临池游赏，更重要的是以山石作为驳岸，或在岸边点缀置石，可以打破水池边缘棱角，并利用山石自然形态的变化呈现各种犬牙交错的形式，在水陆之间形成自然的过渡，而不至于产生突然、生硬的感觉，使景观更加生动灵活。山石的摆放要曲折而富有变化；石块的大小和形状应搭配巧妙；大小相间、疏密有致，并具有不规则的节奏感，使其在有限的空间里塑造“一勺则江湖万顷”的意境，如图 2-29 所示。

图 2-28 置石与水体结合

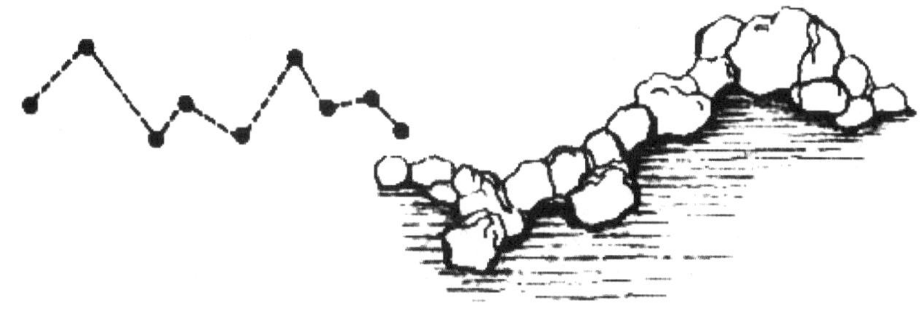

图 2-29 山石驳岸示意图

三、置石与建筑结合

置石与园林建筑结合多是为了借置石来丰富建筑轮廓，使置石与建筑浑然一体，增添环境的自然氛围。建筑与置石之间的结合应侧重景观的自然性。

现代园林中置石与建筑的关系处理即在继承传统应用形式的同时，结合材料的创新，使手法更为简洁，形式更为灵活，选石品类也更为多样。例如苏州博物馆主庭院选以泰山石为题材，与建筑结合，组石造景。整组置石景观“以壁为纸，以石为绘”，借拙政园白墙为纸，把高五、六米，厚三、四米的泰山石切片、打磨、煅烧，高低错落地堆叠于墙前，与卵石、水面相映，与墙后的拙政园顺势相连，新旧园景笔断意连，巧妙地与建筑融为一体。其泰山石特有的色彩和纹理层层退晕，意境深远。又巧借水池阻隔游人靠近片石，形成必要的观赏视距，形成最佳观赏角度，满足置石整体的尺度感，达到“只可远观而不可亵玩”的意境，如图 2-30 所示。

图 2-30 苏州博物馆石景

四、置石与道路结合

在现代园林中，经常在道路交叉口或拐角处散点置石，从而增强道路景观的观赏性，营造“路因景曲，境因曲深”的景观意境。

现代园林中道路的布局形式，一般分为自然式、规则式和混合式，针对道路的不同布局形式，置石的应用形式、所起作用也分别有所侧重。在自然式道路中，置石多用来点缀和美化道路景观，或兼以作为挡土墙、种植池等；在规则式道路中，置石则侧重于打破道路转折点形成的死角，增添景观的自然性，如图 2-31 所示。

a）

b）

图 2-31　置石与道路结合

五、置石与地形结合

现代园林中妥善利用地形，结合植物的合理配置，可以为置石作品提供背景依托，提升置石景观的观赏性。由于地形可以建立丰富的空间序列，提供一系列的观赏点，因此，可以为置石景观提供千变万化的透视效果，独特的高差优势，可以强化和突出置石景观。

与此同时，置石与地形结合，也可满足置石的功能要求，如图 2-32 所示。例如利用山石在坡度较陡的地形上散置可兼作护坡，用以阻挡和分散地表径流，通过降低地表径流的流速来减少流水对地面的冲刷。

图 2-32　置石与地形结合

【高手必懂】置石的施工流程

置石的施工流程为：定位放线→选石→置石吊运→拼石→基座设置→置石吊运→修饰与支

撑，如图 2-33 所示。

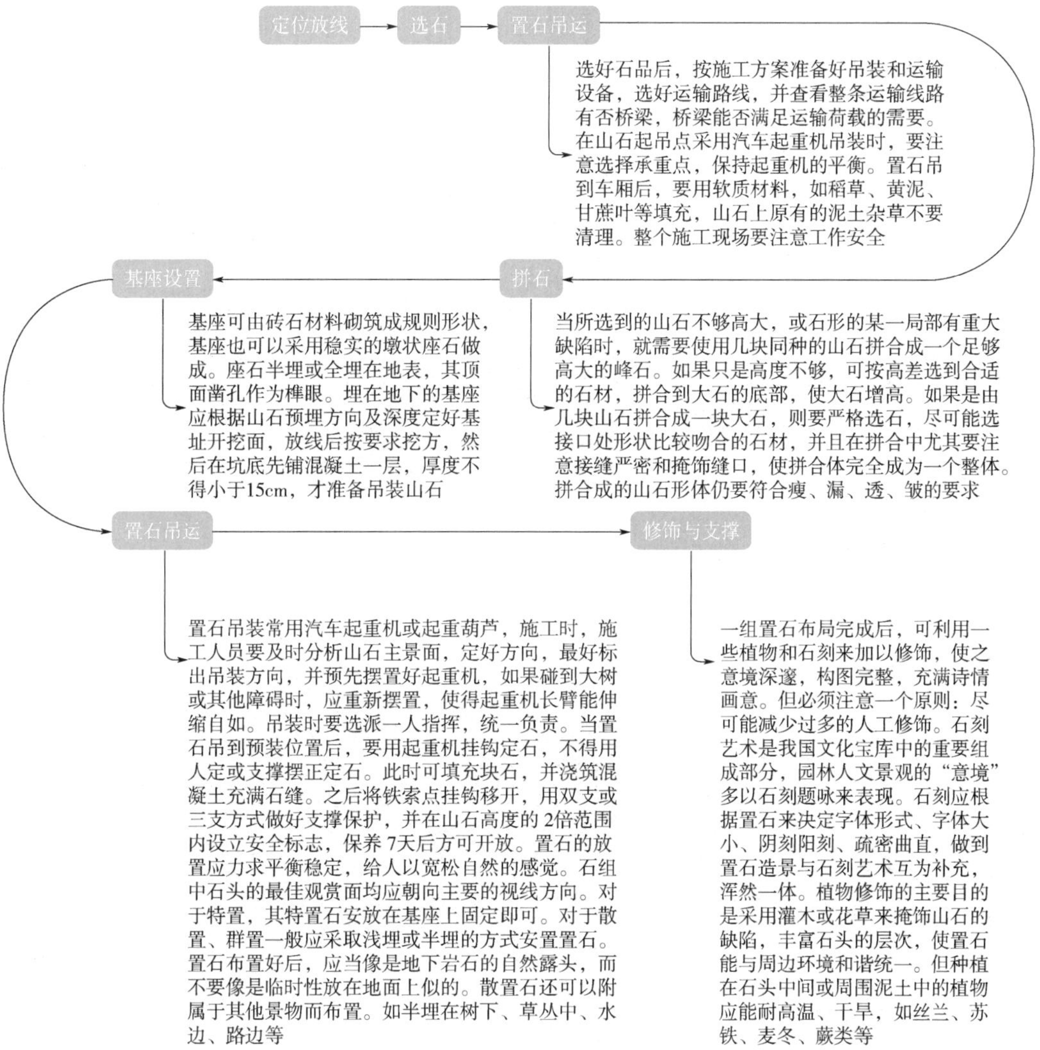

图 2-33 置石的施工流程

第三节 假山设计与施工

【新手必读】假山的平面布局

一、假山布局与周围环境处理

1. 位置的选择与确定

大规模的园林假山既可布置在园林的中部稍偏地带，又可在园林中偏于一侧布置，而小型的假山一般只在园林庭院或园墙一角布置。假山最好能布置在园林湖池溪泉等水体的旁边，可使其山影婆娑，水光潋滟，山水景色交相辉映，共同成景。在园林出入口内外、园路的端头、草地的边缘地带等位置上，一般也都适宜布置假山。

2. 在受城市建筑影响的环境中的假山布置

假山与其周边环境的关系很密切，受环境影响也很大。在一侧或几侧受城市建筑所影响的环境中，高大的建筑对假山的视觉压制作用十分突出。在这样的环境中，就一定要采取隔离和遮掩的方法，用浓密的林带为假山区围出一个独立的造景空间来；或者将假山布置在一侧的边缘地带，山上配置茂密的混交风景林，使人们在假山上看不到或很少看到附近的建筑，如图 2-34 所示。

图 2-34 蠡园云字假山林

3. 庭院中的假山布置

在庭院中布置假山时，庭院建筑对假山的影响无法消除，只有采取一些措施来加以协调，以减轻建筑对假山的影响。例如：在仿古建筑庭院中的假山，可以通过在山上合适之处设置亭廊的办法来协调；在现代建筑庭院中，也可以通过在假山与建筑、围墙的交接处配植灌木丛的方式来进行过渡，以协调二者关系，如图 2-35 所示。

图 2-35 庭院中的假山

二、明确主次关系与结构布局

1. 突出主山、主峰的主体地位

主山或主峰的位置虽然不一定要布置在假山区的中部地带，但却一定要在假山山系结构的核心位置上。主山位置不宜在山系的正中，而应当偏于一侧，以免山系平面布局呈现对称状态。主山、主峰的高度及体量一般应比第二大的山峰增加 1/4 以上，以充分突出主山、主峰的主体地位，做到主次分明。

2. 客山、陪衬山与主山相伴

除了孤峰式造型的假山以外，一般的园林假山都要有客山、陪衬山与主山相伴。客山是高度和体量仅次于主山的山体，具有辅助主山构成山景基本结构骨架的重要作用。客山一般布置在主山的左、右、左前、左后、右前、右后等几个位置上，一般不能布置在主山的正前方和正后方。陪衬山比主山和客山的体量小了很多，不会对主山、客山造成遮挡，反而能够增加山景的前后风景层次，可以很好地陪衬、烘托主山和客山，故其布置位置十分灵活，几乎没有什么限制。

3. 协调主山、客山、陪衬山的相互关系

在假山布局时要以主山作为结构核心，充分突出主山。而客山则要根据主山的布局状态来

布置，要与主山紧密结合，共同构成假山的基本结构。陪衬山应当围绕主山布置，也可少量围绕着客山布置，可以起到进一步完善假山山系结构的作用。

三、遵循自然法则与形象布局

园林假山虽然有写意型与透漏型等不一定直接反映自然山形的造山类型，但所有假山创作的最终源泉还是自然界的山景资源。即使是透漏型的假山，其形象的原形也还是能够在风蚀砂岩或海蚀礁岸中找到。堆砌这类假山的材料如太湖石、钟乳石，其空洞形状本身也是自然力造成的。因此，假山布局和假山造型都要遵从对比、运动、变化、聚散的自然景观发展规律，从自然山景中汲取创作的素材营养，并有所取舍、提炼、概括与加工，从而创造出更典型、更富于自然情调的假山景观，如图 2-36 所示。

图 2-36 写意假山

四、整体风景效果及观赏安排

假山的风景效果应当具有多样性，不但要有山峰、山谷、山脚景观，而且还要有悬崖、峭壁、深峡、幽洞、山道、怪石、瀑布、泉涧等多种景观，甚至还要配植一定数量的青松、红枫、地柏、岩菊等观赏性植物，从而进一步烘托假山景观。假山的整体风景效果以及观赏安排要注意以下 4 点：

1. 景观力求小中见大

由于假山建在园林中，因此规模不可能像真山那样无限扩大，要在有限的空间中创造无限大的山岳景观，就要求园林假山必须具有小中见大的艺术效果。小中见大的艺术效果的形成是创造性地采用多种艺术手法才能实现的。例如利用对比手法、按比例缩小景物、增加山景层次、塑造逼真的造型、小型植物衬托等方法，都有利于小中见大的艺术效果的形成，如图 2-37 所示。

图 2-37 园林中的假山景观

2. 游线力求步移景异

在山路的安排中，增加路线的弯曲、转折、起伏变化和路旁景物的布置，可以形成“步移景异”的风景变换，也能够使山景更加丰富多彩。

3. 效果力求面面俱到

任何假山的形象都有正面、背面和侧面之分，在布局中要调整好假山的方向，让假山形象最好的一面朝向视线最集中的方向。例如：在湖边的假山，其正面应当朝向湖的对岸；在风景林边缘的假山，也应以其正面朝向林外，而以背面朝向林内。确定假山朝向时，还应考虑山形轮廓，要以轮廓最好的一面朝向视线集中的方向。

4. 观赏力求视距合适

假山的观赏视距的确定要根据设计的风景效果来考虑。在突出假山的高耸和雄伟时，需将视距确定在山高的1~2倍距离上，使山顶成为仰视风景；在突出假山优美的立面形象时，需采取山高的3倍以上距离作为观赏视距，使人们能够看到假山的全景。在假山内部，一般无需刻意安排最佳观赏视距，随其自然即可。

五、造景观景与兼顾功能

假山布局一方面是安排山石造景，为园林增添重要的山地景观；另一方面还要在山上安排一些台、亭、廊、轩等设施，以提供良好的观景条件，使假山造景和观景两相兼顾。另外，在布局上，还要充分利用假山的组织空间作用、创造良好生态环境的作用和实用小品的作用，来满足多方面的造园需求。

【新手必读】假山的立面布局

假山的造景主要应解决假山山形轮廓、立面形状态势和山体各局部之间的比例、尺度等关系。

一、变与顺，多样统一

1. 变化的多样性

设计和堆叠假山，最重要的就是既要求变，更要会变和善变。要在平中求变，在变中趋平。用石要有大有小、有轻有重、有宽有窄，并且随机应变地应用多种拼叠技法，使假山造型既有自然之态，又有艺术之神，更有山石景观的丰富性和多样性。在假山造型中，追求形象变化也要有根据，不能没有根据地乱变，正所谓“万变不离其宗”，变有变的规律，变中要有顺，还要有统一。

2. 和谐的统一性

假山造型中的“顺”就是其外观形式上的统一和协调。堆砌假山的山石形状可以千变万化，但其表面的纹理、线条要平顺统一，石材的种类、颜色、质地要保持一致，假山所反映的地质现象或地貌特征也要一致。在假山上，如果在石形、山形变化的同时不保持纹理、石种和形象特征的平顺协调，假山的“变”就是乱变，是没有章法的变。

3. 既变化又统一

只要在处理假山形象时一方面突出其变化的多样性，另一方面突出其和谐的统一性，在变化中求统一，在统一中有变化，做到既变化又统一，就能够使假山造型取得很好的艺术效果。

二、深与浅，层次分明

叠石造山要做到凹深凸浅，有进有退。凹进处要突出其深，凸出处要显示其浅，在凹进和凸出中使景观层层展开，山形则显得十分深厚、幽远。尤其是在“仿真型”假山造型中，在确保对山体布局进行全面层次处理的同时，还必须确保游人能够在移步换景中感受到山形的种种层次变化。这不只是正面的层次变化，同时也是旁视的层次变化；不只是由山外向山内、洞内看时的深远层次效果，同时也是由山内、洞内向山外、洞外观赏时的层次变化；不只是由低矮的山前而窥山后，使山石能够前不遮后，以显山体层层上升的高远之势，同时也是由高及低，即由山上看山下的层次变化，以显出山势之平远。因此，叠石造山的层次变化是多方位、多角度的。叠石造山如图 2-38 所示。

图 2-38 叠石造山

三、高与低，看山看脚

假山的立基起脚直接影响到整个山体的造型。山脚转折弯曲，则山体立面造型就有进有退，形象自然，景观层次丰富；而山脚平直呆板，则山体立面变化少，山形臃肿，山景平淡无味。叠石造山不但要注意山体、山头的造型，而且更要注意山脚的造型。山脚的起结开合、回弯折转等布局形式和平板、斜坡、直壁等造型都要仔细推敲，要结合可能对立面形象产生的影响来综合考虑，力求为假山的立面造型提供最好的条件。

四、态与势，动静相济

假山的造型是否生动自然，是否具有较深的内涵表现，还取决于其形状、姿态、状态等外观布局形式与其相应的气势、趋势、情势等内在心理感受之间的联系情况。只有态、势关系处理妥当的假山才能真正做到生动自然，也才能让人从其外观形象中感受到更多的内在的东西，如情趣、意味、意境和思想等。

1. “势”的表现

具有写意特点的假山，能够让人明显地感受到强烈的运动性和奔趋性，这种运动性和奔趋性就是假山内涵中的“势”的表现。在山石与山石之间进行态势关系的处理，能够在假山景观体系内部及周边环境之间建立起紧密的联系，营造出一个和谐的、有机结合的整体，做到山石之间的“形断迹连，势断气连”，相互呼应，共同成景。

2. 静势与动势

从视觉感受方面来看，假山的“势”可大致分为静势和动势两类。静势的特点是力量内聚，能给人静态的感觉。假山造型中，使其保持重心低、形态平正、轮廓与皴纹线条平行等状态都可以形成静势。动势的特点则是内力外射，具有向外张扬的形态。假山有了动势，景象就十分活跃与生动。

营造动势的方法有：将山石的形态姿势处理成有明显运动性和奔趋性的倾斜状、将重心布置在较高处、使山石形体向外悬出等。

3. 动静结合

山石的静势和动势要结合起来，要静中生动，动中有静；以静衬托动，以动对比静，同时突出动势和静势两方面的造景效果。

五、藏与露，虚实相生

假山造景犹如山水画的创作，处理景物也要宜藏则藏，宜露则露，在藏露结合中尽可能提高假山的观赏性。

1. 藏景做法

藏景的做法并不是要将景物全藏起来，而是藏起景物的一部分，其他部分露出来，达到“犹抱琵琶半遮面”的效果。以露出部分来引导人们去追寻、想象藏起的部分，从而在引人联想中扩大风景承载的内容。

2. 藏露方式

假山造景中应用藏露方法一般的方式是：以前山掩藏部分后山，而使后山神秘莫测；以树林掩藏于山后，而不知山有多深；以山路的迂回穿插自掩，而不知山路有多长；以灌木丛半掩山洞，以怪石、草丛掩藏山脚，以不规则山石墙分隔、掩藏山内空间等。

3. 藏露效果

经过藏景处理的假山虚虚实实，隐隐约约，风景更加引人入胜，景观形象也更加多样化，体现出虚实结合的特点。风景有实有虚，则由实景引人联想，虚景逐步深化，还可形成意境的表现。

六、意与境，情景交融

园林中的意境是由园林作品情景交融而产生的一种特殊艺术境界，即是“境外之境，象外之象”，是能够使人觉得有“不尽之意”和“无穷之味”的“只可意会，难于言传”的特殊风景。成功的假山造型也可能产生自己的意境。假山意境的形成是综合应用多种艺术手法的结果。

【高手必懂】假山造型设计的禁忌

为了防止在叠石造山中由于出现一些不符合审美原则的弊病而损害假山艺术效果的情况出现，假山造型设计需禁忌以下几种情况：

禁忌一：对称居中

假山的布局不能在地块的正中，假山的主山、主峰也不要居于山系的中央位置。山头的形状、小山在主山两侧的布置都不可呈对称状，要防止形成“笔架山”，如图 2-39 所示。在同一座假山中相背的两面山坡，其坡度陡缓不宜一样，应一坡陡，一坡缓。

禁忌二：重心不稳

视觉上的重心不稳和结构上的重心不稳都要避免。前者会破坏假山构图的均衡，给观者造成心理威胁；后者则直接产生安全隐患，可能导致山体倒塌或人员伤害，如图 2-40 所示。但在石景的造型中也不能做得四平八稳，没有一点悬险感的石景往往缺乏生动性。

图 2-39 对称居中的假山造型

图 2-40 重心不稳的假山造型

禁忌三：杂乱无章

树有枝干，山有脉络，构成假山的所有山石都不要东倒西歪地布置，如图 2-41 所示。要按照一定的脉络关系相互结合成有机的整体，在变化的山石景物中加强结构上的联系和统一。

禁忌四：纹理不顺

假山、石景的石面皴纹线条要相互理顺。不同山石平行的纹理、放射状的纹理和弯曲的纹理都要相互协调，通顺地组合在一起。即使是石面纹理很乱的山石之间，也要尽可能使纹理保持平顺状态，如图 2-42 所示。

图 2-41　杂乱无章的假山造型

图 2-42　纹理不顺的假山造型

禁忌五：“铜墙铁壁”

砌筑假山石壁，不得砌成像平整的墙面一样。山石之间的缝隙也不要全都填塞，不能做成密不透风的墙体状，如图 2-43 所示。

禁忌六：“刀山剑树”

相同形状、相同宽度的山峰不能重复排列过多，不能等距排列如“刀山剑树”般，如图 2-44 所示。山的宽度和位置安排要有变化，排列要有疏有密。

图 2-43　“铜墙铁壁”的假山造型

图 2-44　“刀山剑树”的假山造型

禁忌七：“鼠洞蚁穴”

假山做洞不能太小气。山洞太矮、太窄、太直，都不利于观赏和游览，也不能够让人体验到真山洞的感受，如图 2-45 所示。假山洞洞道的平均高度一般应在 1.9m 以上，平均宽度则应在 1.5m 以上。

禁忌八：“堆叠罗汉”

假山石上下重叠，而又无前后左右的错落变化，则被称为“堆叠罗汉”。这种堆叠方式比较规整，如果是片石层叠，则如同叠饼状，如图 2-46 所示，在假山和石景造型中要尽可能避免。

图 2-45 “鼠洞蚁穴”的假山造型

图 2-46 “堆叠罗汉”的假山造型

【高手必懂】假山的设计手法

一、山顶的造型设计

假山山顶的基本造型设计一般有四种，包括：峰顶式、峦顶式、岩顶式和平山顶式。

1. 峰顶式

峰顶式又分为分峰式、合峰式、剑立式、斧立式、流云式和斜立式，如图 2-47 所示。

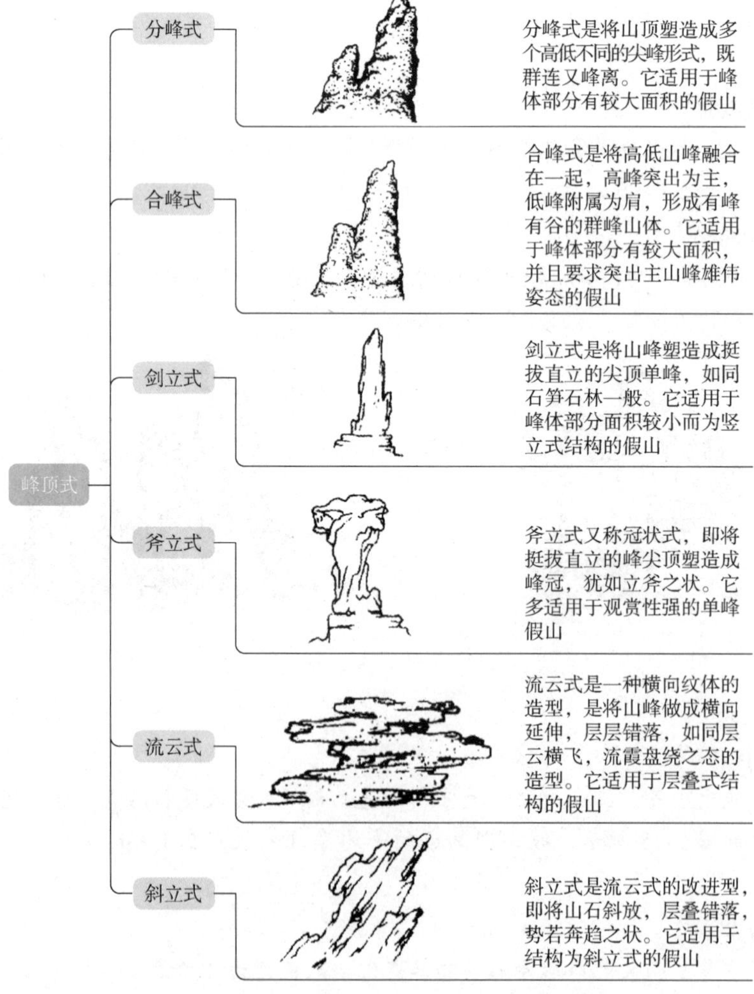

图 2-47 山顶的造型设计——峰顶式

2. 峦顶式

峦顶式即将山顶做成峰顶连绵、重峦叠嶂的一种造型。根据其做法可分为：圆丘式峦顶、梯台式峦顶、玲珑式峦顶和灌丛式峦顶，如图 2-48 所示。

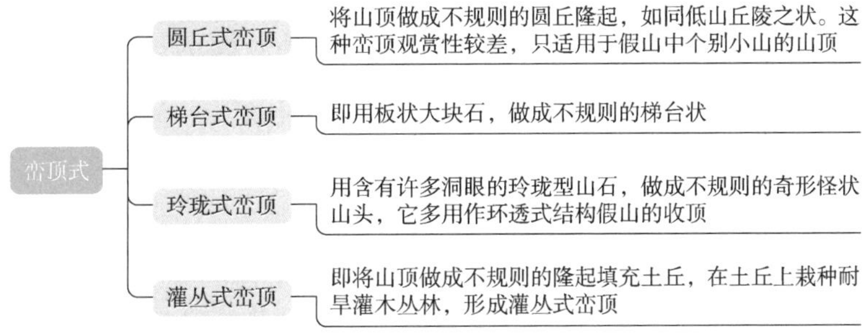

图 2-48　山顶的造型设计——峦顶式

3. 岩顶式

岩顶式即将山体边缘做成陡峭的山岩形式，作为登高远望的观景点。按岩顶形状可分为：平顶式、斜坡式、悬垂式和悬挑式，如图 2-49 所示。

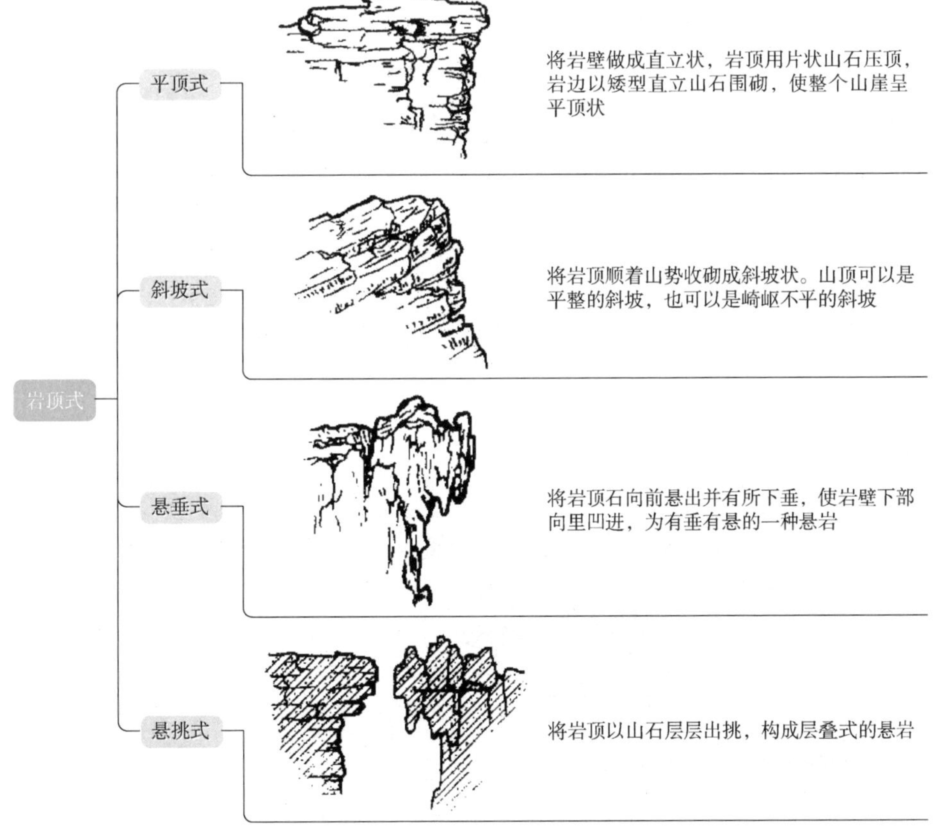

图 2-49　山顶的造型设计——岩顶式

4. 平山顶式

平山顶式即将假山顶做成平顶，使其具有可游可憩的特点，根据需要可做成：平台式、亭台式和草坪式等山顶，如图 2-50 所示。

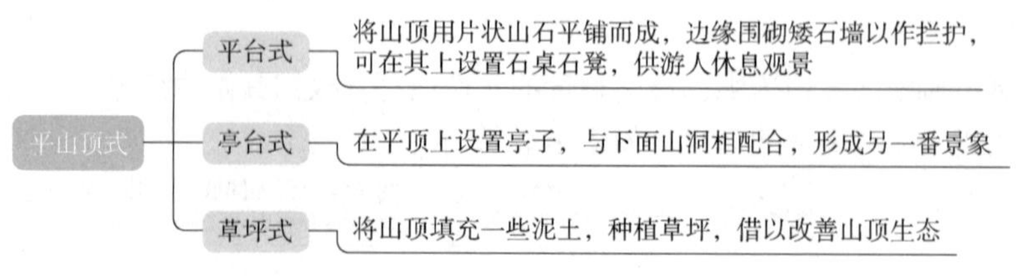

图 2-50　山顶的造型设计——平山顶式

二、山体的造型设计

山体内部的结构形式主要有四种：环透结构、层叠结构、竖立结构和填充结构。

1. 环透结构

环透结构是指利用多种具有不规则孔洞和孔穴的山石，组成曲折环形通道或通透形空洞的一种山体结构，如图2-51所示。所用山石多为太湖石和石灰岩风化的怪石。

图 2-51　环透结构

2. 层叠结构

假山若采用层叠结构，其立面的形象则具有丰富的层次感，一层层山石砌为山体，山形横向伸展，或敦实厚重，或轻盈飞动，容易获得多种生动的艺术效果。层叠结构又可分为 2 种，如图 2-52所示。

层叠结构的假山石材一般可用片状的山石，片状山石最适于做叠砌的山体。体形厚重的块状、墩状自然山石，也可以用于层叠结构的假山。由这类山石做成的假山山体充实，孔洞较少，具有浑厚、凝重、坚实的景观效果。

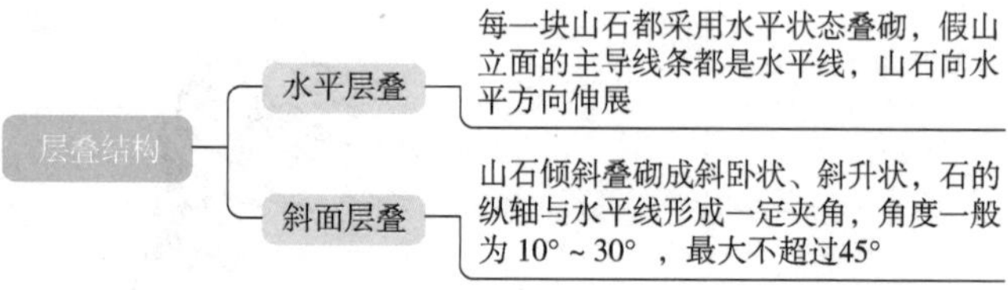

图 2-52　层叠结构

3. 竖立结构

竖立结构可以营造出假山挺拔、雄伟、高大的艺术形象。山石全部采用竖立式砌叠，山体内外的沟槽及山体表面的主导皴纹线，都是从下至上呈竖立状，故整个山势呈向上伸展的状态。根据山体结构的不同竖立状态，这种结构形式又分为直立结构和斜立结构，如图 2-53 所示。

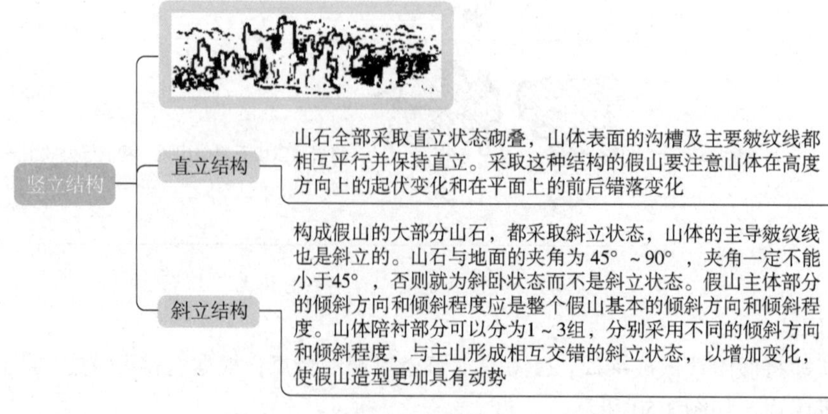

图 2-53　竖立结构

采用竖立结构的假山，石材一般多是条状或长片状的山石，矮而短的山石不能多用。这是由于此类山石易于砌出竖直的线条。但条状或长片状的山石在用水泥砂浆黏合成悬垂状时，全靠水泥的黏结力来承受其重量，因此对石材质地就有了新的要求。一般要求石材质地粗糙或石面密布小孔，这样的石材用水泥砂浆作为黏合材料时附着力很强，容易将山石黏合牢固。

4. 填充结构

一般的土山、带土石山和个别的石山，或者在假山的某些局部山体中，都可以采用填充结构形式。填充结构假山的山体内部是由泥土、废砖石或混凝土材料填充起来的，其结构的最大特点就是填充。按填充材料及其功能的不同，可以将填充结构假山结构分为 3 种，如图 2-54 所示。

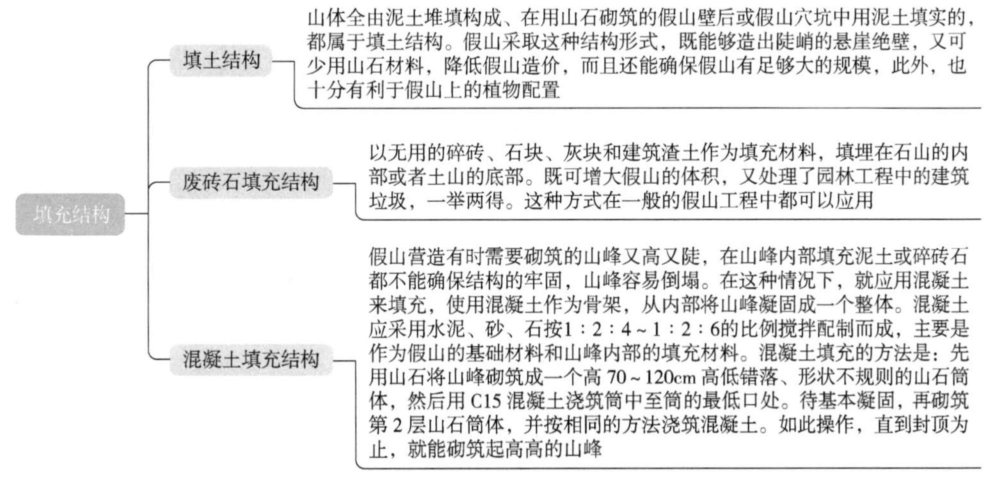

图 2-54 填充结构

三、洞壁的造型设计

大中型假山一般都要有山洞，山洞可以使假山幽深莫测，有助于营造山景幽静和深远的境界。山洞本身也是有景可观的，能够引起游人极大的游览兴趣。在设计中，还可以使假山山洞产生更多的变化，从而更加丰富其景观内容。从结构特点和承重分布情况来看，假山洞壁造型可分为墙柱式洞壁和墙式洞壁，如图 2-55 所示。

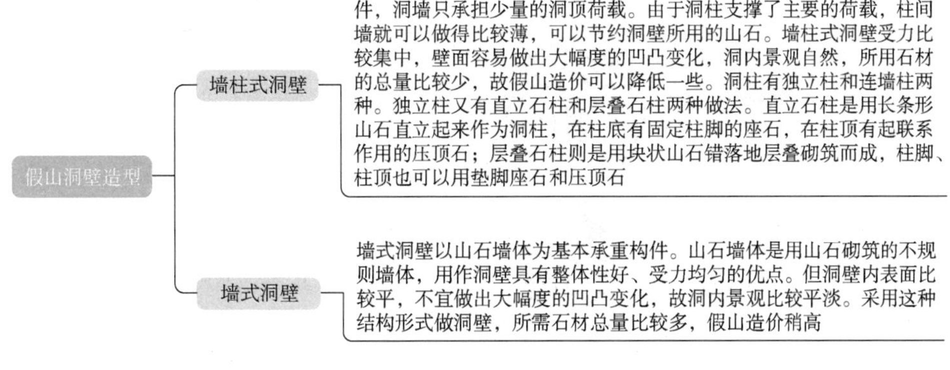

图 2-55 洞壁造型

四、洞顶的造型设计

由于一般条形假山石的长度有限，大多数条形假山石的长度都在 1 ~ 2m，如果山洞设计为 2m 左右的宽度，则其长度就不足以直接用作洞顶石梁，这就要采用特殊的方法才能做出洞顶来。因此，假山洞的洞顶结构一般都要比洞壁、洞底复杂一些。从洞顶的常见做法来看，其基本结构方式有 3 种，即盖梁式、挑梁式和拱券式。

1. 盖梁式洞顶

盖梁式洞顶为假山石梁或石板的两端直接放在山洞两侧的洞柱上，呈盖顶状。这种结构的洞顶整体性强，结构比较简单，也很稳定，是造山中最常用的结构形式之一。但由于受石梁长度的限制，采用盖梁式洞顶的山洞不宜做得过宽，且洞顶的形状往往太平整，不像自然的洞顶。因此，在洞顶设计中就应对假山施工提出要求，尽可能采用不规则的条形石材来做洞顶石梁。石梁在洞顶的搭盖方式一般有以下 6 种，如图 2-56 所示。

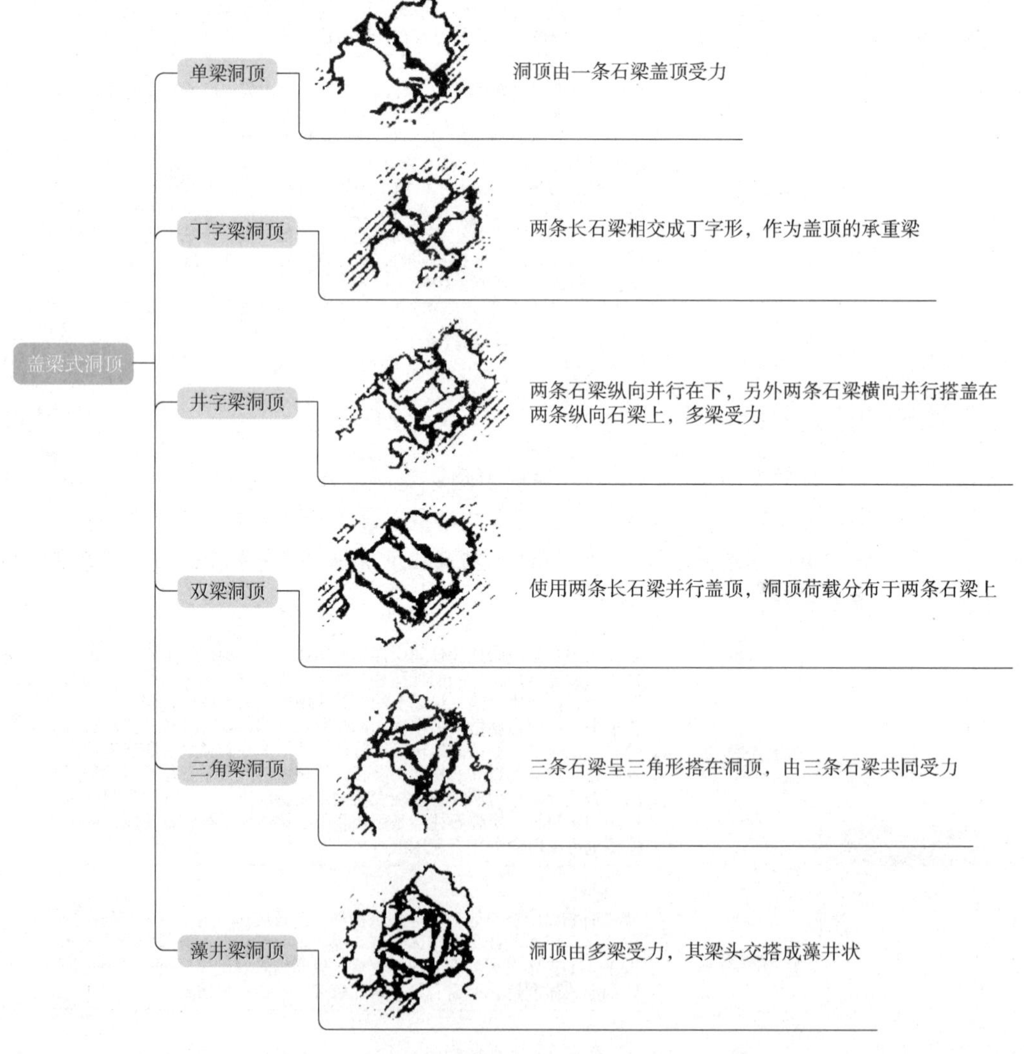

图 2-56　盖梁式洞顶

2. 挑梁式洞顶

挑梁式洞顶即用山石从两侧洞壁洞柱向洞中央相对悬挑伸出，并合拢做成洞顶的结构，如图 2-57 所示。

3. 拱券式洞顶

拱券式洞顶是用块状山石作为券石，以水泥砂浆作为黏合剂，顺序起拱，做成拱形洞顶，多用于较大跨度的洞顶。这种洞顶的做法也有称作造环桥法的，其环拱所承受的重力沿着券石从中央分向两侧相互挤压传递，能够很好地向洞柱洞壁传力，故不会像挑梁式和盖梁式洞顶那样将石梁压裂、将挑梁压塌。这种结构的山洞洞顶整体感很强，洞景变化自然，与自然山洞形象相近。在拱券式结构的山洞施工过程中，当洞壁砌筑到一定高度后，须先用脚手架搭起操作平台，而后在平台上进行施工，这样就能够方便操作，同时也容易对券石进行临时支撑，能够确保拱券施工质量，如图 2-58 所示。

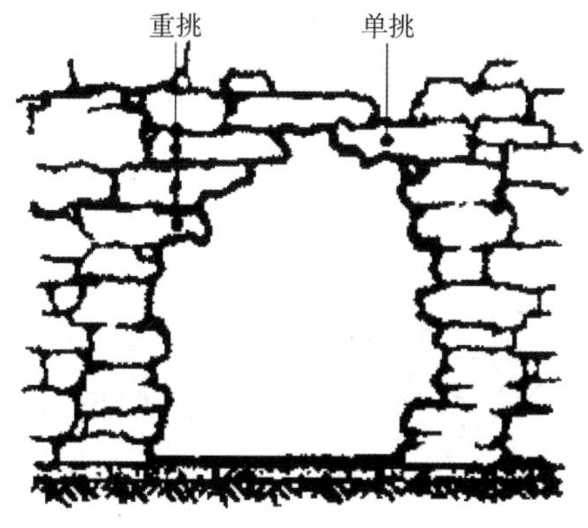

图 2-57 挑梁式洞顶

图 2-58 拱券式洞顶

五、山脚的造型设计

1. 山脚平面形状的布置原则

山脚的平面形状是以山脚平面投影的轮廓线加以表示的，对山脚轮廓进行布置称为“布脚”。在布脚时，原则如图 2-59 所示。

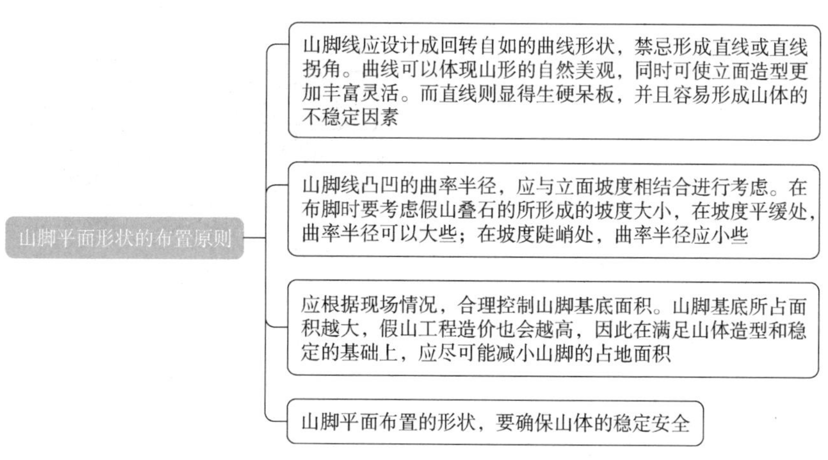

图 2-59 山脚平面形状的布置原则

2. 山脚平面布置的形状

山脚平面布置的形状有 3 种，如图 2-60 所示。

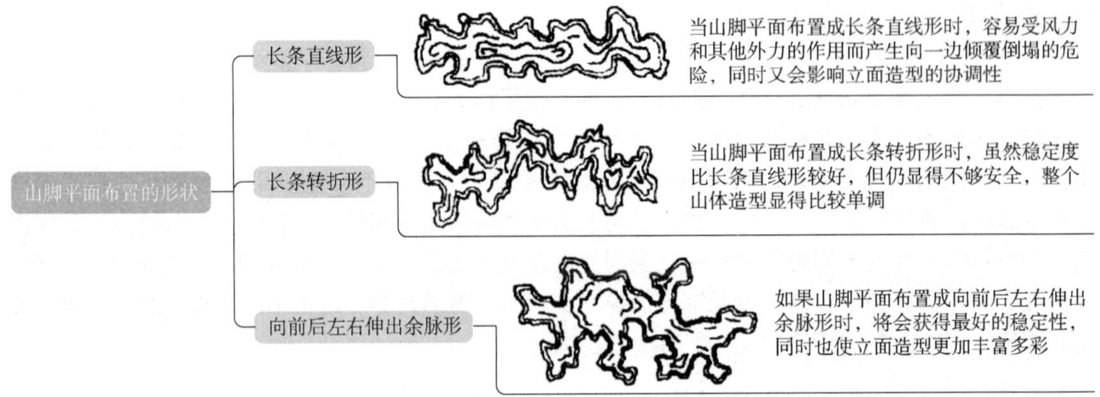

图 2-60 山脚平面布置的形状

3. 山脚平面布置的处理手法

山脚平面布置的处理手法有 3 种，如图 2-61 所示。

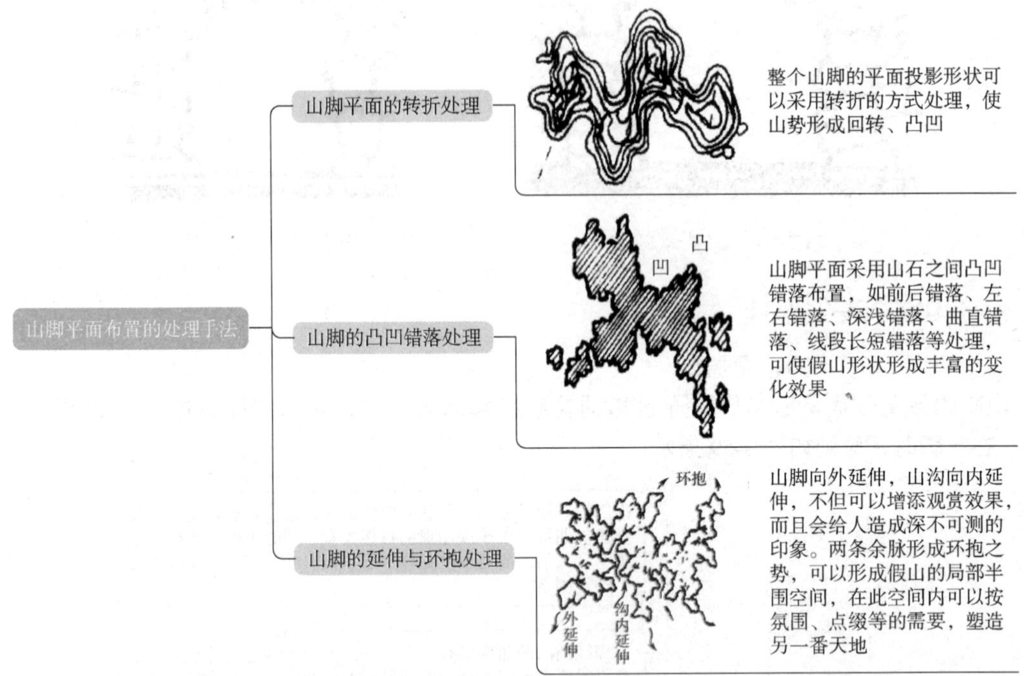

图 2-61 山脚平面布置的处理手法

【高手必懂】假山施工

一、准备工作

假山施工前，应根据假山的设计确定石料，并运抵施工现场，根据山石的尺度、石形、山石皴纹、石态、石质、颜色选择石料，同时准备好水泥、石灰、砂石、钢丝、铁爬钉、银锭扣等辅助材料以及手拉葫芦、支架、铁吊架、平衡梁、桅杆、撬棒、卷扬机、起重机、绳索等施工工具，并应注意检查起重用具的安全性能，以确保山石吊运和施工人员的安全。

1. 一般规定

1）施工前应由设计单位提供完整的假山叠石工程施工图及必要的文字说明，并进行设计交底。

2）施工人员必须熟悉设计，明确要求，必要时应根据需要制作一定比例的假山模型小样，并审定确认。

3）根据设计构思和造景要求对山石的质地、纹理、石色进行挑选，山石的块径、大小、色泽应符合设计要求和叠山需要。各种山石必须坚实，无损伤、裂痕，表面无剥落。特殊用途的山石可用墨笔编号标记。

4）山石在装运过程中，应轻装、轻卸，有特殊用途的山石要用草包、木板围绑保护，防止磕碰损坏。

5）根据施工条件备好吊装机具，做好堆料及搬运场地、道路的准备。吊具一般应配有起重机、叉车、吊链、绳索、卡具、撬棍、手推车、振捣器、搅拌机、灰浆桶、水桶、铁锹、水管、大小锤子、錾子、抹子、柳叶抹、鸭嘴抹、笤帚等工具。

2. 山石质量要求

假山叠石工程常用的自然山石，如太湖石、黄石、英石、石笋及其他各类山石，山石的块面、大小、色泽应符合设计要求。孤赏石、峰石的造型和姿态，必须达到设计构思和艺术要求。选用的山石必须坚实、无损伤、无裂痕，表面无剥落。

3. 山石运输

山石在装运过程中，应轻装、轻卸。对于特殊用途的山石要轻吊、轻卸，如孤赏石、峰石、斧劈石、石笋等。在运输时，为防止损坏，还应用草包、草绳绑扎。假山石运到施工现场后，应进行检查，凡是有损坏或裂缝的山石不得置于显著的位置。

4. 山石造石

假山施工前，应进行造石。对于山石质地、纹理、石色按同类集中的原则进行清理、挑选、堆放，不宜混用。

5. 山石清洗

施工前，必须对施工现场的山石进行清洗，以除去山石表面积土、尘埃和杂物。

二、假山定位与放样

1. 审阅图纸

假山定位放样前要将假山工程设计师的意图看懂摸透，掌握山体形式和基础结构。为了方便放样，需要在平面图上按一定的比例尺寸，依工程大小或平面布置复杂程度，采用 $1m \times 1m$ 或 $5m \times 5m$ 或 $10m \times 10m$ 的尺寸画出方格网，以其方格与山脚轮廓线的交点作为地面放样的依据。

2. 实地放样

在设计图方格网上，选择一个与地面有参照的可靠固定点作为放样定位点，然后以此点为基点，按实际尺寸在地面上画出方格网；并对应图纸上的方格和山脚轮廓线的位置，放出地面上的相应的白灰轮廓线。

为了方便基础和土方施工，应在不影响施工的范围内，选择便于检查基础尺寸的有关部位，如假山平面的纵横中心线、纵横方向的边端线、主要部位的控制线等位置的两端，设置龙门桩或埋地木桩，以便在施工时放样白灰轮廓线被挖掉后，作为测量尺寸或再次放样的基本依据点。

三、假山基础施工

1. 浅基础施工

浅基础是在原地形上略加整理、符合设计地貌并经夯实后的基础。此类基础可节约山石材料，但为符合设计要求，有的部位需垫高，有的部位需挖深以造成起伏，这样会使夯实平整地面的工作变得较为琐碎。对于软土和泥泞地段，应进行加固或清淤处理，以免日后基础沉陷。此后，即可对夯实地面铺筑垫层，并砌筑基础。

2. 深基础施工

深基础是将基础埋入地面以下的基础，应按基础尺寸进行挖土，严格掌握挖土深度和宽度，一般假山基础的挖土深度为 50～80cm，基础宽度多为山脚线向外 50cm。土方挖完后夯实整平，然后按设计铺筑垫层和砌筑基础。

3. 桩基础施工

桩基础多为短木桩或混凝土桩，打桩位置、打桩深度应按设计要求进行，桩木按梅花形排列，称“梅花桩”。桩木顶端可露出地面或湖底 10～30cm，其间用小块石嵌紧嵌平，再用平正的花岗石或其他石材铺一层在顶上，作为桩基的压顶石或用灰土填平夯实。混凝土桩基的做法和木桩桩基的做法一样，也有在桩基顶上设压顶石与设灰土层两种做法。

基础施工完成后，要进行第二次定位放线。在基础层的顶面重新绘出假山的山脚线，并标出高峰、山岩和其他陪衬山的中心点和山洞洞桩位置。

四、假山山脚施工

假山山脚应直接落在基础之上，是山体的起始部分，假山山脚施工包括拉底、起脚和做脚等 3 部分。

1. 拉底

拉底是指在山脚线范围内砌筑第一层山石，即做出垫底的山石层。一般拉底应用大块平整山石，坚实、耐压，不用风化过度的山石。拉底山石高度以一层大块石为准，形态较好的面应朝外，并注意错缝。每安装一块山石，即应将刹石垫稳，然后填稳；如灌浆应先填石块，再灌混凝土，混凝土则应随灌随填石块，山脚垫刹的外围，应用砂浆或混凝土包严。假山拉底的方式有满拉底和周边拉底两种。

满拉底是指在山脚线的范围内用山石铺满一层，这种拉底的做法适宜规模较小、山底面积也较小的假山，或在北方冬季易造成冻胀破坏的地方的假山。周边拉底则是先用山石在假山山脚沿线砌一圈垫底石，再用乱石碎砖或泥土将石圈内全部填起来，压实后即成为垫底的假山底层。这一方式适用于基底面积较大的大型假山。

拉底的技术要求：底层的山脚石应选择大小合适，不易风化的山石；每块山脚石必须垫平垫实，不得有丝毫摇动；各山石之间要紧密咬合；拉底的边缘要错落变化，以免做成平直和浑圆形状的脚线。

2. 起脚

假山拉底之后，在垫底的山石层上开始砌筑假山山体的首层叫作“起脚”。因为起脚石为直接作用于山体底部的垫脚石，所以要选择和垫脚石一样质地坚硬、形状平稳、少有空穴的山石材料，以确保其能够承受山体的重压。

假山的起脚安排宜小不宜大，宜收不宜放，土山和带石土山除外。起脚一定要控制在地面山脚线的范围内。即使因起脚太小而导致砌筑山体的结构不稳，还可以通过补脚来加以弥补。如果起脚太大，砌筑山体时易造成山形臃肿、呆笨，没有一点险峻的态势，而且不容易补救。起脚时，定点、摆线要准确。先选出山脚突出点所需的山石，并将其沿着山脚线先砌筑好，待多数主要的凸出点山石都砌筑好了，再选择和砌筑平直线、凹进线处所用的山石。这样，既保证了山脚线按照设计形成弯曲转折状，避免山脚平直的禁忌，又使山脚突出部位具有最佳的形状，展现最好的皴纹，增加了山脚部分的景观效果。

3. 做脚

用山石砌筑成山脚即为“做脚”，是在假山的上面部分山形山势大体施工完成以后，紧贴起脚石外缘部分拼叠山脚，以弥补起脚造型不足的一种操作技法。

(1) 山脚的造型

假山山脚的造型应与山体造型结合起来考虑，要根据山体的造型采取相应的造型处理方法，使整个假山的形象浑然一体，完整且丰满。山脚的造型有 6 种，如图 2-62 所示。

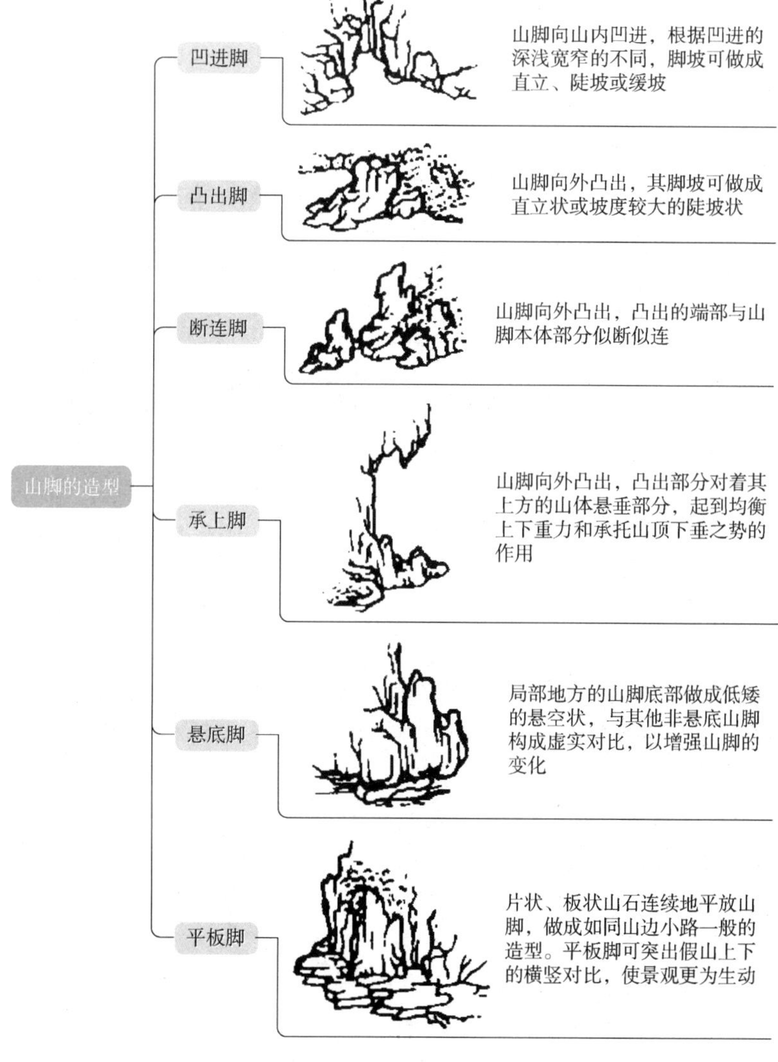

图 2-62　山脚的造型

不论采用何种造型做山脚，山脚在外观和结构上都应当是山体向下的延续部分，与山体是不可分割的整体。即使是采用断连脚、承上脚的造型，也要形断迹连，势断气连，在气势上连成一体。

（2）做脚的方法

如图 2-63 所示。

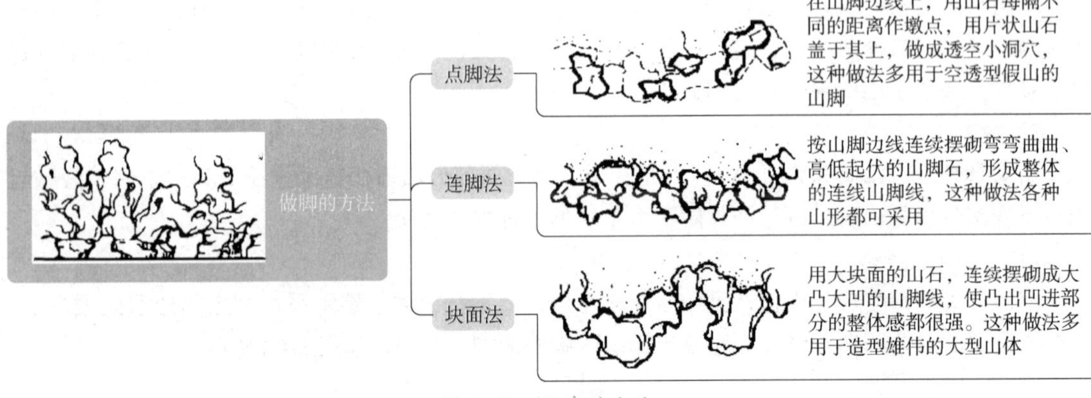

图 2-63 做脚的方法

五、假山山体堆叠

假山山体的施工主要是通过吊装、堆叠、砌筑操作来完成。由于假山可以采用不同的构成形式，因此山体施工可相应采用不同的堆叠方法。而在基本的叠山技术方法上，不同构成形式的假山也有一些共同的地方。就山石相互之间的结合而言可以概括为十多种基本的构成形式。也就是在假山匠人中流传的“字诀”。如北京的“山子张”张蔚庭先生曾经总结过的“十字诀”即安、连、接、斗、挎、拼、悬、剑、卡、垂。

安

将一块山石平放在一块至几块山石之上的叠石方法就叫做“安”。“安”字又有安稳的意思，即要求平放的山石要放稳，不能被摇动，石下不稳处要用刹石垫实刹紧。“安”的手法主要用在要求山脚空透或在石下需要做眼的地方。根据安石下面支承垫石的多少，又分为单安、双安和三安 3 种形式，如图 2-64 所示。

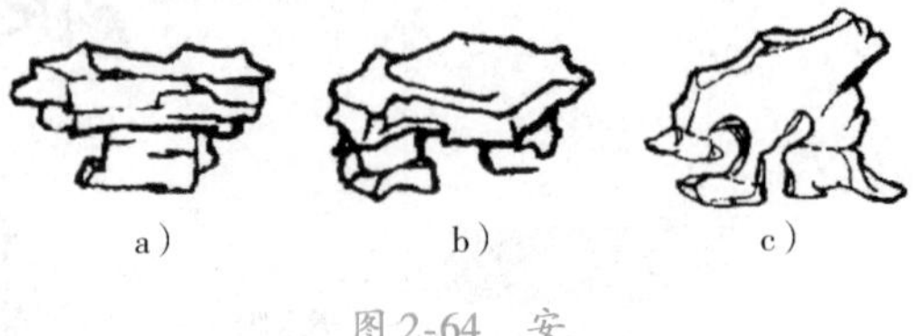

a） b） c）

图 2-64 安

a）单安 b）双安 c）三安

连

山石之间水平向衔接称为“连”。“连”要求从假山的空间形象和组合单元来安排，要“知上连上”，从而产生前后左右参差错落的变化，同时又要符合皴纹分布的规律，如图 2-65 所示。

接

山石之间竖向衔接称为“接”。“接”指既要善于利用天然山石的茬口，又要善于补救茬口不够吻合之处。最好是上下茬口互相咬合，同时不因相接而破坏了山石的美感。接石要根据山体部位的主次依皴结合。一般情况下是竖纹和竖纹相接，横纹和横纹相接。但有时也可以以竖纹接横纹，形成相互间既有统一又有对比衬托的效果，如图 2-66 所示。

图 2-65 连

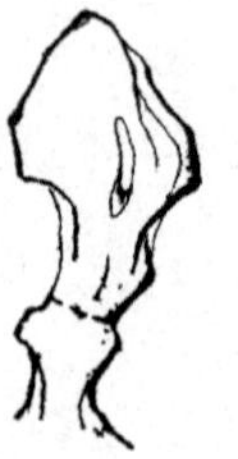

图 2-66 接

斗

置石成向上拱状，两端架于两石之间，腾空而起，若自然岩石的环洞或下层崩落形成的孔洞，如图2-67所示。

挎

如山石某一侧面过于平滞，可以旁挎一石以全其美，称为“挎”。挎石可利用茬口咬压或土层镇压来稳定，必要时可加钢丝绕定。钢丝要藏在石的凹纹中或用其他方法加以掩饰，如图2-68所示。

图2-67　斗　　图2-68　挎

拼

在比较大的空间里，因石材太小，单独安置会感到零碎时，可以将数块以至数十块山石拼成一整块山石的形象，这种做法称为“拼”，如图2-69所示。如在缺少完整石材的地方需要特置峰石，也可以采用拼峰的办法。

图2-69　拼

悬

“悬”指在下层山石内倾环拱形成的竖向洞口下，插进一块上大下小的长条形的山石。由于上端被洞口扣住，下端便可倒悬其中，如图2-70所示。“悬”多用于湖石类的山石模仿自然钟乳石的景观。

剑

“剑”是将以竖长形象取胜的山石直立放置，使之气势如剑的做法。此形式更显山石的峭拔挺立，有刺破青天之势，多用于各种石笋或其他竖长的山石，如青石、木化石等。立“剑”可以营造成雄伟昂然的景象，也可以做成小巧秀丽的景象，因境出景，因石制宜。作为特置的剑石，其地下部分必须有足够的长度以确保其稳定。一般石笋石宜自成独立的画面，不宜混杂于他种山石之中。就造型而言，立“剑”要避免“排如炉烛花瓶，列似刀山剑树”，忌“山、川、小”形成排列，如图2-71所示。

图2-70　悬　　图2-71　剑

卡

下层由两块山石对峙形成上大下小的楔口，在楔口中插入上大下小的山石，这样便使其正好卡于楔口中而稳定，如图2-72所示。“卡”的做法一般用在小型的假山中。

垂

从一块山石顶面偏侧部位的企口处，用另一山石倒垂下来的做法称“垂”。“悬”和“垂”很容易混淆，但它们在结构上受力的关系是不同的，如图2-73所示。

图2-72　卡

图2-73　垂

此外，假山还有挑、飘、戗等构成形式。江南一带则流传“九字诀”，即叠、竖、垫、拼、挑、压、钩、挂、撑。与十字诀相比，有些是共有的字，有些即使称呼不一样但实际内容相同。这些技法是历代工匠、技师们从自然山石景观中归纳总结出来的，在实际运用过程中应因地制宜、随机应变、灵活运用，不能教条、生搬硬套。

六、假山中层施工

中层是指底层以上、顶层以下的大部分山体。这一部分是叠山工程的主体，叠山的造型手法与工程措施的巧妙结合主要表现在这一部分。其基本要求有以下4点：

1）石色要统一，色泽的深浅力求一致，差别不能过大，更不允许同一山体中用多种石料。

2）堆砌时应注意调节纹理，竖纹、横纹、斜纹、细纹等一般宜尽量同方向组合。整块山石要避免倾斜，靠外不得有陡板式、滚圆式的山石，横向挑出的山石后部配重一般不得少于悬挑重量的两倍。

3）一般假山多运用“对比”手法，显现出曲与直、高与低、大与小、远与近、明与暗、隐与显等各种关系，运用水平与垂直错落的手法，使假山或池岸、置石错落有致，富有生气，表现出山石沟壑的自然变化。

4）叠石“四不”“六忌”。“四不”，即：石不可杂，纹不可乱，块不可均，缝不可多。“六忌”，即：忌“三峰并列，香炉蜡烛”；忌“峰不对称，形同笔架”；忌“排列成行，形成锯齿”；忌“缝多平口，满山灰浆，寸草不生，石墙铁壁”；忌“如似城墙堡垒，顽石一堆”；忌“整齐划一，无曲折，无层次”。

七、假山收顶施工

收顶即处理假山最顶层的山石，具有画龙点睛的作用。从结构上讲，收顶的山石要求体量大，以便合凑收压。叠筑时要用轮廓和体态都富有特征的山石，并注意其主、从关系。收顶一般分峰、峦和平顶三种类型，可根据山石形态分别采用剑、堆秀、流云等手法。其施工要点如下：

1）收顶施工应自后向前、由主及次、自下而上分层作业。每层高度约为0.3～0.8m，各工作面叠石务必在胶结料未凝之前或凝结之后继续施工。不得在胶结料凝固期间强行施工，一旦松动则胶结料失效，影响全局。

2）一般管线水路孔洞应预埋、预留，切忌事后穿凿，松动石体。

3）对于山体结构中承重受力的用石必须小心挑选，保证其有足够强度。

4）山石就位前应按叠石要求原地立好，然后拴绳打扣。无论人抬还是机吊都应有专人指挥，统一指令术语。就位应争取一次成功，避免反复。

5）叠山应从始至终注意安全，用石必查虚实。拴绳打扣要牢固，工人应穿戴防护鞋帽，要有躲避余地。雨季或冰期要排水防滑。人工抬石应搭配力量，统一口令和步调，确保行进安全。

6）叠山完毕应重新复检设计（模型），检查各道工序，进行必要的调整补漏，冲洗石面，清理场地。

7）有水景的地方应开阀试水，统查水路、池塘等是否漏水。

8）有种植条件的地方应填土施底肥，种树、植草一气呵成。

八、假山山洞施工

大型、复杂的假山一般都有山洞。山洞一般为梁柱式结构，整个假山洞壁实际上由柱和墙两部分组成。

1. 假山山洞做法

在一般地基上做假山山洞，大多筑两步灰土，而且是“满打”，灰土基础两边应比柱和壁的外缘略宽出不到1m，承重较大的石柱还可以在灰土下面加桩基。这种整体性很强的灰土基础，可以防止因不均匀沉陷造成局部坍倒甚至牵扯全局的危险。有不少梁柱式假山山洞都采用花岗石条石为梁，或间有“铁扁担”加固。这样虽然满足了结构上的要求，但洞顶外观极不自然，洞顶和洞壁不能融为一体，即便加以装饰，也难求全，而以自然山石为梁，外观就稍好一些。

2. 假山山洞采光

假山山洞可利用洞口、洞间天井和洞壁采光孔采光。采光孔兼作为通风孔。采光孔口皆坡向孔外，使之进光不进水。洞口和采光孔都是控制明暗变化的主要手段。

九、假山山石固定与衔接

在叠山施工中，不论采用哪种结构形式，都要解决山石之间的固定与衔接问题。其技术方法通用于任何结构形式的假山。

1. 山石加固设施

必须在山石本身重心稳定的前提下用以加固。常用熟铁或钢筋制成。铁活要求用而不露，因此不易发现。中国古典园林中常用的有4种加固设施，如图2-74所示。

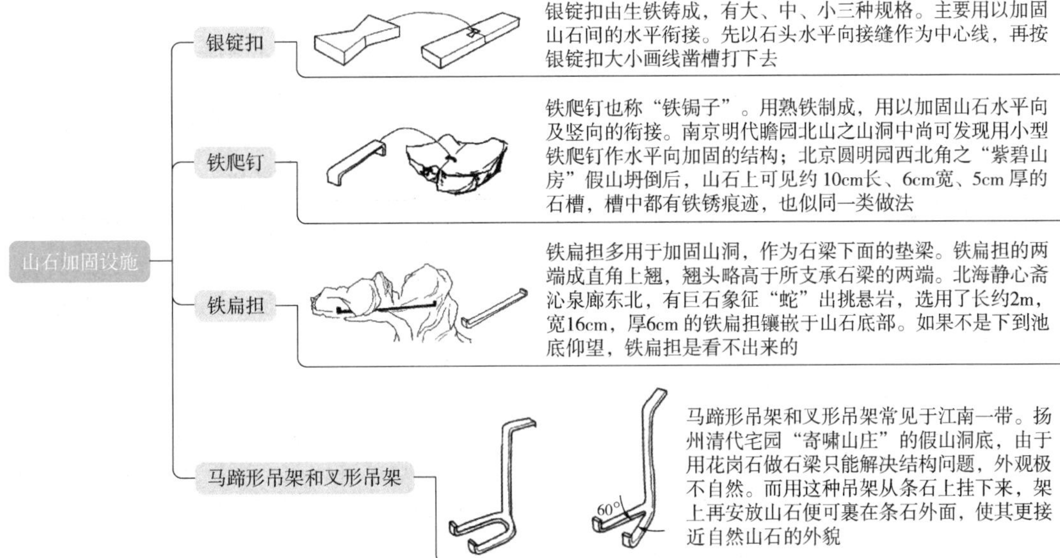

图2-74　山石加固设施

2. 支撑

山石吊装到山体的一定位点，经过调整后，可使用木棒将山石固定在一定状态，使山石临时固定下来。以木棒的上端顶着山石的某一凹处，木棒的下端则斜着落在地面，并用一块石头将棒脚压住。一般每块山石需要用2～4根木棒支撑，因此，工地上最好多准备一些长短不同的木棒。此外，铁棍或长形山石也可以作为支撑材料。

3. 捆扎

山石固定也可采用捆扎的方法。山石捆扎固定一般采用8号和10号钢丝。用单根或双根钢丝做成圈，套上山石，并在山石的接触面垫上或抹上水泥砂浆后再进行捆扎。捆扎时钢丝圈先不必收紧，应适当松一点；然后再用小钢钎将其绞紧，使山石固定。此方法适用于小块山石，对大块山石应以支撑为主。

4. 铁活固定

对质地比较松软的山石，可以将铁爬钉打入两块相连接的山石上，使两块山石紧紧地抓在一起，每个连接部位打入2~3个铁爬钉。对于质地坚硬的山石，须先在地面用银锭扣连接好后，再作为一整块山石用在山体上。在山崖边安置坚硬山石时，使用铁吊架也能达到固定山石的目的。

5. 刹垫

刹垫是指用平稳的小石片将山石底部垫起来，使山石保持平衡状态的一种方法。操作时，先将山石的位置、朝向、姿态调整好，再把水泥砂浆塞入石底，然后用小石片轻轻打入不平稳的石缝中，直到石片卡紧为止。一般在石底周围要打进3~5个石片，才能固定好山石。石片打好后，再用水泥砂浆把石缝完全塞满，使两块山石连成一个整体。

6. 填肚

填肚是用水泥砂浆把山石接口处的缺口填补起来，直至与石面平齐。

十、假山山石胶结与植物配置

山洞外，假山内部叠石时，只要使石间缝隙填充饱满，胶结牢固即可，一般不需进行缝口表面处理。但在假山表面或山洞的内壁砌筑山石时，却要边砌石边勾缝，并对缝口表面进行处理。施工完成后，为绿化假山和陪衬山景，还要在预留的种植穴内栽种植物。

1. 山石勾缝和胶结

古代的假山胶结材料主要是以石灰为主，用石灰作为胶结材料时，可加入一些辅助材料，配制成纸筋石灰、明矾石灰、桐油石灰和糯米浆拌石灰等。现代假山施工基本上全用水泥砂浆或混合砂浆来胶结山石。水泥砂浆的配制，是用普通灰色水泥和粗砂，按1:1.5~1:2.5的比例加水调制而成，主要用来黏合石材、填充山石缝隙和为假山抹缝。有时为增加水泥砂浆的和易性和对山石缝隙的充满度，也可以在其中加进适量的石灰浆，配成混合砂浆。湖石勾缝再加青煤、黄石勾缝后刷铁屑及盐卤，使缝的颜色与石色相协调。

胶结操作要点：胶结所用水泥砂浆要现配现用；待胶结山石石面应事先刷洗干净；都涂上水泥砂浆（或混合砂浆），并及时贴合、支撑、捆扎、固定；胶结缝应用水泥砂浆（或混合砂浆）填平填满；胶结缝与山石颜色相差明显时，应用水泥砂浆对胶结缝撒布同色山石粉或砂子进行变色处理。

2. 假山抹缝处理

假山抹缝处理一般只要采用“柳叶抹”作为工具，再配合手持灰板和盛水泥砂浆的灰桶即可。抹缝时，为减少人工胶结痕迹，应使缝口的宽度尽量窄些，不要让水泥浆污染缝口周围的石面。对于缝口太宽处，要用小石片塞进填平，并用水泥砂浆抹光。抹缝的缝口形式一般采用平缝和阴缝两种。阳缝因露出水泥砂浆太多，人工胶合痕迹明显，因此在假山抹缝中一般不用。

3. 胶结缝表面处理

当假山所用石材是灰色、青灰色山石时，在抹缝完成后直接用扫帚将缝口表面扫干净，这样会使水泥缝口的抹光表面不再光滑，从而更加接近石面的质地。若为灰白色湖石砌筑的假山，则需要使用灰白色石灰砂浆抹缝，以使色泽相似。若为灰黑色山石砌筑，可在抹缝的水泥砂浆中加入炭黑，调制成灰黑色浆体后再抹缝。若为土黄色山石砌筑，需在水泥砂浆中加进柠檬铬黄。若为紫色、红色的山石砌筑，可利用铁红把水泥砂浆调制成紫红色浆体再用来抹缝等。

4. 假山上的植物配置

在假山施工完成后，需要用植物来美化假山、营造山林环境和掩饰假山上的某些缺陷。在假山山体设计时就应将种植穴的位置考虑在内，并在施工中预留出一些孔洞，专门用来填土栽种假山植物，或者作为盆栽植物的放置点。可根据具体的假山局部环境和山石状况灵活地确定种植穴的设计形式。穴坑面积不用太大，只要能够栽种中小型灌木即可。

为便于在对比中形成小中见大的效果，假山上宜栽植植株高矮适中、叶片狭小的植物。应以灌木为主。由于假山上部种植穴内能填进的土壤很有限，容易变得干燥，故假山植物要具有一定的耐旱能力。山脚下配植麦冬草、沿阶草等草丛，用茂密的草丛遮掩一部分山脚，可以丰富山脚的景观；崖顶配植一些下垂的灌木如迎春花、金钟花、蔷薇等，可以丰富崖顶的景观；山洞洞口的一侧配植一些金丝桃、棣棠、金银木等半掩洞口，可使山洞显得神秘莫测；假山背面多栽种一些枝叶浓密的大灌木，可以掩饰假山上的某些缺陷，同时还可以为假山提供背景依托。

十一、假山施工收尾

1. 养护与调试

现代假山以轻、秀、悬、险为特征，体量也较大，尤其是堆叠洞体，都需用水泥砂浆或混凝土配合，并按施工规范进行养护，以达到其结合体的标准强度。假山不同于一般砌体建筑，冬期施工一般情况下不可采用快干剂。

假山施工中的调试是指水池放水后对临水置石的调整，如石矶、步石、水口等与水面的落差与比例以及瀑布出水口、引水石、分水石等的调整。

2. 拆撑与清场

假山的拆撑必须严格遵守一定的顺序，以确保安全。拆除支架时，操作人员的体位应在山石的旁侧，切记不可置身山石的上下方。多层组合假山撤支撑或脚手架时，必须按照从上层到下层的顺序进行。支撑支架拆除时，操作人员的位置应在支撑石的垂直线投影50cm以外，山洞内支撑的拆除必须由外向里逐一松动，然后由里向外逐一拆除，中心主要承重顶撑或支架拆除前必须先支辅助支架。假山施工的清场不等同于一般的清扫，应包括覆土、山体周边的点缀、局部调整与补缺、勾缝收尾、与地面的连接、植物配置、放水调试等，如此，一幅立体山水画才能完整展现。

第四节
塑石、塑山工程

【新手必读】塑石、塑山的种类及特点

一、塑石、塑山的种类

根据材料的不同，塑石、塑山可分为砖骨架塑山和钢骨架塑山，如图2-75所示。

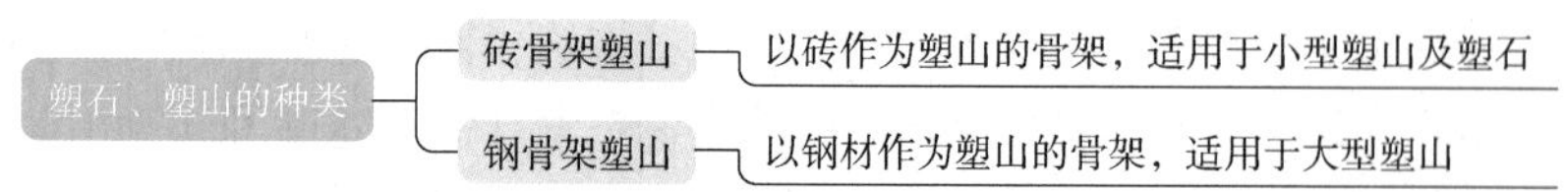

图 2-75 塑石、塑山的种类

二、塑石、塑山的特点

塑石、塑山具有方便、灵活、省时、逼真的特点，如图 2-76 所示。

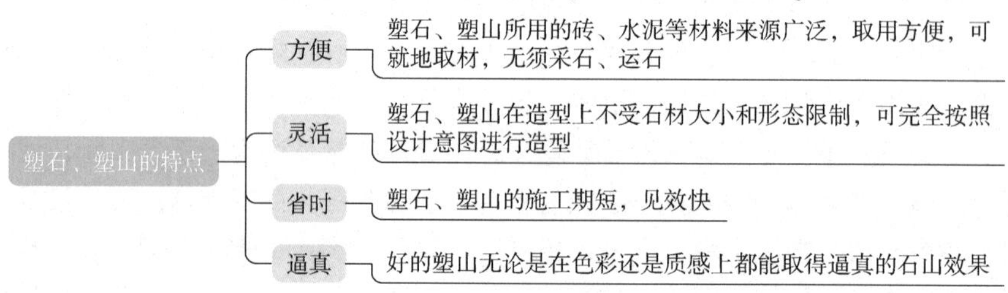

图 2-76 塑石、塑山的特点

此外，由于塑石、塑山所用的材料毕竟不是自然山石，因而在神韵上还是不及石质假山，同时使用期限较短，需要经常维护。

【高手必懂】塑石、塑山施工

一、砖骨架塑山

砖骨架塑山适用于小型塑山及塑石，砖骨架塑山的施工流程，如图 2-77 所示。

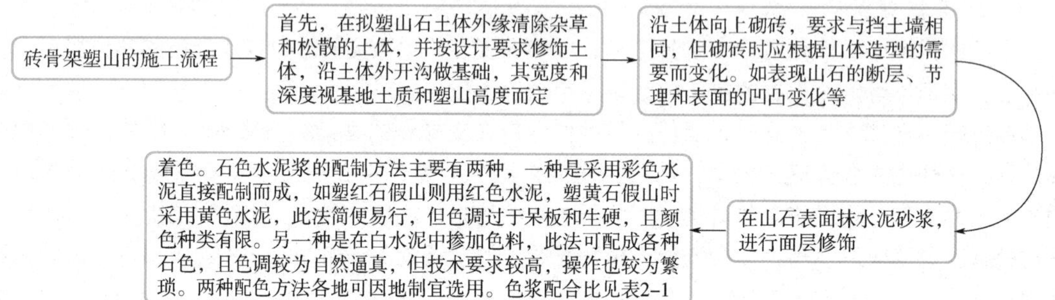

图 2-77 砖骨架塑山的施工流程

表 2-1 色浆配合比 （单位：kg）

仿色类型配合材料	黄石	红色山石	通用石色	白色山石
白水泥	100	100	70	100
普通水泥	—	—	30	—
氧化铁黄	5	1	—	—
氧化铁红	0.5	5	—	—
硫酸钡	—	—	—	5
108 胶	适量	适量	适量	适量
黑墨汁	适量	适量	适量	—

二、钢骨架塑山

1. 施工要点

先按照设计的岩石或者假山形体，用直径12mm左右的钢筋编扎成塑山的模坯形状，作为其结构骨架，钢筋的交叉点最好用电焊焊牢。然后用钢丝网罩在钢筋骨架外面，并用细钢丝紧紧地扎牢。接着就用粗砂配制1∶2的水泥砂浆从石内、石外两面进行抹面，一般要抹2～3遍，使塑山的外壳总厚度达到4～6cm。采用这种结构形式的塑山作品，山内一般是空的，不能受到猛烈撞击，不然山体容易遭到破坏，如图2-78所示。

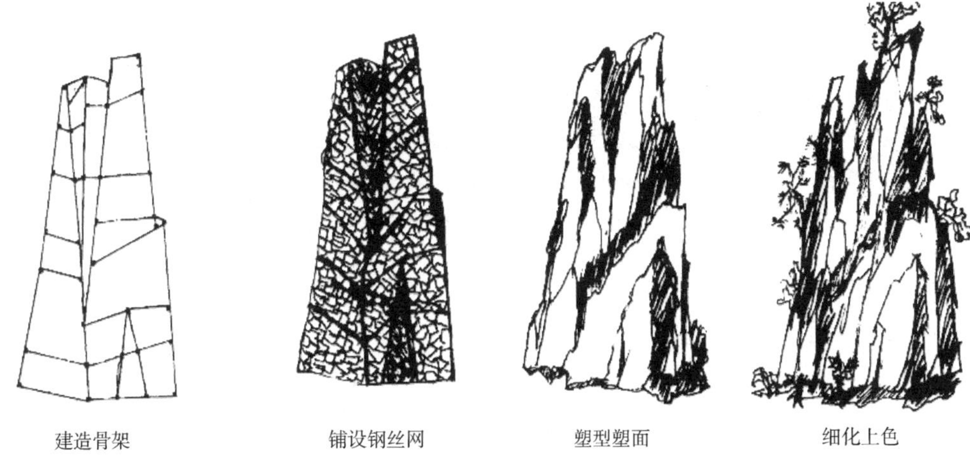

图2-78　钢骨架塑山

2. 施工过程

钢骨架塑山的施工过程如图2-79所示。

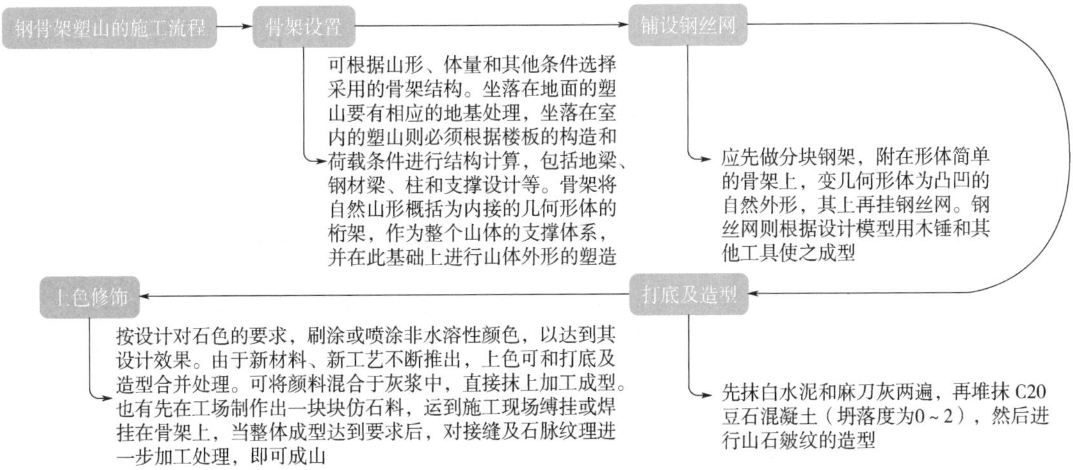

钢骨架塑山的施工流程 → 骨架设置 → 铺设钢丝网 → 打底及造型 → 上色修饰

骨架设置：可根据山形、体量和其他条件选择采用的骨架结构。坐落在地面的塑山要有相应的地基处理，坐落在室内的塑山则必须根据楼板的构造和荷载条件进行结构计算，包括地梁、钢材梁、柱和支撑设计等。骨架将自然山形概括为内接的几何形体的桁架，作为整个山体的支撑体系，并在此基础上进行山体外形的塑造

铺设钢丝网：应先做分块钢架，附在形体简单的骨架上，变几何形体为凸凹的自然外形，其上再挂钢丝网。钢丝网则根据设计模型用木锤和其他工具使之成型

打底及造型：先抹白水泥和麻刀灰两遍，再堆抹C20豆石混凝土（坍落度为0～2），然后进行山石皴纹的造型

上色修饰：按设计对石色的要求，刷涂或喷涂非水溶性颜色，以达到其设计效果。由于新材料、新工艺不断推出，上色可和打底及造型合并处理。可将颜料混合于灰浆中，直接抹上加工成型。也有先在工场制作出一块块仿石料，运到施工现场缚挂或焊挂在骨架上，当整体成型达到要求后，对接缝及石脉纹理进一步加工处理，即可成山

图2-79　钢骨架塑山的施工流程

三、施工注意事项

塑石、塑山施工时需注意以下几点要求：

1）在配制彩色水泥砂浆时，颜色应比设计的颜色稍深一些，待塑成山石后其色度自然会稍

稍变淡，接近设计所要求的颜色。

2）砂浆拌和必须均匀，随用随拌，存放时间不宜超过1h。初凝后的砂浆不能继续使用。

3）石面应该用木制的砂板将石面抹成稍粗糙的磨砂表面，这样更接近天然石质。

4）由于山的造型、皴纹等特征的表现要靠施工者的手工功夫，因此对操作者的个人修养和技术要求很高。

5）石面的皴纹、裂缝、棱角应按所仿造岩石的固有棱缝来塑造。若模仿的是水平的砂岩岩层，那么石面皴裂及棱纹在横向上就多为比较平行的横向线纹或水平层理，竖向上则一般是仿岩层自然纵裂的形状；裂缝不仅有垂直的也有倾斜的，则增添了肌理的变化。若是模仿不规则的块状巨石，石面的水平或垂直皴纹、裂缝就应比较少，而更多的是不太规则的斜线、曲线、交叉线的形状。

6）假山内部钢骨架及一切外露的金属等均应涂防锈漆，而且以后每年补涂一次。

7）给水排水管道最好预埋在混凝土中，且一定要做防腐处理。

8）应注意青苔和滴水痕的表现。时间久了，还会自然地长出天然青苔。

9）施工时不必做得太细致。为增加山体的高大和真实感，山顶轮廓线逐渐收住的同时可将色彩变浅。

【高手必懂】塑石、塑山新工艺

一、GRC工艺

GRC是玻璃纤维增强水泥（Glass Fiber Reinforced Cement）的简称。随着科技的发展，20世纪80年代在国际上出现了用GRC制造假山，为假山艺术创作提供了更广阔的空间和可靠的物质保证，也为假山技艺开创了一条新路。

1. GRC塑石的优点

GRC塑石的优点如图2-80所示。

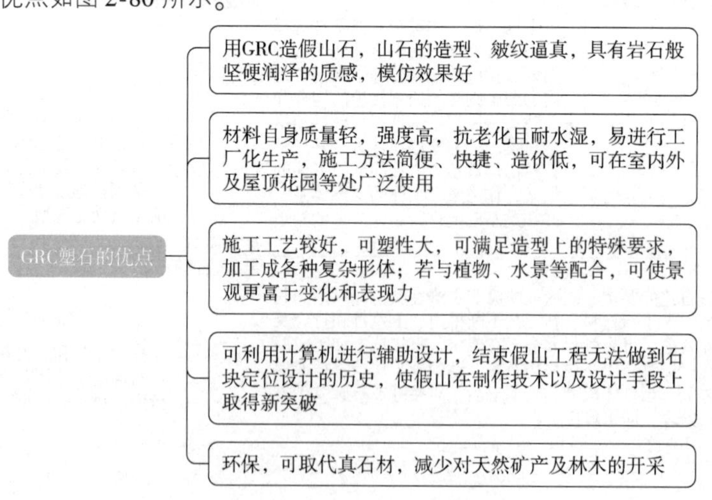

图2-80　GRC塑石的优点

2. GRC塑山的安装流程和生产流程

GRC塑山的安装流程如图2-81所示。GRC塑山的生产流程如图2-82所示。

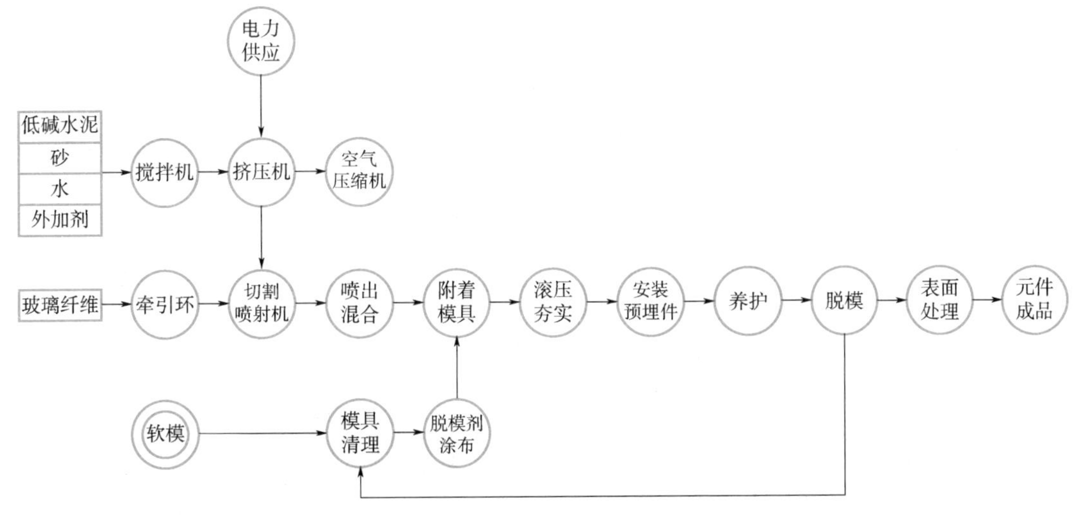

图 2-81 GRC 塑山的安装流程

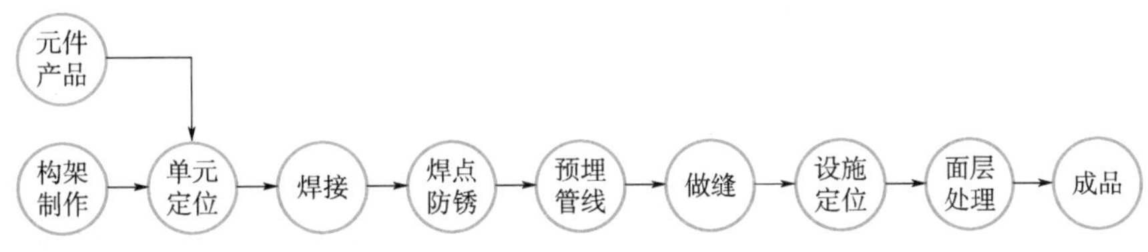

图 2-82 GRC 塑山的生产流程

3. GRC 塑山元件的制作

GRC 塑山元件的制作主要有席状层积式手工生产法和喷吹式机械生产法。其中，喷吹式机械生产法施工技术如图 2-83 所示。

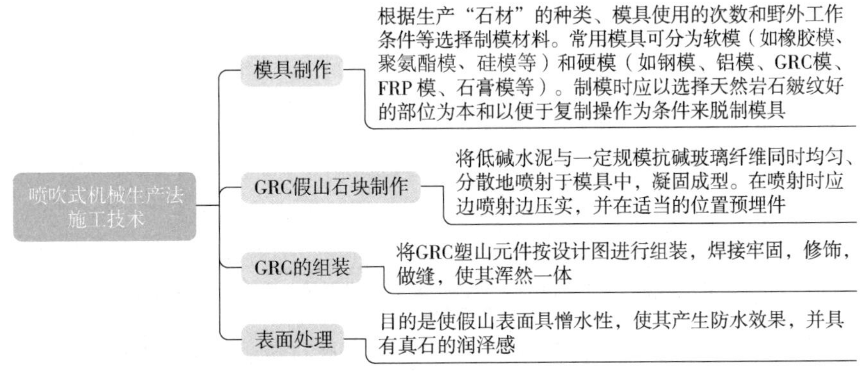

图 2-83 喷吹式机械生产法施工技术

二、FRP 工艺

1. FRP 工艺的特点

FRP 是玻璃纤维增强塑料（fiberglass reinforced plastics）的简称，俗称玻璃钢。它是由不饱和聚酯树脂与玻璃纤维结合而成的一种质量轻、质地韧的复合材料。

FRP 工艺的优点是成型速度快，质薄而轻，刚度好，耐用，价廉，运输方便，可直接在工地施工，适用于异地安装的塑山工程。其缺点是树脂溶剂与玻璃纤维的配比不易控制，对操作者的要求高；劳动条件差，树脂溶剂为易燃品；工厂制作过程中有毒和气味；玻璃钢在室外强日照下，受紫外线的影响，易导致表面酥化，使用寿命为 20～30 年。

2. FRP 塑山施工流程

FRP 塑山施工技术流程如图 2-84 所示。

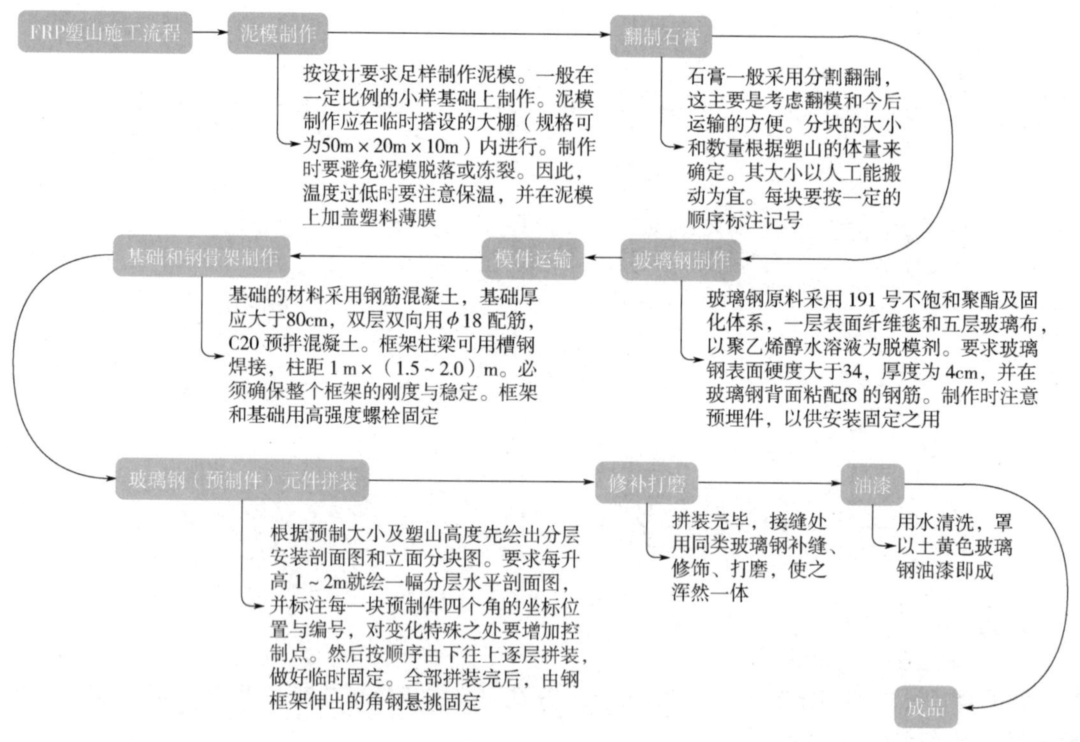

图 2-84　FRP 塑山施工流程

三、临时塑石工程

临时用塑石体量要求不大，耐用性要求也不高，量轻便于移动，因此往往应用于某些临时展览会、展销会、商场影剧院、节庆活动地等。

1. 主要施工工具与材料

主要施工工具与材料如图 2-85 所示。

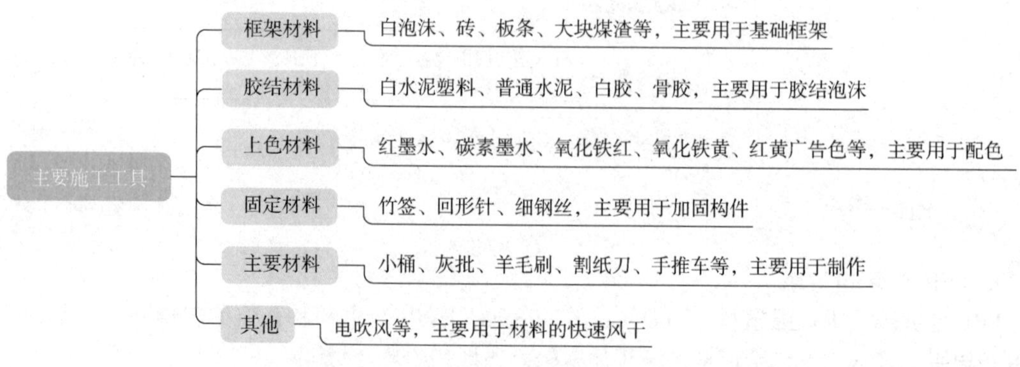

图 2-85　主要施工工具与材料

2. 工艺流程

临时塑石工程施工流程如图 2-86 所示。

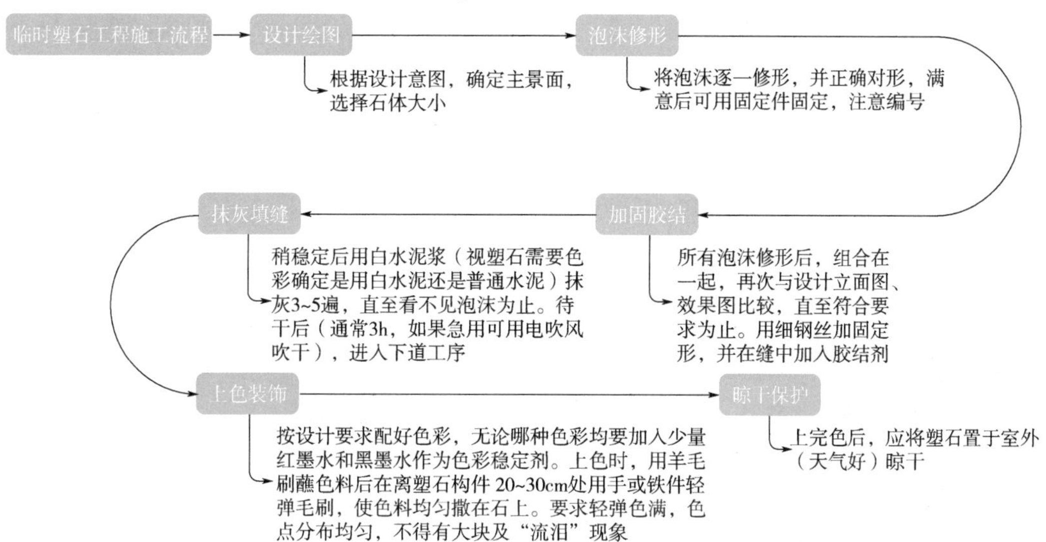

图 2-86 临时塑石工程施工流程

第三章 水景工程

第一节 水景设计

【新手必读】水景设计的方法

水景设计常用的方法如图 3-1 所示。

水景设计常用的方法：

- 亲和：通过贴近水面的汀步、平曲桥，映入水中的亭、廊建筑，以及又低又平的水岸造景处理，把游人与水景的距离尽量地缩短，水景与游人之间就形成一种十分亲和的关系，使游人感到亲切与自然
- 沟通：分散布置的若干水体，通过渠道、溪流按顺序串联起来，构成完整的水系，这就是沟通
- 开阔：水面广阔坦荡，天光水色，烟波浩渺，有广袤无垠之感。这种水景效果的形成，常见的是利用人工景点点缀天然湖泊，使水景完全融入环境之中。而水边景物如山、树、建筑等看起来都比较遥远
- 延伸：园林建筑一半在岸上，另一半延伸到水中；或将岸边的树木采取树干向水面倾斜、树枝向水面垂落或向水中伸展的态势。这些都使临水之意显然
- 萦回：由蜿蜒曲折的溪流，在树林、水草地、岛屿、湖滨之间回还盘绕，突出了水景的流动感
- 隐约：使配植着疏林的堤、岛和岸边景物相互组合，相互分隔，让水景时而遮掩、时而显露、时而透出，就可以获得隐隐约约、朦朦胧胧的水景效果
- 迷离：在水面空间处理中，利用水中的堤、岛、植物、建筑与各种形态的水面相互包含与穿插，形成湖中有岛、岛中有湖、景观层次丰富的复合性水面空间，在这种空间中，水景、堤景、岛景、树景、建筑等层层展开，不可穷尽。游人置身其中，感觉境界相异、扑朔迷离
- 暗示：池岸岸口向水面悬挑、延伸，让人感觉水面似乎延伸到了岸口下面，这是水景的暗示作用。将庭院水体引入建筑物室内，水声、光影的渲染使人仿佛置身于水底世界，这也是水景的暗示作用
- 收聚：大水面宜分，小水面宜聚。面积较小的几块水面相互聚拢，可以增强水景表现。尤其是在坡地造园，由于地势所限，不能开辟很宽大的水面，就可以随着地势的起伏，安排几个水面高度不一样的较小水体，相互聚在一起，同样可以达到大水面的效果
- 渗透：水景空间和建筑空间相互渗透，水池、溪流在建筑群中留连、穿插，给建筑群带来自然鲜活的气息，使水景空间的形态更加富于变化，建筑空间的形态则更加轩敞，更加灵秀

图 3-1　水景设计常用的方法

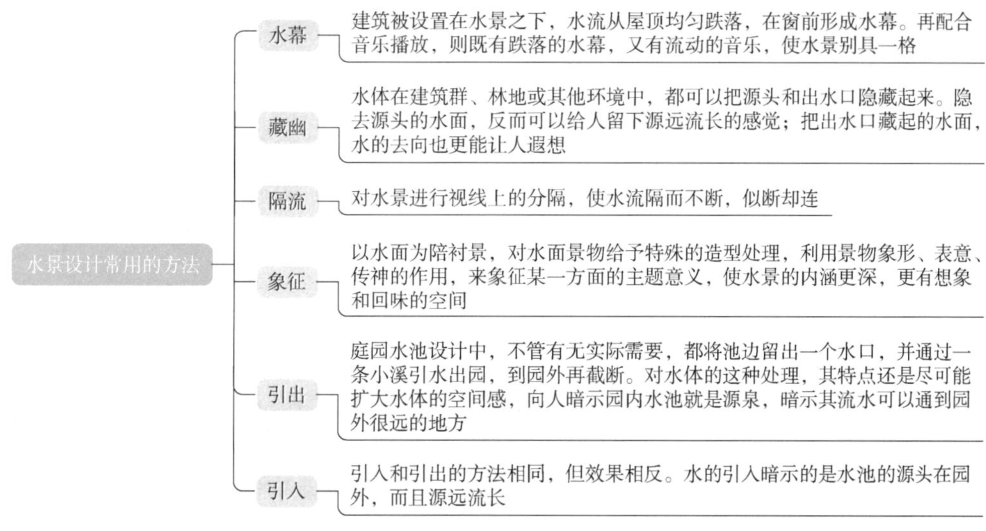

图 3-1 水景设计常用的方法（续）

【新手必读】水景设计的形式

一、规则式水景

规则式水景是由规则的直线岸边和有轨迹可循的曲线岸边围成的几何形水景。根据水景平面形状的特点，规则式水景可分为方形、斜边形、圆形和混合形四类形状，具体内容如图 3-2 所示。

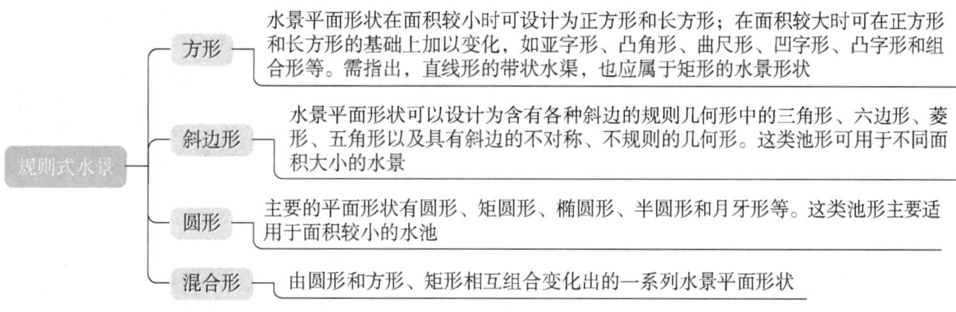

图 3-2 规则式水景

二、自然式水景

自然式水景岸边的线型是自由曲线线型，由线围合成的水面形状是不规则的和有多种变化的形状。自然式水景主要可分为宽阔型水景和带状型水景两种，如图 3-3 所示。

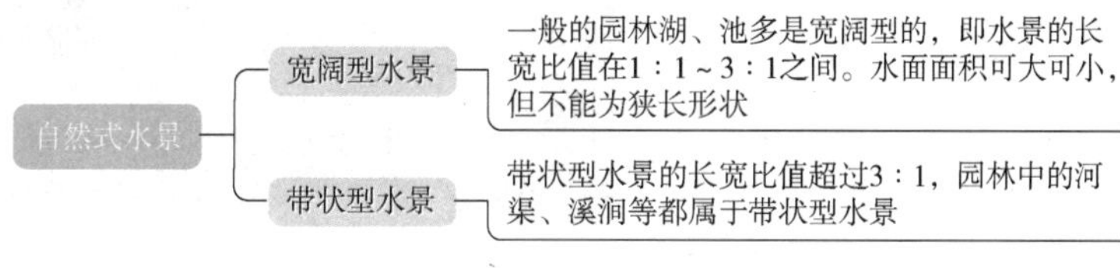

图 3-3 自然式水景

三、混合式水景

混合式水景是规则式水景和自然式水景形状相结合的一类水景形式。在园林水景设计中，在以直线、直角为地块形状特征的建筑边线、围墙边线附近，为了与建筑环境相协调，常常将水景的岸线设计成局部的直线段和直角转折形式，水景在这一部分的形状就成了规则式的。而在距离建筑边线、围墙边线较远的地方，自由弯曲的岸线不再与环境相冲突，就可以完全按自然式水景来设计。

【新手必读】水面的分割与联系

在园林中常将大的水面空间加以分隔，形成几个趣味不同的水域，增加曲折深远的意境和景观的变化。例如：颐和园的昆明湖以十七孔桥接以孤岛成为与南湖的分割线，并以西堤与小堤为分割线，形成昆明湖、南湖、上西湖、下西湖四个湖区，如图 3-4 所示。

一、岛

岛在园林中可以作障景、隔景，用来划分水面的空间，使水面形成几种情趣的水域，水面仍有连续感，但能增加风景的层次。尤其用于较大的水面，可以打破水面平淡的单调感。岛在水中，四周有开阔的环境，是欣赏风景的良好的眺望点。岛布置在水面即是水面的景点，可被四周的游人所欣赏，同时也是游人很好的活动空间。

图 3-4　颐和园昆明湖

岛可以分为山岛、平岛、半岛、岛群、礁等几种类型。水中设岛忌居中、整形，一般多设在水面的一侧，使水面有大片完整的感觉，或按障景的要求考虑岛的位置。岛的数量不宜过多，应视水面的大小和造景的要求而定。岛的形状不应雷同，岛的大小与水面的大小应成适当的比例，一般情况下岛宁小勿大，可使水面显得宽阔些。岛上可建亭立石、种植花木，取得小中见大的效果。较大的岛可设建筑，并可叠山引水以丰富岛的景观。如图 3-5 所示。

图 3-5　北海公园琼华岛

二、堤

堤可以用于划分空间，将较大的水面分隔成不同景色的水域，也可作为游览的通道，是园林中一道亮丽的风景线，如图 3-6 所示。堤上植树可增加分隔的效果，长堤上植物叶花的色彩，水平与垂直的线条，能使景色产生连续的韵律。堤上路旁可设置廊、亭、花架、凳椅等设施。

园林中多为直堤，曲堤较少。为避免单调平淡，堤不宜过长。为便于水上交通和沟通水流，堤上常设桥。堤上如设桥较多，桥的大小形式要有变化。堤在水面的位置不宜居中，多在一侧，以便将水面划分成大小不同、主次分明、风景各异的水域。堤岸应设缓坡或石砌的驳岸，堤身不宜过高，以便于游人接近水面。

图 3-6　杭州西湖之苏堤春晓

三、桥

桥既可以分隔水面，又是水面两岸联系的纽带。桥还是水面上一个重要的景观，使水面隔而不断。

园林中桥的形式变化多端，有曲桥、平桥、廊桥、拱桥、亭桥等。如为增加桥的变化和景观的对位关系，可设曲桥，曲桥的转折处可设对景。拱桥不仅是船只的通道，而且在园林中可打破水面平淡、平直的线条，拱桥在水中的倒影，都是很好的园林景观，如图 3-7 所示。将亭桥设在景观视点较好的桥上，便于游人停留观赏。廊桥则有高低转折的变化。

图 3-7　拱桥

【高手必懂】水岸处理

一、水岸的形式

1. 草岸

草岸是将岸边修整成略有高低起伏的斜坡，在坡上铺上草皮，使草岸显得质朴、自然而富有野趣，适用于水位比较稳定的水体，如池塘与沟渠等，如图 3-8 所示。

图 3-8　草岸

2. 石砌斜坡

石砌斜坡是将水岸修整成斜坡，并顺着斜坡用不规则的山石砌成虎皮状、条石状、冰纹状等样式的护坡。

这种护坡坚固并具有亲水性，适用于涨落不定或暴涨暴落的水位，如图 3-9 所示。

3. 混凝土斜坡

混凝土斜坡大多用于水位不稳定的水体，也可作为游泳区的底层，如图 3-10 所示。

图 3-9　石砌斜坡

图 3-10　混凝土斜坡

4. 假山石驳岸

假山石驳岸是中国古典园林中常用的水岸处理方式。这种驳岸山石犬牙交错，参差不齐地布置在岸边，形成一种自然入画的景观效果，如图 3-11 所示。

5. 垂直驳岸

垂直驳岸是以石料、砖、混凝土等砌筑的整形驳岸，垂直上下，如图 3-12 所示。

图 3-11　假山石驳岸

图 3-12　垂直驳岸

6. 阶梯状台地驳岸

阶梯状台地驳岸是将高岸修筑成阶梯式台地，既可使高差降低，又能适应水位涨落。这种驳岸适用于水岸与水面高差较大，且水位不稳定的水体，如图 3-13 所示。

7. 挑檐式驳岸

水面延伸到岸檐下，檐下水光略影，如同船只，能产生陆地在水面上的漂移感，如图 3-14 所示。

图 3-13　阶梯状台地驳岸

二、景物的安排

水面四周景物的安排在园林造景中有着非常重要的作用。水面四周景物的安排要点如下：

1）水面四周可设亭、廊、榭等园林建筑以点缀风景，但园林建筑的体形宜轻巧，色彩应淡雅，风格要一致，园林建筑之间要互相呼应。

图 3-14 挑檐式驳岸

2）沿水道路不宜完全与水面平行，应时近时远，若即若离，近时贴近水面，远时在水路之间留出种植园林植物的用地，道路铺装应尽量淡化。

3）沿水边的种植植物应高于水位以上，以免被水淹没，植物的整体风格要与水景的风格相协调。

4）水生植物对水位的深度要求不一样。莲藕、菱角、睡莲等要求水深约为 30 ~ 100cm；荸荠、慈姑、水芋、芦苇、千屈菜则适宜生长在浅水沼泽地；金鱼藻、苦草等宜沉于水中；凤眼莲、小浮萍、满江红等则宜浮于水面上。为保证水生植物的良好生长，在挖掘水池、湖塘时，要预留出适于水生植物生长的水底空间，并要填置富含腐殖质的土壤。

第二节 静态水景工程

【高手必懂】人工湖的设计

一、人工湖样式的设计

1. 人工湖的布置

1）湖址应选择地势低洼且土壤抗渗性好的园地。

2）湖的总平面形状可以是方形、长方形或带状，最好是以上各种形状的组合。

3）湖的面积应根据园林性质、水源条件和整体功能等综合考虑确定。

4）应使湖与山地、丘陵组合造景形成湖光山影，利用地貌的起伏变化来加强水景的自然特征。

5）岸线的处理要具有艺术性，要有自然的曲折变化；宜借助岛、半岛、堤、桥、汀步、矶石等因素进行空间分割，以产生收放、虚实的变化。

6）根据周围环境性质和使用要求选择湖岸的形式，如块石驳岸简洁大方，仿竹驳岸自然多趣，假山石驳岸灵动，草皮护坡亲切，毛料石护坡稳重等。

7）必须设置溢水和泄水通道，常水位要兼顾安全、景观和游人的近水心理。

2. 人工湖的水源选择

选择水源时，应考虑地质、卫生、经济上的要求，并充分考虑节约用水。水源选择应考虑以下几方面，如图3-15所示。

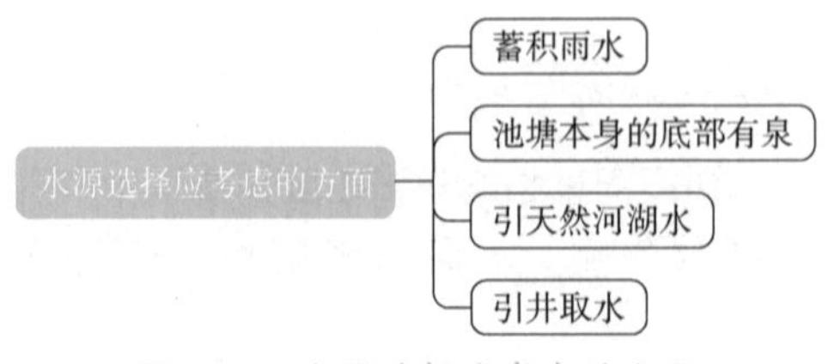

图3-15 水源选择应考虑的方面

3. 人工湖的平面设计

(1) 人工湖平面的确定 人工湖设计的首要问题是根据造园者的意图确定湖在平面图上的位置。人工湖的方位、大小、形状均与园林工程建设的目的、性质密切相关。在以水景为主的园林中，人工湖的位置应居于全园的重心，面积相对较大，湖岸线变化丰富，并应占据园中的某半部。

(2) 人工湖的平面构图 人工湖的构图主要是进行湖岸线的平面设计。我国的人工湖岸线型设计以自然曲线为主，湖岸线平面设计的基本形式如图3-16所示。

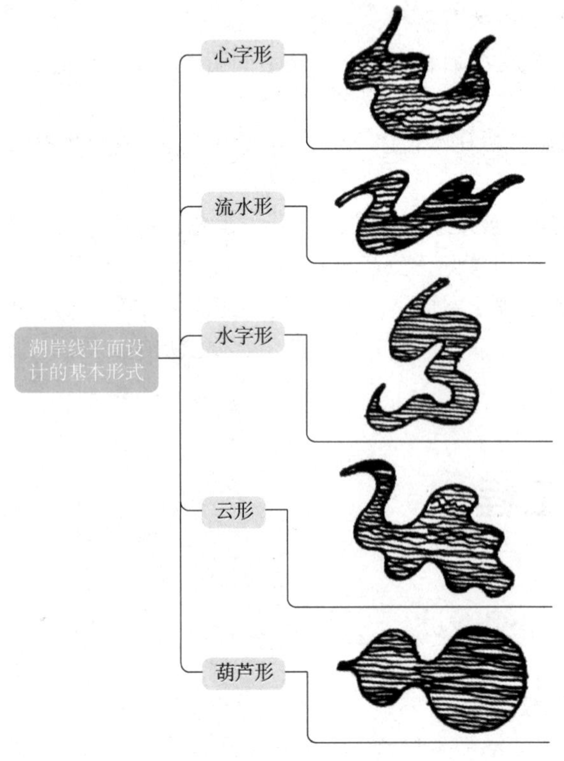

图3-16 湖岸线平面设计的基本形式

在人工湖平面设计的过程中，应特别注意以下几点：

1）应注意水面的收、放、广、狭、曲、直等变化，达到自然并不留人工造作痕迹的效果。

2）水面形状宜大致与所在地块的形状保持一致，仅在具体的岸线处给予曲折变化。设计的水面要尽量减少对称、整齐的因素。

3）现代园林中较大的人工湖设计最好能考虑到水上运动和赏景的需求。

4）湖面设计必须和岸上景观相结合。

二、人工湖的工程设计

1. 基址对土壤的要求

1）黏土、砂质黏土、壤土以及土质细密、土层深厚或渗透力小于0.006m/s的黏土夹层最适合挖湖。

2）以砾石为主，黏土夹层结构密实的地段也适宜挖湖。

3）砂土、卵石等容易漏水，应尽可能避免在其上挖湖。如果漏水不严重，则要探明下面透水层的位置深浅，并采用相应的截水墙或用人工铺垫隔水层等工程措施。

4）基土为淤泥或草煤层等松软层，必须全部挖出。

5）湖岸立基的土壤必须坚实。黏土虽透水性小，但在湖水到达低水位时，容易开裂，沁湿时又会形成松软的土层、泥浆。因此，单纯的黏土不能作为湖的驳岸。

2. 水面蒸发量的测定和估算

由于较大的人工湖湖面的蒸发量较大，为了合理设计人工湖的补水量，必须测定湖面水分蒸发量。目前，我国主要采用 E-601 型蒸发器进行测定，但测出的数值比实际大，年平均蒸发折减系数一般取 0.75 ~ 0.85。在缺乏实际资料时，可用公式估算：

$$E = 0.22(1 + 0.17W_{200}^{1.5})(e_0 - e_{200})$$

式中 E——水面蒸发量（mm）；

e_0——对应水面温度的空气饱和水汽压（Pa）；

e_{200}——水面上空 200cm 处空气水汽压（Pa）；

W_{200}——水面上空 200cm 处的风速（m/s）。

水面蒸发水量损失计算公式如下：

$$q_e = \frac{E}{1000}A$$

式中 q_e——蒸发量损失（m^3/d）；

A——水池面积（m^2）；

E——水面蒸发量（mm）。

3. 人工湖的渗漏损失

先要了解整个湖底、岸边的地质和水文情况，才能对整个湖渗漏的总水量进行准确的计算。在设计中，人工湖的渗漏损失只作大体的估算，根据湖底的地质情况及驳岸防漏情况，渗漏损失可参考表 3-1。

表 3-1 人工湖的渗漏损失

情况等级	损失的水量占水体体积的百分比
良好	5% ~10%
中等	10% ~20%
不好	20% ~40%

4. 人工湖的湖底处理

（1）湖底防渗漏处理　由于部分湖的土层渗透性极小，基本不漏水，因此无须进行特别的湖底处理，适当夯实即可。部分基址地下水位较高的人工湖湖体施工时，则必须特别注意地下水的排放，以防止湖底受地下水挤压而被抬高。施工时，一般用 15cm 厚的碎石层铺设整个湖底，其上再铺 5 ~ 7cm 厚的砂子。如果这种方法还无法解决，则必须在湖底开挖环状排水沟，并在排水沟底部铺设带孔 PVC 管，四周用碎石填塞。

（2）湖底的常规处理　人工湖湖底从下至上一般可分为基层、防水层、保护层及覆盖层。人工湖湖底施工步骤如图 3-17 所示。

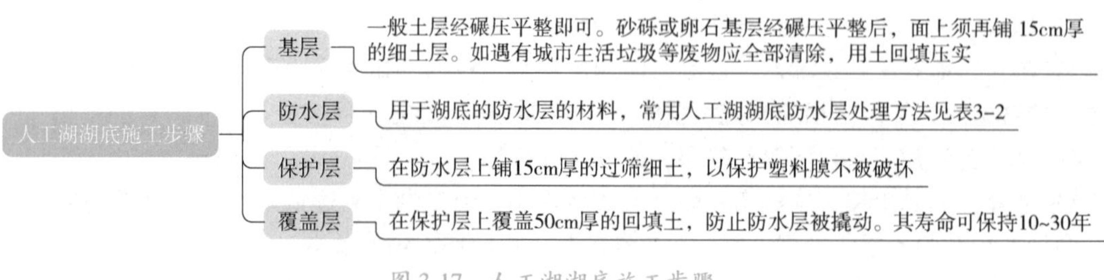

图 3-17 人工湖湖底施工步骤

常用人工湖湖底防水层处理方法见表 3-2。

表 3-2 常用人工湖湖底防水层处理方法 （单位：mm）

方法	内容
聚乙烯防水毯	由乙烯聚合而成的高分子聚合物具热塑性，耐化学腐蚀，成品呈乳白色，含碳的聚乙烯能抵抗紫外线，一般防水所用厚度为 0. 3mm，其结构如图 3-18 所示 300厚砂砾石 200厚粉砂 聚乙烯薄膜、编织布上下各一层 300厚3：7的灰土层（北方做法） 素土夯实 图 3-18 聚乙烯防水毯结构
聚氯乙烯防水毯（PVC）	以聚氯乙烯为主合成的高分子聚合物拉伸强度大于 5MPa，断裂伸长率大于 150%，耐老化性能好，使用寿命长，原料丰富，价格便宜。其结构如图 3-19 所示 300厚砂砾石 200厚粉砂 聚氯乙烯薄膜、编织布上下各一层 300厚3：7灰土层（北方做法） 素土夯实 图 3-19 聚氯乙烯防水毯（PVC）结构
三元乙丙橡胶（EPDM）	三元乙丙橡胶是由乙烯、丙烯和任何一种非共轭二烯烃聚合成的高分子聚合物，加上丁基橡胶混炼而成的防水卷材。耐老化，使用寿命可长达 50 年，拉伸强度高，断裂伸长率为 45%，因此，抗裂性能极佳，耐高低温性能好，能在 -45 ~ 160℃的环境中长期使用。其结构如图 3-20 所示 800厚卵石（粒径30~50） 200厚1：3的水泥砂浆 三元乙丙橡胶防水卷材 300厚3：7的灰土层（北方做法） 素土夯实 图 3-20 三元乙丙橡胶（EPDM）结构

（续）

方法	内容
膨润土防水毯	膨润土防水毯是一种以蒙脱石为主的黏土矿物体。渗透系数为 1.1×10^{-11} m/s，膨润土防水毯（GCL）经常采用有压安装，遇水后产生反向压力，具有修补裂隙的功能，可直接铺于夯实的土层上，安装容易，防水功能持久。其结构如图 3-21 所示 300厚覆土或 150厚素混凝土 膨润土防水毯 素土夯实 图 3-21　膨润土防水毯结构
赛柏斯掺合剂	赛柏斯掺合剂是水泥基渗透结晶型防水掺合剂，为灰色结晶粉末，遇水后形成不溶于水的网状结晶，并与混凝土融为一体，为达到防水目的，应阻断混凝土中的微孔
土壤固化剂	土壤固化剂是由多种无机材料和有机材料配制而成的水硬性复合材料。适用于各种土质条件下的表层、深层土的改良加固，固化剂中的高分子材料通过交联形成三维网状结构，能提高土壤的抗压、抗渗、抗折性能，固化剂元素无污染，对水的生态环境无副作用，水中动植物可健康生长 其做法如下：清除石块、杂草，松散土壤并均匀拌和固化剂，摊平、碾压、常温养生，经胶结的土粒，填充了土壤中的孔隙，将松散的土壤变为致密的土壤而固定

【高手必懂】人工湖的施工

一、确定土方量

土方量的计算是园林用地竖向设计工作的继续和延伸，土方量计算一般是根据附有原地形等高线的设计地形图来进行的，但通过计算，反过来又可以修订设计图中不合理之处，使设计更完善。

计算土方量的方法很多，常用的大致可归纳为以下三类：体积公式估算法、断面法和方格网法。应针对不同地形种类选择合适的土方量计算方法。

1. 体积公式法估算法

体积公式估算法即把近似几何体的地形假定为锥体、棱台、球缺、圆台等几何体，利用立体几何公式计算土方量。

此法简单易于操作但精确度差，所以一般多用于方案规划、设计阶段的土方量估算，如图 3-22 所示。

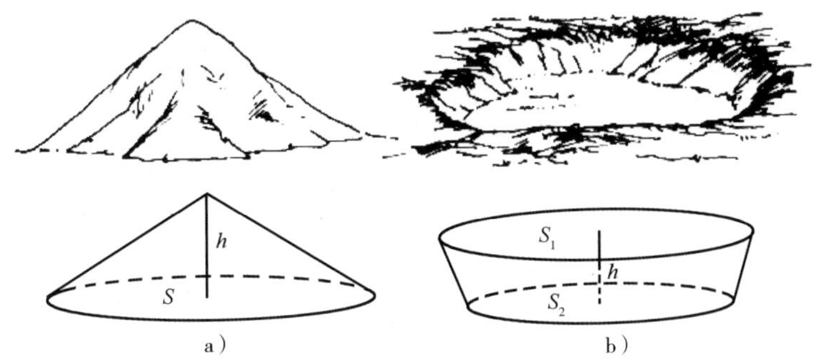

图 3-22　套用近似规则图形估算土方工程量

a）圆锥地形　b）圆台地形

体积公式估算土方工程量，见表3-3。

表3-3　体积公式估算土方工程量

序号	几何体名称	几何体形状	体积
1	圆锥		$V=\frac{1}{3}\pi r^2 h$
2	圆台		$V=\frac{1}{3}\pi h(r_1^2+r_2^2+r_1r_2)$
3	棱锥		$V=\frac{1}{3}Sh$
4	棱台		$V=\frac{1}{3}h(S_1+S_2+\sqrt{S_1S_2})$
5	球缺		$V=\frac{\pi h}{6}(h^2+3r^2)$
	V——体积；r——半径；S——底面面积；h——高；r_1、r_2——分别为上、下底面半径；S_1、S_2——上、下底面面积		

对于自然形体的湖，可以近似地作为台体来计算。其方法是：

$$V=\frac{1}{3}h\sqrt{S+\sqrt{SS'}+S'}$$

式中　V——土方量（m^3）；

h——湖池的深（m）；

S、S'——上、下底的面积（m^2）。

湖池的蓄水量用上述公式同样可以求得，只需将湖池中的水深代入 h 值，水面的面积代入 S 值即可。

2. 断面法

（1）垂直断面法　此法适用于带状地形单体或土方工程（如带状山体、水体、沟、堤、路堑等）的土方量的计算，如图3-23所示。

垂直断面法是以一组等距（或不等距）的互相平行的截面将拟计算的地块、地形单体（如山、溪涧、池、岛等）和土方工程（如堤、沟渠、路堑、路槽等）分截成“段”。分别计算这些“段”的体积。再将各“段”体积相加，以求得该计算对象的总土方量，此法适用于计算长条形单体的土方量，其体积公式如下：

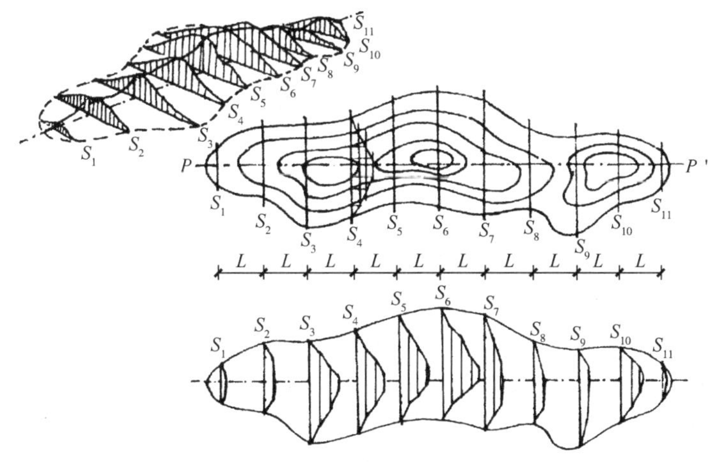

图 3-23 带状山体垂直断面法

$$V=(S_1+S_2)\times L/2$$

式中 V——土方量（m^3）；

S_1、S_2——两个相邻垂直截面面积 1、2（m^2）；

L——相邻截面间距离（m）。

（2）水平断面法（等高面法） 等高面法是沿等高线取断面，等高距即为二个相邻断面的高，计算方法同垂直断面法。等高面法是最适于大面积的自然山水地形的土方计算。等高面法与垂直断面法基本相似，如图 3-24 所示。

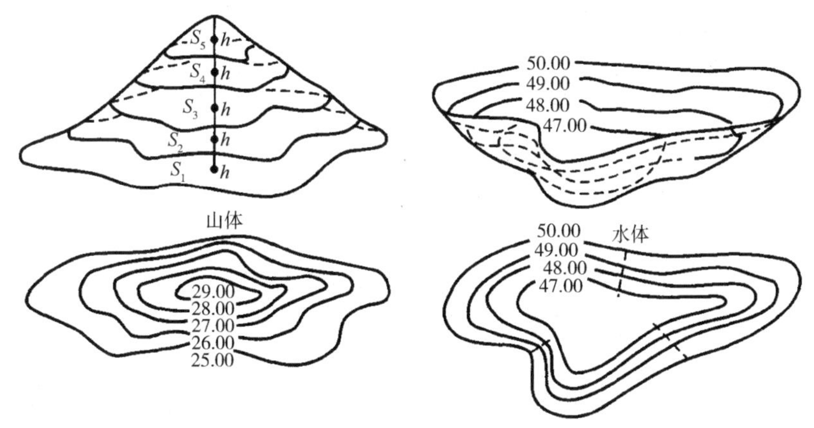

图 3-24 等高面法

其计算公式如下：

$$\begin{aligned}V&=(S_1+S_2)h_1/2+(S_2+S_3)h_1/2\cdots(S_n-1+S_n)h_1/2+S_n\times h_2/3\\&=[(S_1+S_n)/2+S_2+S_3+\cdots+S_{n-1}]\times h_1+S_n\times h_2/3\end{aligned}$$

式中 V——土方体积（m^3）；

S——各层断面面积（m^2）；

h_1——等高距（m）；

h_2——S_n到山顶的间距（m）。

无论是垂直断面法还是水平断面法，不规则的断面面积的计算工作总是比较繁琐的。一般说来，对不规则面积的计算可采用的方法，如图 3-25 所示。

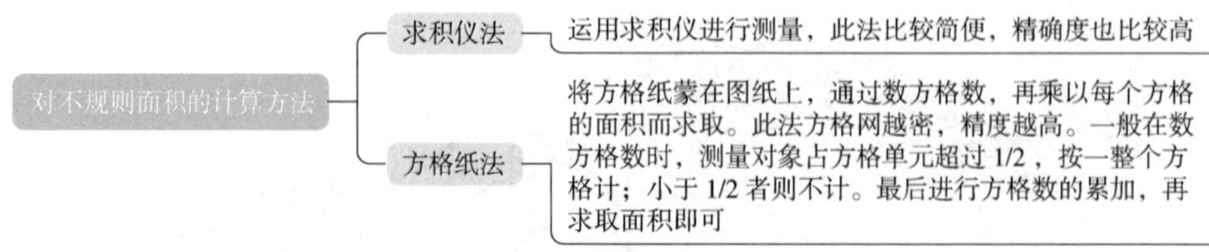

图3-25 对不规则面积的计算方法

（3）方格网法　方格网法是一种相对精确的方法，多用于平整场地，将原来高低不平、比较破碎的地形按设计要求整理成平坦的具有一定坡度的场地。

方格网法是把平整场地的设计工作和土方量计算工作结合在一起完成，其工作程序是：

1）划分方格网：在附有等高线的地形图上作方格网控制施工场地，方格边长数值取决于所要求的计算精度和地形变化的复杂程度，在园林中一般用20～40m；地形起伏较大地段，方格网边长可采用10～20m。

2）填入原地形标高：根据总平面图上的原地形等高线确定每一个方格交叉点的原地形标高，或根据原地形等高线采用插入法计算出每个交叉点的原地形标高，然后将原地形标高数字填入方格网点。

当方格交叉点不在等高线上就要采用插入法计算出原地形标高。插入法求标高公式如下：

$$H_x = H_a \pm xh/L$$

式中　H_x——角点原地形标高（m）；

H_a——位于低边的等高线高程（m）；

x——角点至低边等高线的距离（m）；

h——等高距（m）；

L——相邻两等高线间最短距离（m）。

插入法求高程通常会遇到3种情况：

①待求点标高 H_x 在两条等高线之间，如图3-26中①：

$$h_x : h = x : L \qquad h_x = xh/L$$

$$\therefore H_x = H_a + xh/L$$

②待求点标高 H_x 在低边等高线 H_a 的下方，如图3-26中②：

$$h_x : h = x : L \qquad h_x = xh/L$$

$$\therefore H_x = H_a - xh/L$$

③待求点标高 H_x 在高边等高线 H_b 的上方，如图3-26中③：

$$h_x : h = x : L \qquad h_x = xh/L$$

$$\therefore H_x = H_a + xh/L$$

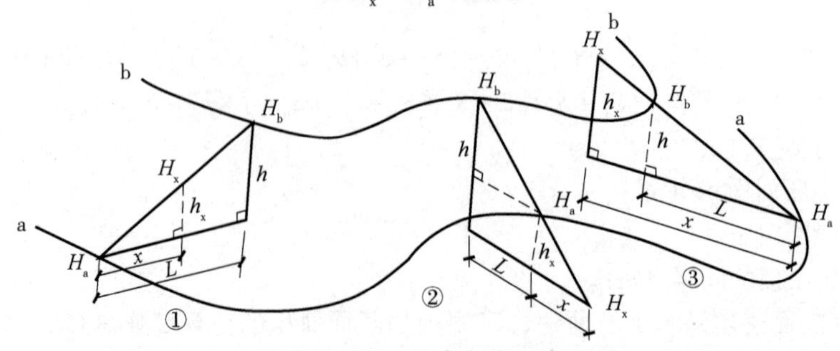

图3-26 插入法求任意点高程

3）填入设计标高：根据设计平面图上相应位置的标高情况，在方格网点的右上角填入设计标高。

4）填入施工标高：施工标高 = 原地形标高 − 设计标高得数为正（+）数时表示挖方，得数为负（−）数时表示填方。

5）求零点线：求出施工标高以后，如果在同一方格中既有填土又有挖土部分，就必须求出零点线。所谓零点就是既不挖土也不填土的点，将零点互相连接起来的线就是零点线。零点线是挖方和填方区的分界线，它是土方计算的重要依据。

6）土方量计算：根据方格网中各个方格的填挖情况，分别计算出每一方格的土方量。由于每一方格内的填挖情况不同，计算所依据的图式也不同。计算中，应按方格内的具体填挖情况，选用相应的图式，并分别将标高数字代入相应的公式中进行计算。

方格网计算土方量公式，见表 3-4。

表 3-4　方格网计算土方量公式

序号	平面图式	立体图式	计算公式
1	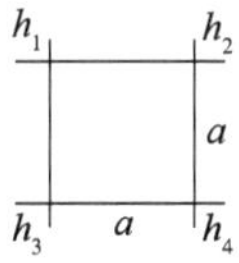 h_1 h_2 a h_3 a h_4	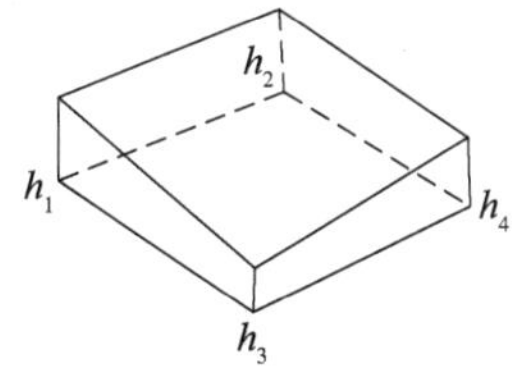 h_2 h_1 h_4 h_3	四点全为填方（挖方）时 $\pm V=\frac{a^2}{4}(h_1+h_2+h_3+h_4)$
2	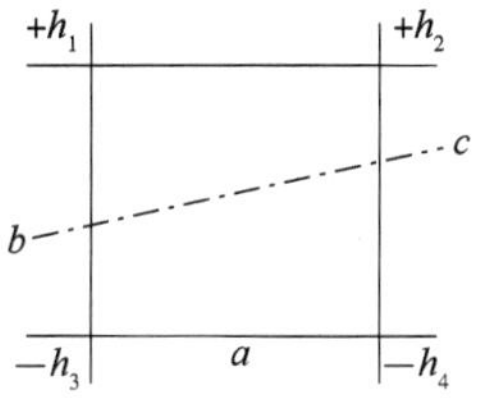 $+h_1$ $+h_2$ c b $-h_3$ a $-h_4$	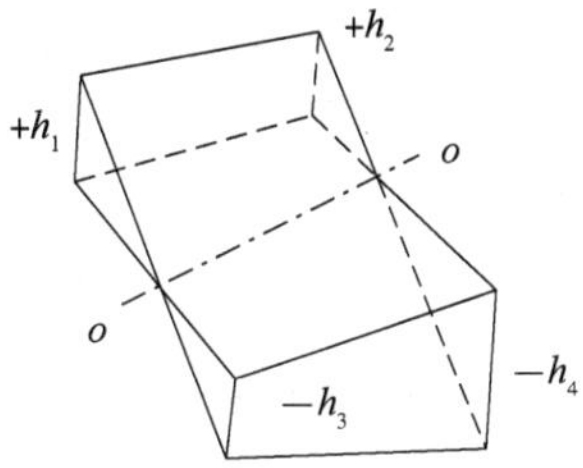 $+h_2$ $+h_1$ o o $-h_4$ $-h_3$	两点填方，两点挖方时 $\pm V=\frac{a(b+c)}{8}\sum h$
3	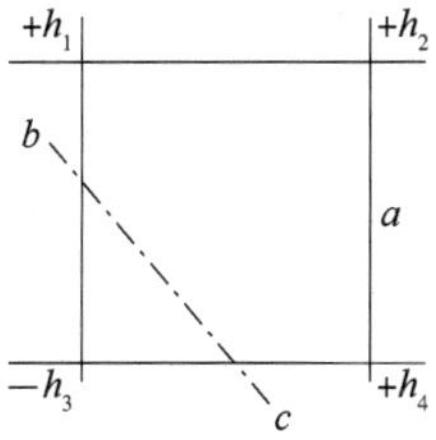 $+h_1$ $+h_2$ b a $-h_3$ $+h_4$ c	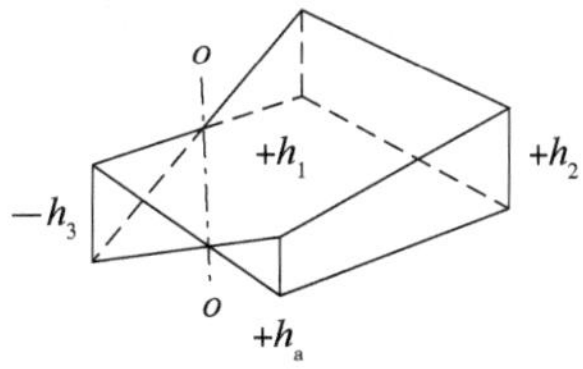 o $+h_1$ $+h_2$ $-h_3$ o $+h_a$	三点填方（或挖方）一点挖方（或填方）时 $\pm V=\frac{b\times c\times \sum h}{6}$ $\pm V=\frac{(2a^2-b\times c)\sum h}{10}$
4	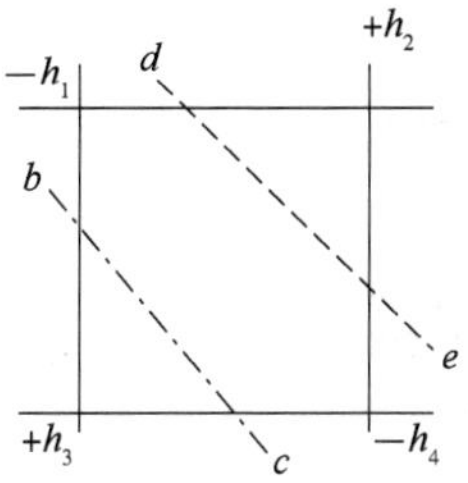 $+h_2$ $-h_1$ d b e $+h_3$ c $-h_4$	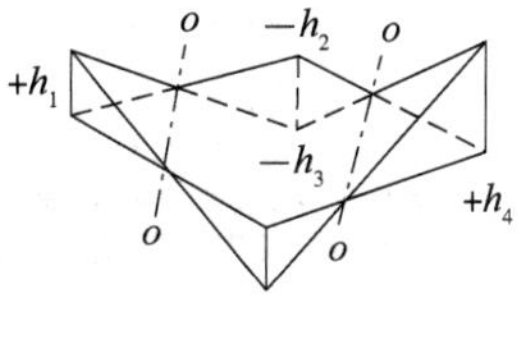 o $-h_2$ o $+h_1$ $-h_3$ $+h_4$ o o	相对两点为挖方（或填方）余两点为填方（或挖方）时 $\pm V=\frac{b\times c\times \sum h}{6}$　$\pm V=\frac{b\times c\times \sum h}{6}$ $\pm V=\frac{(2a^2-b\times c-d\times e)\sum h}{12}$

二、定点放线

详细勘查现场，按设计线形定点放线。放线可用石灰、黄沙等材料。打桩时，沿湖池外缘15～30cm打一圈木桩，第一根桩为基准桩，其他桩皆以此为准。基准桩即湖体的池外缘高度。桩打好后，注意保护好标志桩、基准桩，并预先准备好开挖方向及土方堆积方法。

三、考察基址渗漏状况

考察基址渗漏状况见表3-1，以此制订施工方法及工程措施。

四、湖体施工时排水

如果水位过高，施工时可用多台水泵排水，也可通过梯级排水沟排水。水位过高会使湖底受地下水的挤压而被抬高，因此必须特别注意地下水的排放。同时要注意开挖岸线的稳定，必要时可用块石或竹木支撑保护，最好做到护坡或驳岸的同步施工。通常对于基址条件较好的湖底不做特殊处理，适当夯实即可，但渗漏性较严重的必须采取工程手段。

五、湖底做法

湖底做法应因地制宜。大面积湖底适宜于灰土做法，较小的湖底可以用混凝土做法，用塑料薄膜铺适合湖底渗漏中等的情况。以下是几种常见的湖底施工方法，见表3-5。

表3-5　几种常见的湖底施工方法　（单位：mm）

项目	说明
灰土层湖底	灰土层湖底做法如图3-27所示 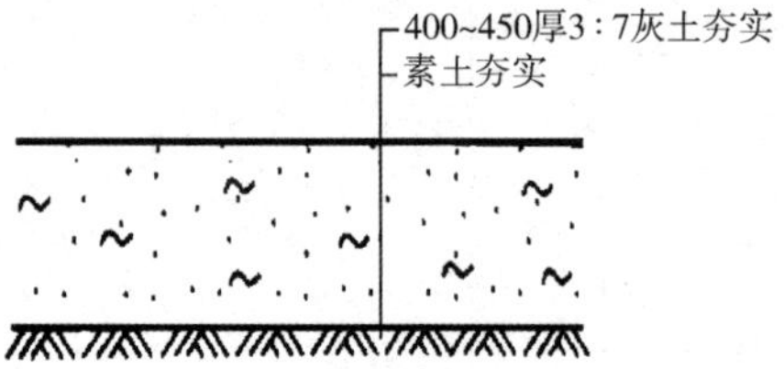 400~450厚3∶7灰土夯实 素土夯实 图3-27　灰土层湖底做法
塑料薄膜湖底	塑料薄膜湖底做法如图3-28所示 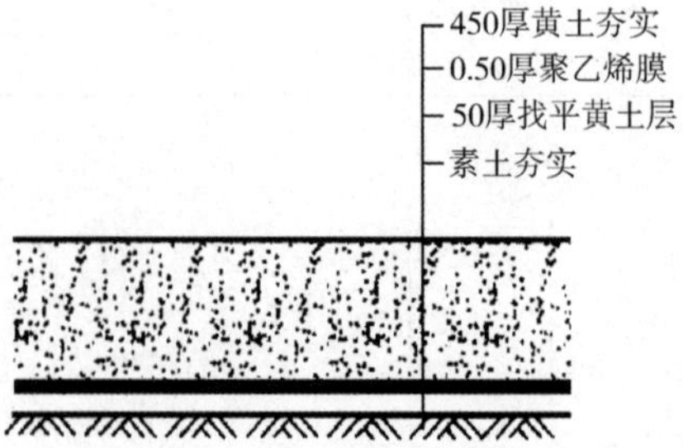 450厚黄土夯实 0.50厚聚乙烯膜 50厚找平黄土层 素土夯实 图3-28　塑料薄膜湖底做法

（续）

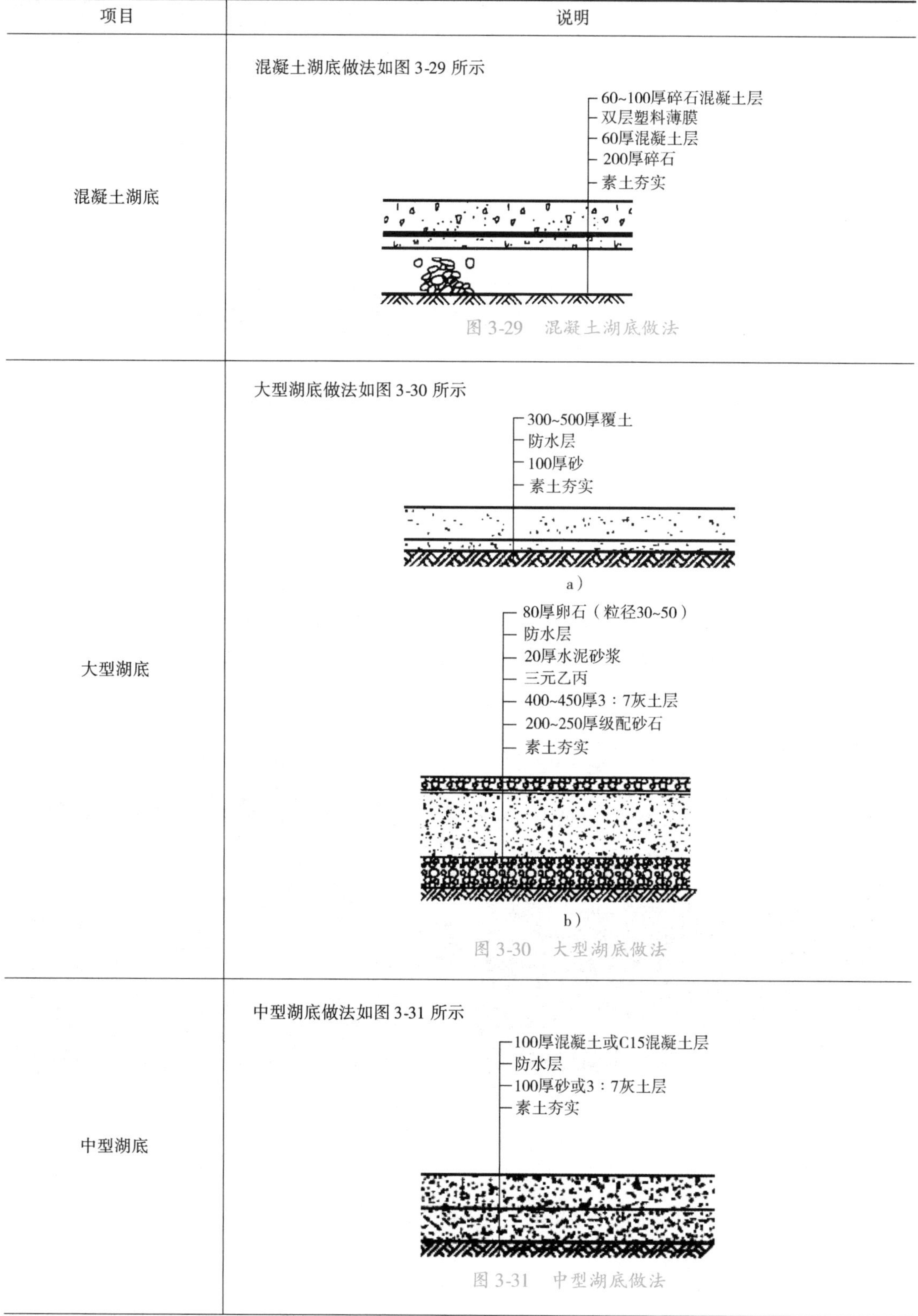

项目	说明
混凝土湖底	混凝土湖底做法如图 3-29 所示 60~100厚碎石混凝土层 双层塑料薄膜 60厚混凝土层 200厚碎石 素土夯实 图 3-29 混凝土湖底做法
大型湖底	大型湖底做法如图 3-30 所示 300~500厚覆土 防水层 100厚砂 素土夯实 a） 80厚卵石（粒径30~50） 防水层 20厚水泥砂浆 三元乙丙 400~450厚3：7灰土层 200~250厚级配砂石 素土夯实 b） 图 3-30 大型湖底做法
中型湖底	中型湖底做法如图 3-31 所示 100厚混凝土或C15混凝土层 防水层 100厚砂或3：7灰土层 素土夯实 图 3-31 中型湖底做法

（续）

项目	说明
小型湖底	小型湖底做法如图 3-32 所示 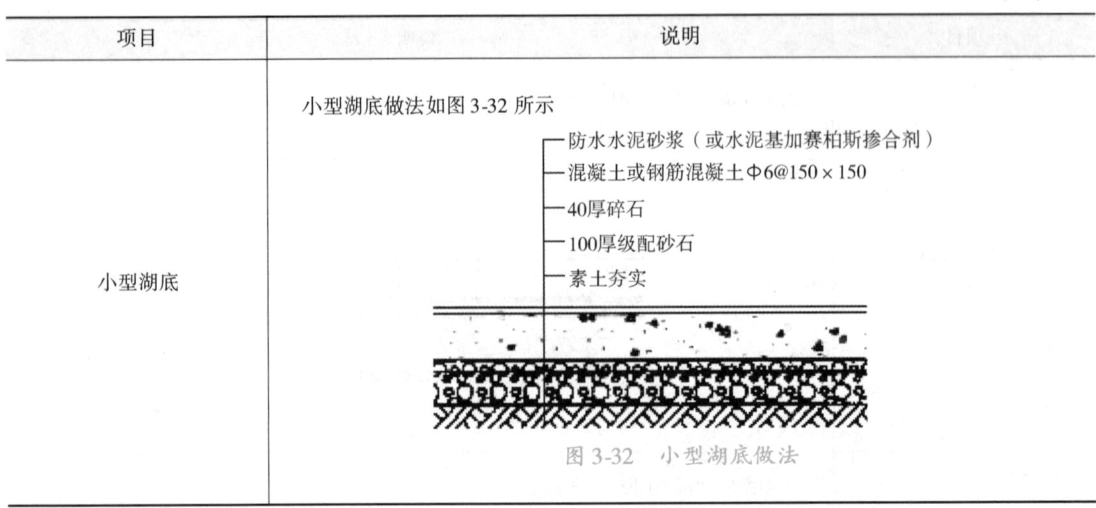 图 3-32　小型湖底做法

【高手必懂】水池的设计

一、水池的种类

水池作为水景之一，被广泛应用于园林工程中，一般仿照自然界的湖泊、池塘等人工开挖形成，它是经过浓缩的景观水景，通常水面较小而精致。为体现园林景观的主题而设计成各种不同形状的平面形式。其特点是面积小、布置灵活多变，并有较好的可接近性，给人亲近的感觉，如图 3-33 所示。

生态水池

涉水池

图 3-33　水池景观

1. 水池按结构形式分

混凝土结构水池、膨润土池底池壁的水池、自然式池底的水池。

2. 水池按表现形式分

静水、流水、落水、承压水等。

3. 水池按材料分

刚性材料水池和柔性材料水池。

二、水池的布置要点

1）水池的平面形式及其体量应与环境相协调，轮廓要与广场走向、建筑外轮廓取得呼应与联系。要考虑前景、框景和背景的因素。池的造型应简洁大方具有个性。

2）水池多为玲珑小巧的形态，因此，其中或周围点缀的雕塑、小品等在尺度上要相宜，如图 3-34 所示。

水池中的雕像

水池中小品

图 3-34 水池中的雕塑、小品

3）水池的水深多在 0.6～0.8m，有时也可浅至 0.3～0.4m。池底可用鹅卵石装饰，加上池水清浅，可营造出浮光掠影、鱼翔浅底之意境，如图 3-35 所示。

4）无论何种形式的水池，池壁与地面的高差宜小，应控制在 0.45m 以内。

5）可适当点缀一些（如荷花、水生鸢尾、睡莲等）挺水植物和浮水植物，如图 3-36 所示。

图 3-35 水池景观（一）

图 3-36 水池景观（二）

【高手必懂】水池的施工

一、刚性材料水池的施工要点

刚性材料水池的施工要点，如图 3-37 所示。

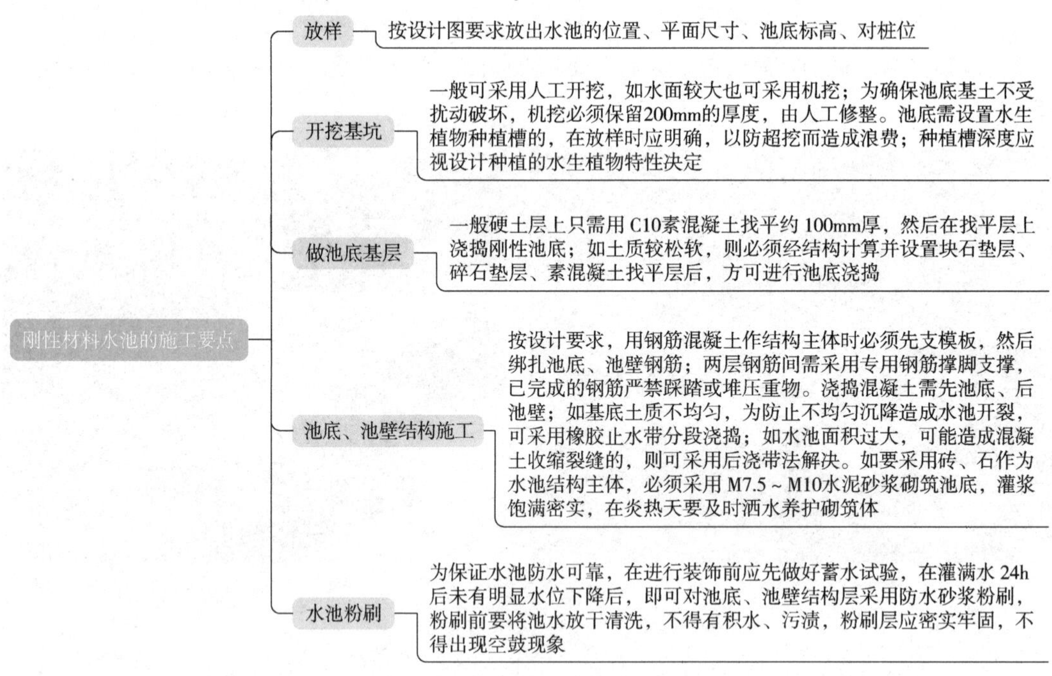

图 3-37 刚性材料水池的施工要点

刚性材料水池的做法如图 3-38～图 3-40 所示。

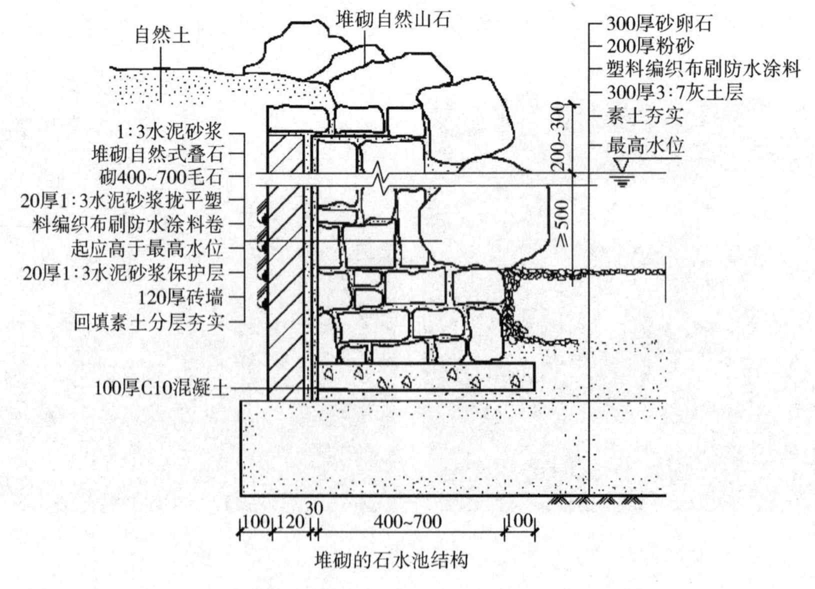

图 3-38 刚性材料水池做法（一）

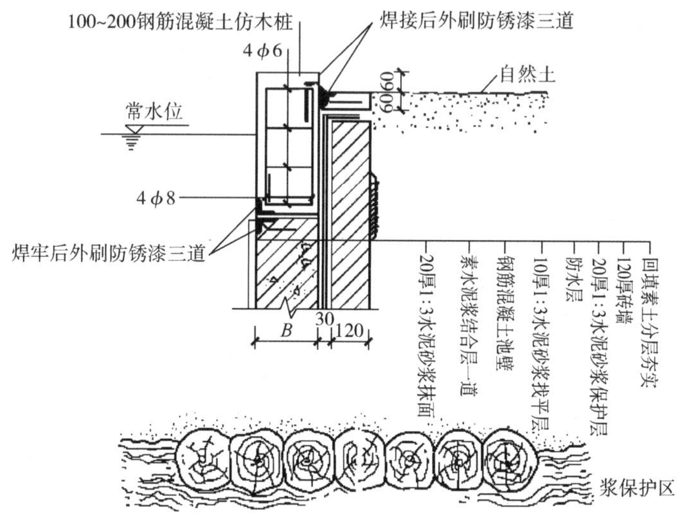

图 3-39 刚性材料水池做法（二）

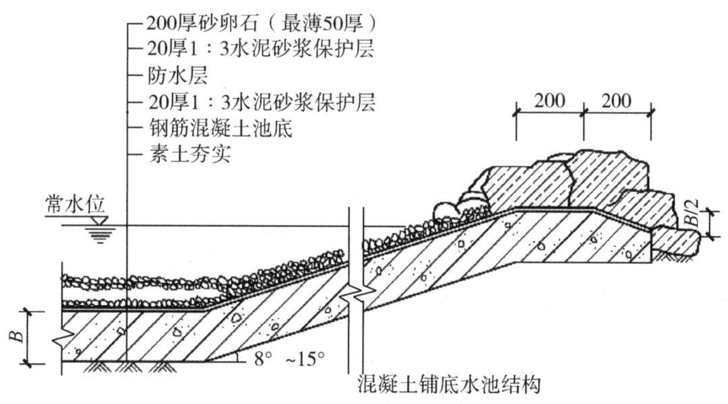

图 3-40 水池做法（三）

二、柔性材料水池的施工要点

柔性材料水池的施工要点，如图 3-41 所示。

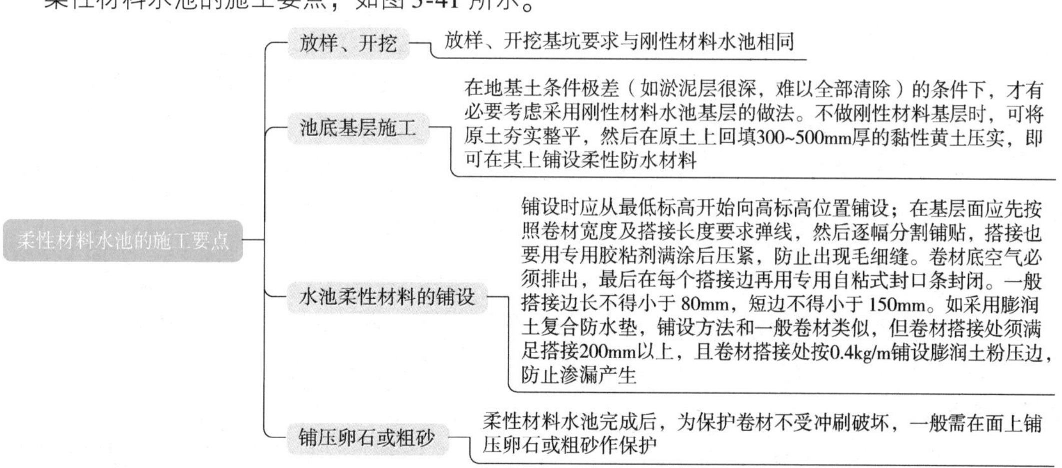

图 3-41 柔性材料水池的施工要点

柔性材料水池的结构如图 3-42 ~ 图 3-44 所示。

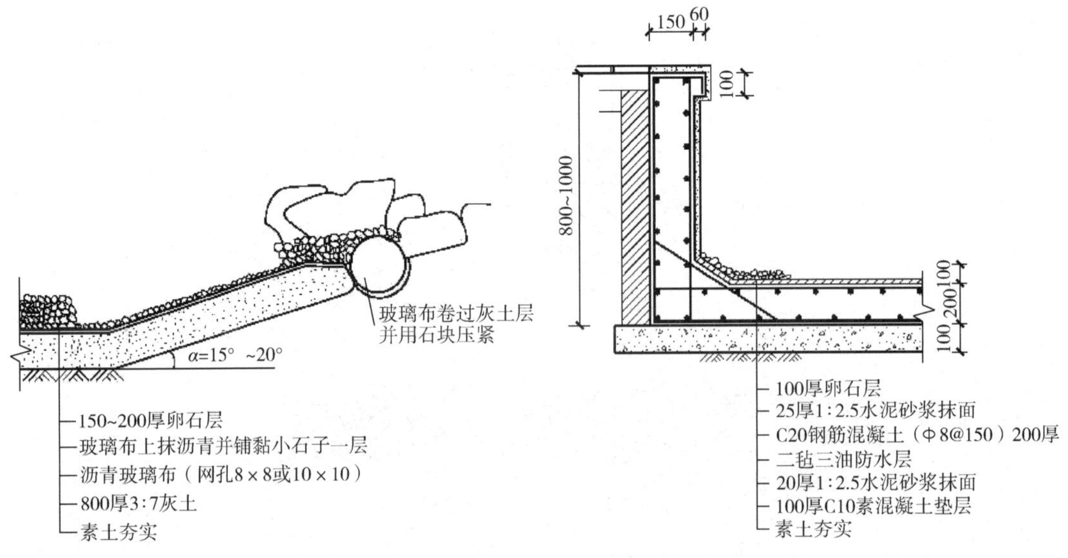

图 3-42　玻璃布沥青防水层水池结构　　图 3-43　油毡防水层水池结构

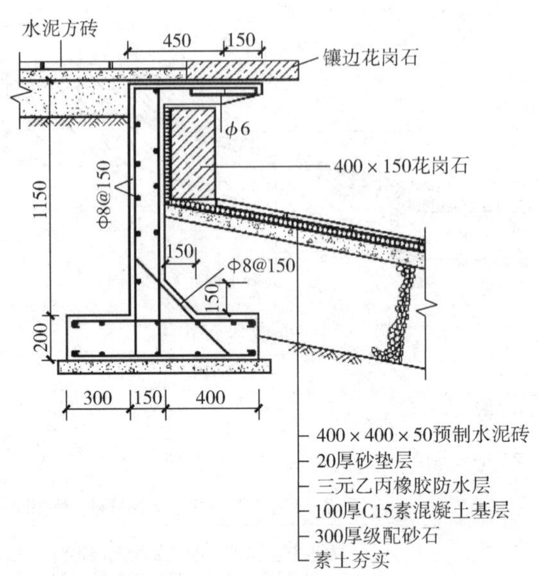

图 3-44　三元乙丙橡胶防水层水池结构

三、水池的给水排水系统

1. 给水系统

水池的给水系统主要有直流给水系统、陆上水泵循环给水系统、潜水泵循环给水系统和盘式水景循环给水系统四种形式。

直流给水系统

将喷头直接与给水管网连接，喷头喷射一次后即将水排至下水道。这种系统构造简单、维护简单，且造价低，但耗水量较大。直流给水系统常与假山、盆景配合，营造小型喷泉、瀑布、孔流等，适合在小型庭院、大厅内设置。直流给水系统如图 3-45 所示。

陆上水泵循环给水系统

陆上水泵循环给水系统设有储水池、循环水泵房和循环管道，喷头喷射后的水可多次循环使用，具有耗水量少、运行费用低的优点。但系统较复杂，占地较多，管材用量较大，投资费用高，维护管理麻烦。此种系统适合各种规模和形式的水景，一般用于较开阔的场所。陆上水泵循环给水系统如图 3-46所示。

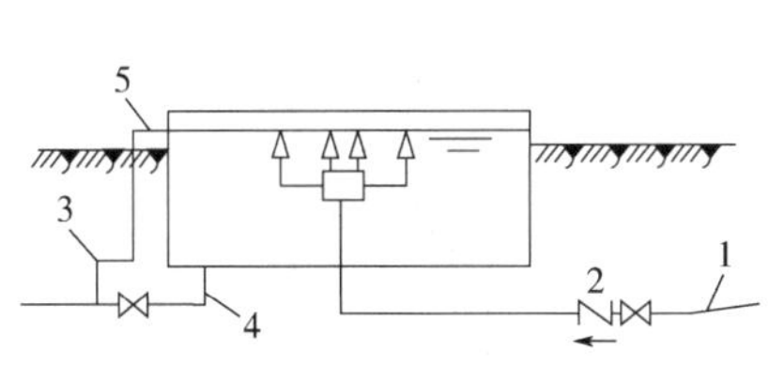

图 3-45 直流给水系统

1—给水管 2—止回隔断阀 3—排水管 4—泄水管 5 溢流管

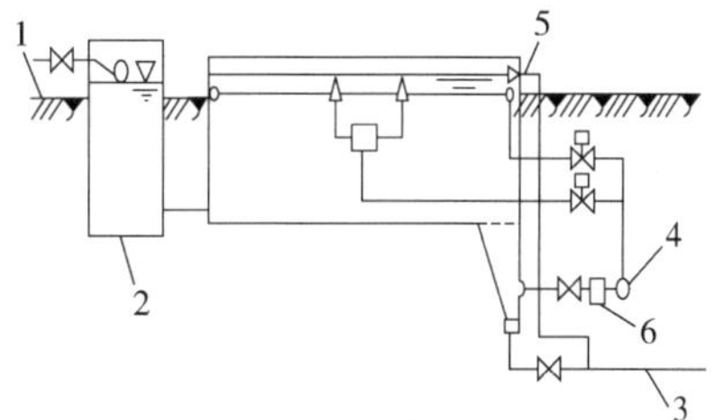

图 3-46 陆上水泵循环给水系统

1—给水管 2—补给水管 3—排水管 4—循环水泵 5—溢流管 6—过滤管

潜水泵循环给水系统

潜水泵循环给水系统设有储水池，将成组喷头和潜水泵直接放在水池内作循环使用。这种系统具有占地少，投资低，维护管理简单，耗水量少的优点，但是水姿花形控制调节较困难。潜水泵循环给水系统适用于各种形式的中型或小型喷泉、水塔、涌泉、水膜等。潜水泵循环给水系统如图 3-47 所示。

盘式水景循环给水系统

盘式水景循环给水系统设有集水盘、集水井和水泵房。盘内铺砌踏石构成甬路。喷头设在石隙间，适当隐蔽。人们可在喷泉间穿行，满足人们的亲水感，增添欢乐气氛。该系统不设储水池，给水均循环利用，耗水量少，运行费用低，但存在循环水易被污染、维护管理较麻烦的缺点。盘式水景循环给水系统如图 3-48 所示。

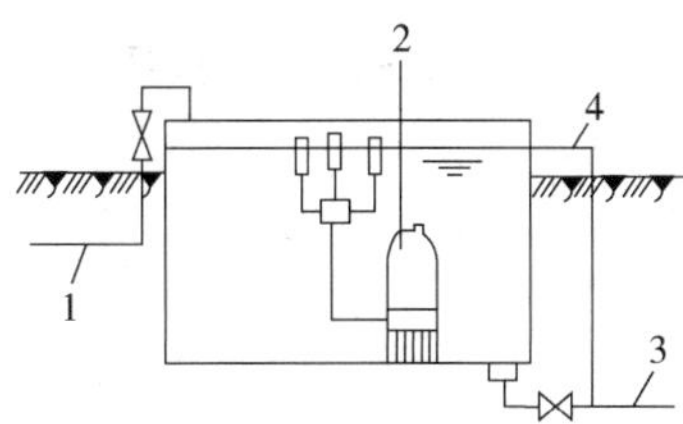

图 3-47 潜水泵循环给水系统

1—给水管 2—潜水泵 3—排水管 4—溢流管

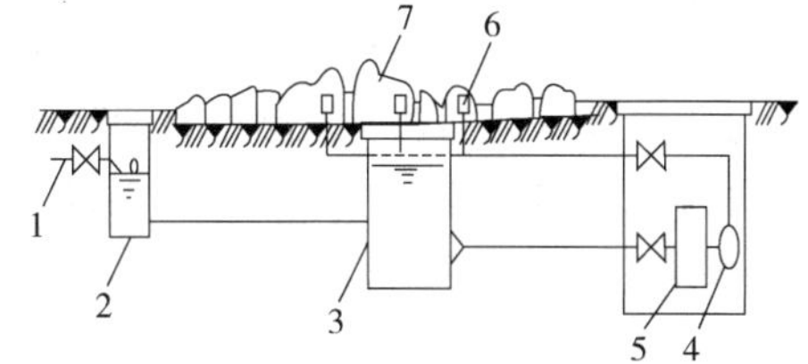

图 3-48 盘式水景循环给水系统

1—给水管 2—补给水井 3—集水井 4—循环泵 5—过滤器 6—喷头 7—踏石

上述几种系统的配水管道宜以环状形式布置在水池内，小型水池可埋入池底，大型水池可设专用管廊。一般水池的水深采用0.4～0.5m，超高为0.25～0.3m，水池充水时间按24～48h 考虑。配水管的水头损失一般为 5～10mmH_2O/m 为宜，配水管道接头应严密平滑，转弯处应采用大转弯半径的光滑弯头。每个喷头前应有不小于 20 倍管径的直线管段；每组喷头应有调节装置，以调节射流的高度或形状。循环水泵应靠近水池，以减少管道的长度。

2. 排水系统

为维持水池水位和进行表面排污，保持水面清洁，水池应设有溢流口。常用的溢流形式有堰口式、漏斗式、联通管式和管口式等，如图3-49所示。

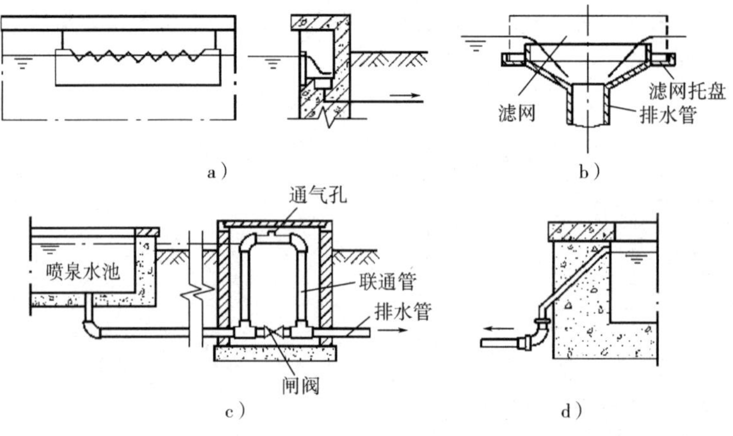

图3-49　水池各种溢流口

a）堰口式　b）漏斗式　c）联通管式　d）管口式

大型水池宜设多个溢流口，均匀布置在水池中间或周边。溢流口的设置不能影响美观，并要便于清除积污和疏通管道，为防止漂浮物堵塞管道，溢流口要设置格栅，格栅间隙应不大于管径的1/4。

为便于清洗、检修和防止水池停用时水质腐坏或池水结冰，影响水池结构，池底应有0.01的坡度，坡向泄水口。若采用重力泄水有困难时，在设置循环水泵的系统中也可利用循环水泵泄水，并在水泵吸水口上设置格栅，以防水泵装置和吸水管堵塞，一般栅条间隙不大于管道直径的1/4。

水池护理要注意的问题如下：

1）要定期检查水池各个出水口的情况，包括格栅、阀门等。

2）要定期打捞水中漂浮物，并注意清淤。

3）要注意半年至一年对水池进行一次全面清扫和消毒（漂白粉或5%高锰酸钾）。

4）要做好冬季水池的管理，避免冬天池水结冰而冻裂池体。

5）要做好池中水生植物的养护，主要是及时清除枯叶，检查池中植物土壤，并注意施肥，更换植物品种等。

四、室外水池的防冻

室外水池的防冻方法见表3-6。

表3-6　室外水池的防冻方法

项目	内容
大型水池	为了防止池水冰冻胀裂池壁，可采取冬季池水不撤空，池中水面与池外地面持平，使池水对池壁的压力与冻胀推力相抵消。因此，为了防止池水面结冰，胀裂池壁，在寒冬季节，应将池边冰层破开，使池子四周为不结冰的水面，如图3-50所示

（续）

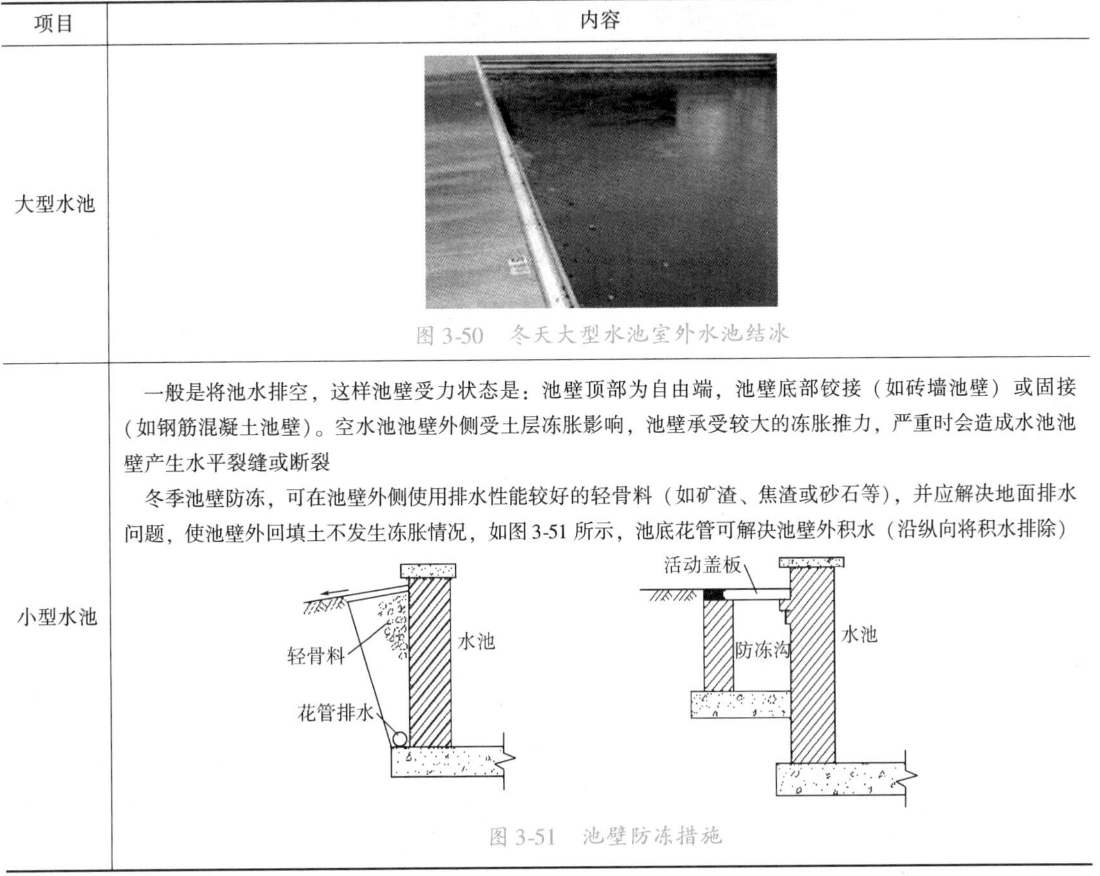

项目	内容
大型水池	图 3-50 冬天大型水池室外水池结冰
小型水池	一般是将池水排空，这样池壁受力状态是：池壁顶部为自由端，池壁底部铰接（如砖墙池壁）或固接（如钢筋混凝土池壁）。空水池池壁外侧受土层冻胀影响，池壁承受较大的冻胀推力，严重时会造成水池池壁产生水平裂缝或断裂 冬季池壁防冻，可在池壁外侧使用排水性能较好的轻骨料（如矿渣、焦渣或砂石等），并应解决地面排水问题，使池壁外回填土不发生冻胀情况，如图 3-51 所示，池底花管可解决池壁外积水（沿纵向将积水排除） 图 3-51 池壁防冻措施

五、水池边缘的施工

水池边缘的建造方式对于整个水池同其周围环境的协调影响重大。在修建之前，首先必须保证其水平面的准确。为保持普通厚度的水池边砂土的稳固性，应在坑穴周围使用大约 3 ~ 5cm 的灰浆，以足够支撑轻级石料和铺设层的重量。

水池边缘的施工要点如下：

1. 铺装

（1）夯实地面，铺设碎石　在挖掘土穴的工程开始之前，先把周围的地面夯实。如果需要铺设的区域比池边缘宽一两块石板的距离，还需要在地面铺设一层小碎石子，水池边缘本身也需要加固，铺设的高度最好不要超过周围的草皮。

（2）铺设砂浆、石板　在铺设衬砌式水池的边缘时，先将叠盖处整理出大约 15cm 的区域，再将石板铺放到土层里，用水泥浆砌结实。如果使用的石板大小不一，应将大块的石板尽可能放到人们可能会经常踩踏之处，以减少铺设区域倾斜入水的危险。石板应向水池外稍倾斜，防止下雨时将污水冲入水池，且石板应部分悬在池口大约 5cm 处，这样可以将衬料边遮盖住，还可保护其免受强烈日光的照射。

（3）水池边缘处理　在将石板围建到预塑式水池的边缘时，首先要保证石料的重量主要是落到周围的区域，而非水池上。如水池边缘处过重会将建池材料压翘，乃至压裂。

（4）池壁与边缘石板的交接处理　人们经常想将石板直接砌到混凝土水池的边上，使铺设面显得干净利落，但却会产生长期隐患。在冷冻的天气里，水池周围土壤中的水分结冰膨胀的程度不一，这会给池壁与边缘石板的交接处产生极大的压力。为了防止对水池边缘的损害，应在连接处留一道缝隙。在将石板砌置到水泥浆上之前，先在池壁上铺设几块聚乙烯衬料，尽量保证石料的重量主要落到周围的区域。

2. 砌置砖

（1）放射形排砖　最简单的砖边缘就是在池边处砌置一圈呈放射形的砖。一定要确保边缘处的水平面和足以支撑砖重量的牢固度。对于衬砌水池来说，如希望水深不要漫过砖基，则需要将衬垫折叠，只留出8～10cm，再用灰浆将砖砌置于周围。如希望池水漫过砖壁，衬垫就要留大一些，将砖砌置到衬垫上，使衬垫紧压在砖的下边，最后再将多余的衬垫剪去。注意：如果地基不够结实，砖就会松动，因为衬垫和灰浆不能紧密连接在一起。

（2）水泥砂浆砌砖　同样的方法也适用于预塑型水池的铺垫区域，也需保证石料的重量主要落到水池周围区域，而非水池上。实际上，在水池与砖壁之间要想安置隔水层几乎是不可能的，故水深一定不要超过水池边缘。可以直接将砖用水泥砌到混凝土浇筑的水池边缘处，但是要记得在砖以及其他任何固体之间留出容纳膨胀的空隙。

3. 砌置墙壁

（1）地基　如果想在水池边缘建一圈围墙，必须先以厚约10cm的混凝土柱环的形式建造合适的地基，在挖掘土穴之前，先在预先准备好的地基处垫上石子，然后浇筑厚约10～15cm的混凝土。理想的柱环应当超过预期墙体的宽度至少10cm。

（2）砌墙　一块砖长的厚度一般足够建造高约60cm的装饰墙体以确保其强度。超过60cm高的墙就需要加固地基。围绕预塑型水池的墙体不要砌置在池边缘之上，除非边缘本身建在很坚实的混凝土地基上。

4. 放置石头

（1）摆石　石头不宜与水处于同一个平面，水被围在石头当中，而石头则错落在水面上下不同的层次。重大的石头需要结实的地基以减少池壁倒塌的危险。应选择质地坚硬的岩石，去除那些在冬天容易开裂的质地松软的石头。

（2）支垫　为了保护衬砌式水池免受损伤，应在衬垫之间夹入聚酯层或者类似的垫层，然后再将石头安置到位。用混凝土浆将松散的岩石固定到位，将衬垫置于石头后边。用混凝土或泥土将土穴从衬垫后填好，还可以再在表面铺上砾石或鹅卵石。在修建边缘时，需留意别让雨水倒灌进水池。

（3）处理　采用的岩石总会使人觉得太“新”，为了加速它的自然沧桑感，可以将牛奶或酸奶与青苔和地衣混合的涂料涂抹在岩石上，可加速青苔和地衣层的生长，为水池增加几分有“历史沧桑”的外貌。苔藓在处于半阴凉地，吸水性强的岩石上长得最好。

5. 鹅卵石水滩

（1）鹅卵石水滩　在衬砌式水池和混凝土浇筑的水池中要建鹅卵石水滩，应当在水池边缘修建宽而浅的池架。池架应呈水平状，在水池内缘形成一个框。将鹅卵石或圆石头放到池架上，呈逐渐向上的坡度，直至与水池周围干燥的地面连为一体。在石头容易滚落处应用水泥加固。

（2）砾石水滩　可用类似的方法修建，尤其注意要控制恰当的坡度，清除附着在砾石上的地衣和尘土。坡度应非常舒缓，池架框要大，以免砾石滑入水池更深处。在将砾石铺入之前要反复冲洗，以淘汰其中结构松散的石头。在衬砌式水池中要在衬垫和砾石中间加设聚酯层保护垫，还要清除掉有尖利边角的砾石。

6. 木头镶边

用木头建造水池边缘，无论是竖直的原木还是铁路枕木，都会产生不错的效果。无论木料是否被插入水池边缘的槽内，都要保证它们安置到位。可以将木头钉在玻璃纤维固定板上或者用钢夹固定在墙壁或混凝土支撑架上。

7. 沼泽地

(1) 建池 培有土壤的边缘植物区可以向外扩，形成一片沼泽地带。理想的选择是在水池之外间隔一段距离再造一块沼泽地。在池塘旁挖掘一块深40～45cm的区域，但不要损坏池塘的边缘，挖掘的地方用旧的池塘衬里或用薄薄的聚乙烯塑料袋围住。若使用一块完整的材料，应每隔一段就在上边打一个孔，以免大量积水。把衬垫材料重叠摆好，多余的水就可以从水池汇入挖好的沼泽地。

(2) 补水 待水流入挖出的空地，把挖出的土盖上。可以在土里加上堆肥、粉碎过的树皮和泥灰等，使土壤肥沃。如果这块已盈水的沼泽地在干旱时期又露出水面，就需要人工再进行保湿。方法是：盈水时在地下装一个打洞的管子，其中一端封紧，另外一端朝着土壤的表面，上边装一个可以移动的塞子。如果天气过于干旱，可以在管道内灌水来为沼泽地的植物根部增添营养水分，同时又不会损伤土壤表面。

六、草地静水池施工

草地静水池通常为圆形或不规则形，如图3-52所示。而农田水池常为长方形。在自然环境中，泥土地为任何形状的水池提供了理想的垫层，但无论是硬质衬垫还是弹性衬垫均适用于小型花园池塘。

图3-52 草地静水池

1. 材料与工具准备

喷漆，铁铲，弹性衬垫，水源和软管，鱼类，青蛙或蝌蚪。深水植物，挺水植物，湿地植物，草地中的野生花卉种子，为鸟类提供食物和栖息地的灌木，喜湿遮阴树种。

2. 营造环节

(1) 挖池、铺衬、岸边置石　先用喷漆来确定水池的轮廓线，再沿轮廓线向内侧挖掘。挖好之后，在其上铺设一层弹性衬垫，并用一些石料按次序沿轮廓线排列以形成池岸，如图 3-53 所示，其坡度和边缘处理如图 3-54、图 3-55 所示，然后往水池中注水。

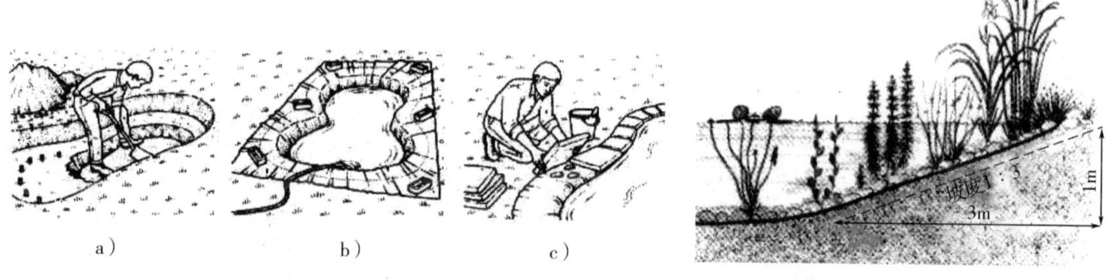

图 3-53　水池营造三大环节
a) 挖池　b) 铺衬　c) 岸边置石

图 3-54　池岸边坡处理（坡度 1:3）

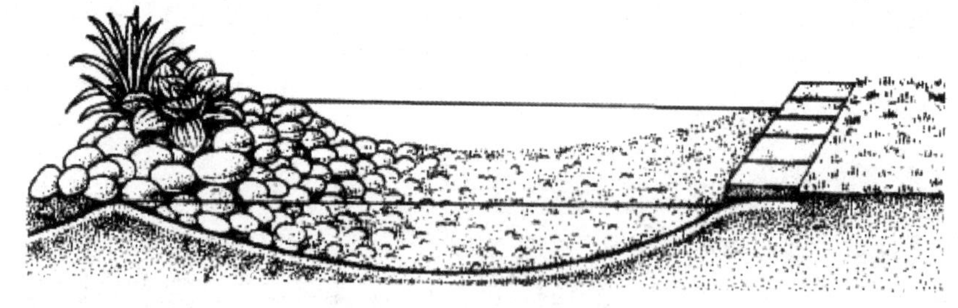

图 3-55　池塘边缘处理

(2) 在不同地段栽植不同植物　在小水池中可种植盆栽的荷花、睡莲之类的深水植物，在大型水池中可直接将植物种植于池底土层里。在池岸边浅水处或湿地上，宜种植挺水植物，如香蒲、慈姑以及黄菖蒲。在池岸附近的潮湿地带，宜种植湿地植物，如泽兰、半边莲和燕子花。

(3) 为鸟类提供栖息场所　野生花卉如毛叶金光菊、多年生向日葵、蛇鞭菊和波斯菊等，均可在水池上方排水良好的土堆上播种。为了给鸟类提供栖息场所与食物，可以在池边种植灌木丛（如灰叶山茱萸和冬青等）。

(4) 栽植遮阴树　为了给水池提供遮蔽，使水温稳定，可在池边种植喜湿遮阴树种，如垂柳、碧桃和枫杨等。在池中养殖金鱼和青蛙，有助于消灭蚊子及其他害虫。

3. 植物种植

草地植物可以抵抗强风和严寒。肥沃的种植土使草皮、灌木、一年生或多年生野生花卉能够郁郁葱葱地生长，形成一片绿毯。紫叶金光菊、雏菊、蛇鞭菊以及耧斗菜可以吸引众多迷人的蝴蝶，形成美丽动人的景色。一些本土草种在风中此起彼伏，还能沙沙作响。选择喜湿的本土植物围绕水池种植。在潮湿土壤中挖坑，并用多孔的水池衬垫覆盖，再填满肥沃的土壤，定期浇水。将那些极易蔓延的水生或沼生植物，如香蒲等，种植于瓦罐或更大的容器中，并将其布置于水池边缘；或种植于 150mm 水深的土壤中。通过种植本土萍蓬草、大花百合、梭鱼草以及慈姑等来取代外来的睡莲和其他热带植物。在水池边缘种植矮生草种、灯心草、芦苇、香蒲来代替石块。利用部分浸入水中的圆木来吸引鸟类、乌龟以及青蛙，或在水池中建造一个低洼小岛，并种上适合湿地生长的野生花卉和灌木。

七、浇筑池塘施工

混凝土浇筑法一直是修建人工池塘的重要途径。混凝土几乎适用于修建各种设计风格、各种尺寸规格的水池，也可以与不同水池边缘的材料结合，特别适用于营造深水池。混凝土块可以用来修建具有结实边缘的陡峭池壁。

1. 浇筑池塘的安装要点

浇筑池塘的安装要点，如图 3-56 所示。

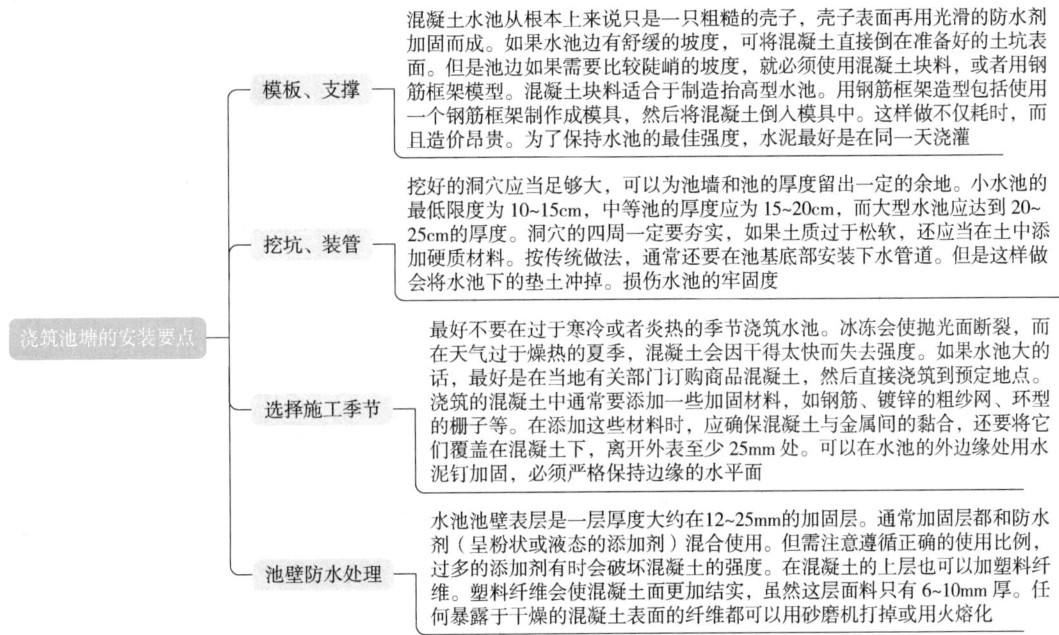

图 3-56 浇筑池塘的安装要点

2. 典型混凝土配料的配制

地基：1 份水泥，1 份砂子，4 份石料。

池壁和池基：1 份水泥，2 份砂子，2 份 5 ~ 20mm 的石料。

防水加固层：1 份水泥，3 份砂子，防水剂。

3. 混凝土和衬垫的结合

混凝土可以和衬垫配合使用，达到相得益彰的效果。衬垫为水池提供了防水保护膜，还能使水池免受霜冻的损害，混凝土可以作为水池强有力的支撑。将混凝土和衬垫配合使用会大大减少混凝土的用量。这种结合使得水池不再需要防水构造，微小的漏洞也不再会导致渗透现象。混凝土和衬垫的配合使用特别适用于抬高式水池。

【高手必懂】小型水闸的设计

一、水闸的类型

水闸是控制水流出入某段水体的水工构筑物，主要作用是蓄水和泄水，可设于园林水体的进水口和出水口。

1. 水闸按其所承担的主要责任分类。

水闸按其所承担的主要责任可分为以下几种，如图3-57所示。

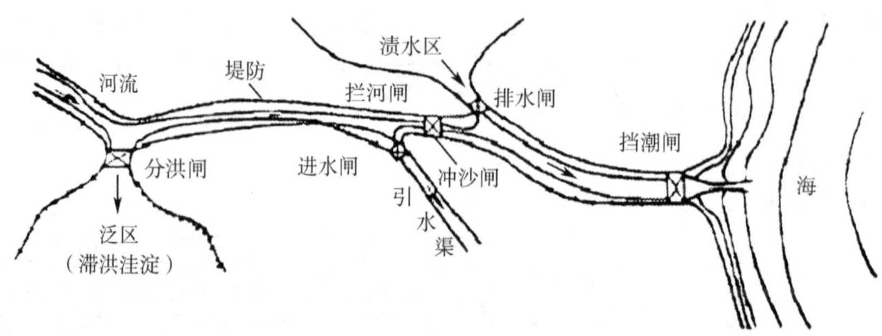

图3-57　水闸按其所承担的主要责任分类

(1) 进水闸　通过在河道、水库、渠道或者是湖泊上修建水闸，就可以进行农业灌溉、水力发电或者是其他水利事业，而控制入渠流量的水闸就是进水闸。一般进水闸都修建在渠道的渠首位置，所以这种水闸又被叫作渠首闸。

(2) 节制闸　一般来说用于调节流量和水位的水闸被称为节制闸。它主要是用于在枯水期截断河流，从而使水位升高，这样就可以在上游进行航运或者是满足进水闸取水的需要。而在洪水期，节制闸可以有效地控制下游的泄流量。由于这种水闸主要是为了拦截河流建造的，所以又叫作拦河闸。

(3) 排水闸　一般在江河的沿岸都会修建排水闸。当出现外河水位上涨的现象时，就关闭闸门，这样就不会出现江河洪水倒灌的现象。如果河水水位退落时就打开闸门，这样就可以将渍水排出。这种闸门的闸身较高，但是底板高程比较低，而且要受到双向水头的作用，这是因为排水闸既要负责排除洼地的积水，又要负责挡住外河水位。

(4) 挡潮闸　沿海地区遭受潮水的影响，为了防止海水倒灌入河，需修建挡潮闸。挡潮闸还可用来抬高内河水位，达到蓄淡灌溉的目的；内河两岸受涝时，可利用挡潮闸在退潮时排涝；建有通航孔的挡潮闸，可在平潮时期开闸通航。因此，挡潮闸的作用是挡潮、蓄淡、泄洪、排涝，其特点亦是受有双向水头作用。

(5) 分洪闸　在江河适当地段的一侧修建分洪闸，当较大洪水来临时，开闸分泄一部分下游河道容纳不下的洪水，使其进入闸后的洼地、湖泊等蓄洪区、滞洪区或下游不同的支流，以减小洪水对下游的威胁。这类水闸的特点是，泄水能力大，以利及时分洪。

2. 水闸按其专门使用的功能分类

水闸按其专门使用的功能可分为以下3种，如图3-58所示。

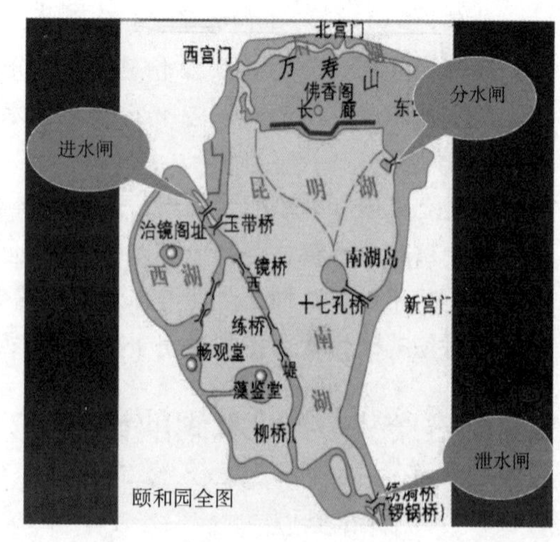

图3-58　颐和园全园水闸分布图

(1) 进水闸　设于水体的入口，起着联系水源、调节进水量的作用。

(2) 泄水闸（节制闸）　设于水体出口，控制出水量。

(3) 分水闸　在水体有支流而且需要控制支流水量的情况下设置。

二、闸址选择

小型水闸地址选择时，必须明确进水闸的目的，了解设闸部位的地形、地质、水文等方面的基本情况，特别是原有和设计的各种水位与流速、流量等，先粗略提出闸址的大概位置，然后需考虑闸孔轴心线是否与水流方向应相顺应，避免在水流急弯处建闸，应选择地质条件均匀、承载力大致相同的地段，最终确定具体位置。

选择水闸地址时应考虑的因素如下：

1）闸孔轴心线与水流方向相顺应，使水流通过时畅通无阻。避免造成因水流改变原有流向而产生淤积现象或水岸一侧被冲刷而另一侧淤积的现象。

2）避免在水流急弯处建闸，以免因剧烈的冲刷破坏闸墙与闸底。如果由于其他因素限制需要在急弯处设闸时，应改变局部水道，使其呈平直或弯曲状态。

3）选择基址条件均匀、承载力大致相同的地段，避免发生不均匀沉陷。如果能利用天然坚实的岩石层最好，切忌部分在坚硬的岩石层上而另一部分在软土层上。

在同样地质条件下，选择高地或旧土堤下作闸址比利用河底或洼地为佳。

三、水闸结构

小型水闸的结构自下至上可分为地基、闸的下层结构及水闸上层建筑，如图 3-59 所示。

1. 地基

地基是由天然土层经处理加固而成。水闸基础部分必须保证在承受其上部全部压力后不发生超限度和不均匀的沉陷。

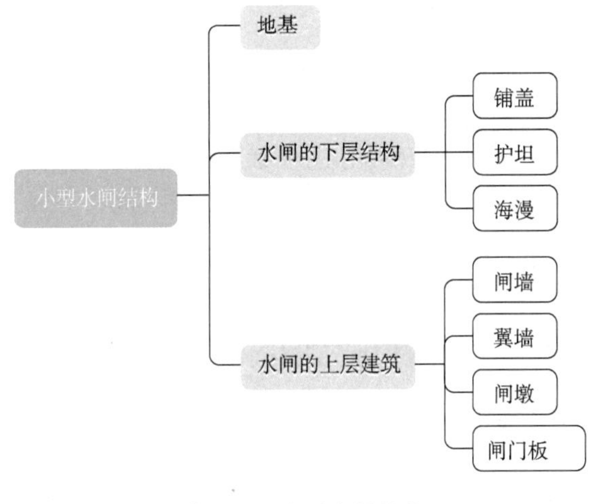

图 3-59　小型水闸结构

2. 水闸的下层结构

水闸的下层结构是闸身与地基相联系的部分，即闸底。闸底的作用是承受由于上下游水位差造成跌水急流的冲力，减免由于上下游水位差造成的地基土壤管涌和经受渗流的浮托力。所以水闸底层结构要有一定厚度和长度的闸底。除闸底外，正规的水闸自上游至下游还包括铺盖、护坦和海漫三部分。

（1）铺盖　铺盖是位于上游和闸底相衔接处的不透水层。具有放水后使闸底上游部分减少水流冲刷、减少渗透流量和消耗部分渗透水流的水头的作用。铺盖常用浆砌块石、灰土或混凝土浇筑，长度约为上游水深的数倍。

（2）护坦　护坦是下游与闸底相连接处的不透水层，作用是减少水流对闸后河床的冲刷和渗透。其厚度与跌水处的闸底相同，视上下游水位差、水闸规模和材料而定。

（3）海漫　海漫是下游与护坦相连接处的透水层。水流在护坦上仅消耗了 70% 的动能。其余水流动能造成对河底的破坏则靠海漫避免。海漫末端宜加宽、加深，使水流动能分散。海漫一般用于砌块石，下游再抛石。

3. 水闸的上层建筑

水闸的上层建筑包括闸墙、翼墙、闸墩、闸门板，如图 3-60 所示。

1）闸墙，又称边墙，位于闸的两侧，构成水流范围，形成水槽并支撑岸土不坍。

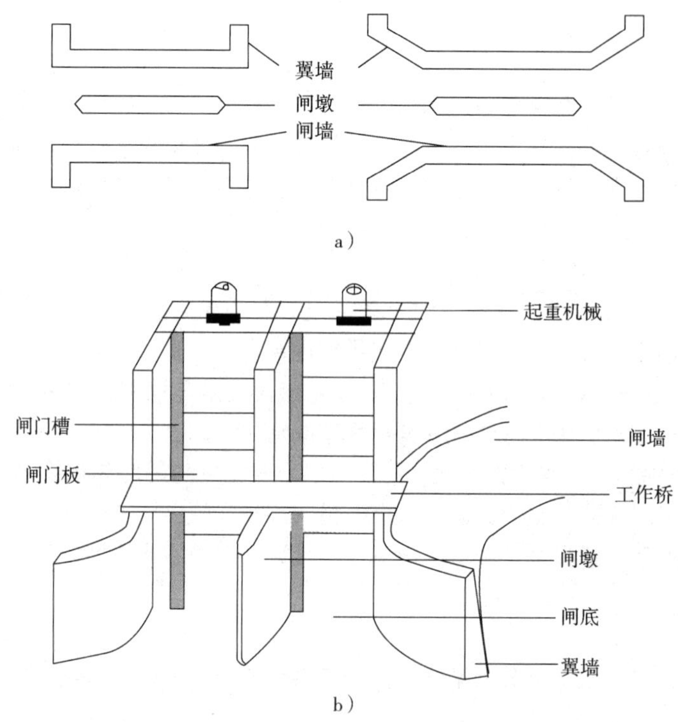

图 3-60　水闸的上层建筑

2）翼墙，是与闸墙相接的转弯部分，使闸墙便于和上下游水渠边坡相衔接。

3）闸墩，分隔闸孔和安装闸门用，也可支撑工作桥及交通桥。

4）闸门板，安装在闸墩和闸墙之间，可以关闭和开启，用来调节水体的水量和水深的设施。

水闸除这些部分外，在水流入闸前应有拦污栅，在下游海漫后面应有拦鱼栅。

四、水闸结构尺寸的选定

1. 须知参数

闸外水位、内湖水位（最高水位、最低水位）、湖底高程、安全超高、最大风级、闸门前最远岸直线距离、土壤种类和工程性质、水闸附近地面高程及流量要求等。

2. 须知数据

包括闸门宽度、闸顶高程、闸墙高度、闸底板长度及厚度、闸墩尺寸和闸门等。

（1）闸门宽度　根据上、下游水位差及下游水的深度，查表 3-7 求出 $1m^3/s$ 流量所需闸门宽度。上、下游水位差为外水位与内湖（或下一河段）低水位之差。如果流量大于 $1m^3/s$，为 nm^3/s，要求的宽度为查表 3-7 所得数的 n 倍。

表 3-7　$1m^3/s$ 流量所需闸门宽度

上下游水位差/m 闸门宽度/m 下游水深/m	0.1	0.2	0.3	0.4	0.6	0.8	1.0
0.4	2.08	1.48	1.17	0.96	0.68	0.52	0.41

（续）

上下游水位差/m 闸门宽度/m 下游水深/m	0.1	0.2	0.3	0.4	0.6	0.8	1.0
0.6	1.39	0.98	0.80	0.68	0.52	0.41	0.34
0.8	1.04	0.74	0.60	0.52	0.41	0.34	0.28
1.0	0.83	0.59	0.48	0.42	0.34	0.28	0.24
1.2	0.70	0.49	0.40	0.35	0.28	0.24	0.21
1.4	0.60	0.42	0.34	0.30	0.24	0.21	0.18
1.6	0.58	0.37	0.30	0.26	0.21	0.18	0.16
1.8	0.46	0.33	0.27	0.23	0.19	0.16	0.15
2.0	0.42	0.29	0.24	0.21	0.17	0.15	0.13
2.2	0.38	0.27	0.22	0.19	0.15	0.13	0.12

（2）闸顶高程　闸顶高程为内湖高水位、风浪高、安全超高三者之和。按风级和闸门前最远岸直线距离查表可求出风浪高度，所求得的闸顶高程，又可与水闸附近地面高程取得合宜的关系。

（3）闸墙高度　闸墙高度为闸顶高程减去湖底高程。闸墙长度按闸墙高度来查，见表3-8，闸墙长度是指自闸门中心起，至闸墙与翼墙连接处止的长度。

表3-8　闸墙长度及高度

闸墙高度/m	闸墙长度/m
2.0	4.4
2.5	4.5
3.0	4.6
3.5	4.8
4.0	4.9
5.0	5.7

（4）闸底板长度及厚度　按上、下游最大水位差及地基土壤种类，可得到闸底板长度，见表3-9。闸底板长度自闸门中心至翼墙下游端止，闸底板厚度根据闸上、下游最大水位差可查表3-10。

表3-9　各种土壤条件下闸底板长度为水位差的倍数

土壤种类	闸底板长度等于水位差的倍数
细砂土和泥土	9.0
重壤土（重砂质黏土）	8.0
中砂和粗砂	7.6
轻壤土	7.0
细砾和中砾	6.0
顽固砾和石砂的混合体	6.0
黏土	6.0
黏性砾石土	6.0

表 3-10　闸底板厚度

闸上、下游水位差/m	闸底板厚度/m
1.0	0.3
1.5	0.4
2.0	0.5
2.5	0.5
3.0	0.5

(5) 闸墩尺寸。

1) 闸墩的迎水面直接影响闸孔水流的通畅，一般采用下列横截面，如图 3-61 所示。

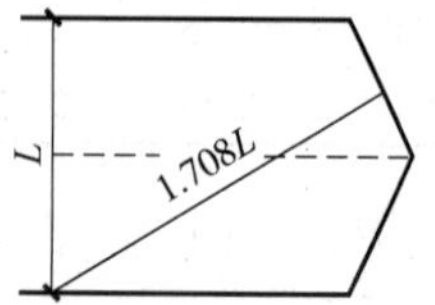

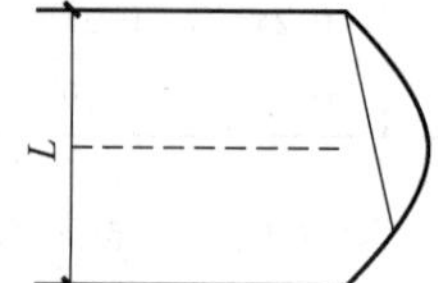

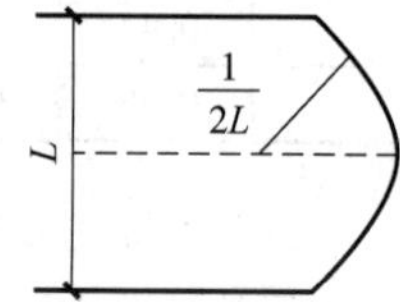

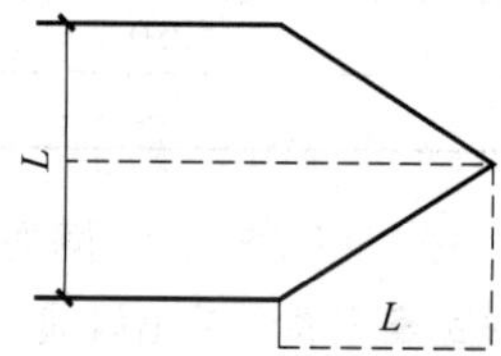

图 3-61　闸墩尺寸

2) 图 3-61 中 L 的取值一般取闸墙（顶宽 + 底宽）的 1/2。如支承交通桥等，可根据桥体的荷载计算 L。

3) 闸墩的高一般与边墙高相等。

(6) 闸门　木闸门是最常用的一种闸门，整体木闸门的构造如图 3-62 所示。

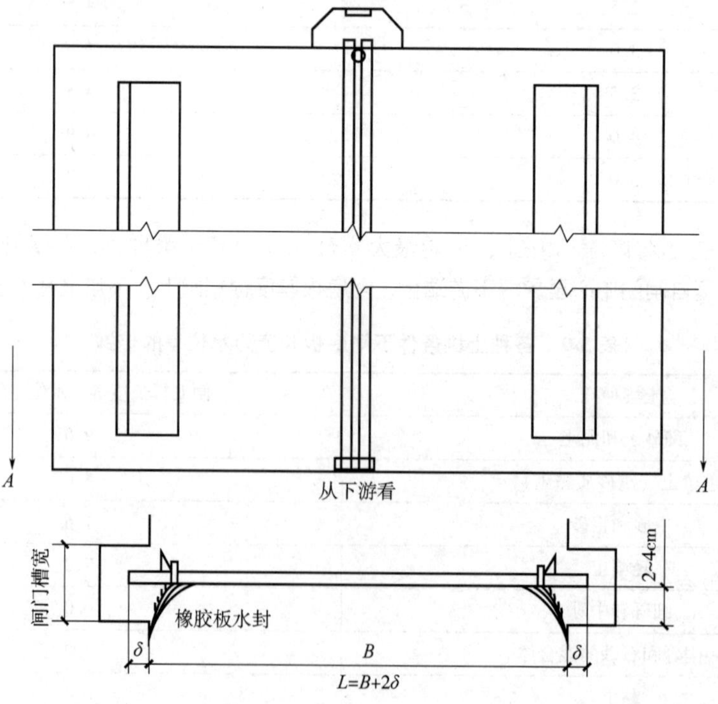

图 3-62　整体木闸门的结构

B：闸门宽。

δ：闸门板厚度，根据上、下游水位差及闸孔宽度，查表可得闸板厚度。

L：闸门宽 $L = B + 2\delta$。

$$闸槽深度 = \delta + 4 \ (cm)$$

$$闸槽宽度 = \delta + 2 \times 3 \ (cm)$$

叠梁闸板使用起来比较简便，蓄水或泄水时，只需将闸板一块块地放在闸槽内或卸下即可，较长的叠梁板设有吊环，环的高度为 4～6cm，环宽为 8～12cm，每块闸板下面设凹槽以便于扣藏下面闸板的吊环。闸板高度一般为 10～30cm。

【高手必懂】小型水闸的施工

一、施工程序

一般水闸工程施工程序如下：导流工程→基坑开挖→基础处理→混凝土工程→砌石工程→回填土工程→闸门与启闭机的安装→围堰或坝埂的拆除。

二、施工要点

1. 基坑保护

基坑开挖后，如果不能立即进行底板混凝土浇筑或建造海漫等砌石工程，应在挖至接近计划高程面时留 0.2～0.3mm 的保留层，待浇筑混凝土或砌石工程开始之前再挖除。如计划土面以上有砂石垫层者，为使基土暴露时间尽量缩短，避免水分蒸发、冰冻或土壤被扰动变形，应在保留层挖去后立即铺好并随即进行下一轮工序。

可在基坑外缘开挖截水沟，将水引至附近河道中以防止地面雨水流入基坑内。其断面大小可根据当地降水量资料进行估算。如基坑处于砂土层中，则截水沟应开挖在上部黏性土壤的覆盖层上，但不可开挖太深，以免截水沟嵌入砂土层后，沟中的雨水大部分渗入下层，增加边坡内的渗水压力，易导致边坡坍陷。如地面无覆盖层，则在砂层中挖沟后，应从别处取土在沟中做防渗层，防渗层用壤土或黏土铺筑。

2. 流沙处理

流沙是指位于细沙层或粉沙层中的基坑，当挖至一定深度后，由于基坑的排水措施使原地下水位与坑内水位之间有相对高差，从而造成地下水渗透压力差，当压力差达到一定程度后，砂层就会出现流动的现象。产生流沙时，如基坑尚未到达计划深度，则必会造成进一步开挖的困难。如基坑已挖至计划高程，则可能首先出现坡脚的坍陷，随即是边坡滑动，造成坑内流沙充塞，使下一工序的施工发生困难，甚至无法进行。因此，一般采用滤水拦砂的表面排水法或用预先降低地下水位的井点排水法，以避免流沙的产生。

3. 人工垫层的施工

软基的处理方法甚多，中小型水闸用人工垫层是较好的方法之一，垫层土料可用砂壤土或壤土等黏性土，也有一些工程用较纯的黏土，视当地能取得的合适土料而定。黏性土垫层的施工要点：所用土料应比较纯净，不允许含有贝壳、植物根茎等易碎、易腐物质；黏性土垫层的施工是根据设计计算所定出的厚度和干重度而进行的，关键问题是将垫层压实到设计干重度；黏性土压实的施工方法是控制“最优含水量”，此方法在土坝及土堤等填方工程中经验很多，垫层的施工一般可以参照进行；土料进入基坑后必须当天或在雨前、冻前全部夯实完毕。

4. 水闸各部位施工中对混凝土的要求

水闸各部位的尺寸不同，有厚有薄，布置的钢筋也有疏有密。因此，在浇捣混凝土时，因各部位的工作条件不同，其所采用的振捣方法、混凝土的坍落度以及所用石子的最大粒径等也应不同。

5. 平底板及消力池等施工

水闸平底板一般依沉陷缝分成许多浇筑块，每一浇筑块的厚度不大但面积往往较大，在运输混凝土入仓时必须在仓面上搭设纵横交错的脚手架。搭脚手架时，先在浇筑块的模板范围内竖立混凝土柱，柱顶高程应略低于闸底板的表面，在混凝土柱顶上设立短木柱、斜撑、横梁等以组成脚手架。当底板浇筑接近完成时可将脚手架拆除，并立即将表面混凝土抹平，这样混凝土柱便埋入浇筑块之内成为底板的一部分。消力池及混凝土防渗铺盖的浇筑准备工作、脚手布置及浇筑方法，大致与底板相同，可参照进行。

6. 闸墩立模与混凝土浇筑

为了节省人工、材料以及方便施工，当水闸为三孔一块整体底板时，中孔间不予支撑。立模时，先立闸墩两侧的平面模板，然后立两端的圆头模板。在闸底板上架立第一层模板时，必须保持上口水平，如上口有倾斜不平时，应将模板下口与闸底板接触部分砍削一些或垫上木条，而后即可按层上升。第一闸墩的两侧模板固定后，为避免整套闸墩模板歪斜变形，闸墩与闸墩之间还需用对拉撑木将模板支撑住。在双孔底板的闸墩上为方便在一块底板上三个闸墩的混凝土可以同时浇筑，宜将两孔同时支撑。

浇筑闸墩混凝土时，必须保护每块底板上各闸墩的混凝土均衡上升。在运送混凝土入仓时，应很好地组织运料小车，使在同一时间内运到同一底板上各闸墩的混凝土量大致相同。在仓内设置导管，可每隔2～3m的间距设置一组，导管下端离浇筑面的距离应在1.5m以内，以防止流态混凝土自8～10m高度下落时产生离析现象。小型水闸常用平面闸门，因此，在闸墩立模浇筑时必须留出铅直的门槽位置，在门槽部位的混凝土中埋有导轨等铁件。

7. 吊装施工要点

起重设备：小型水闸工程中较多采用动臂扒杆作为主要的起重设备。其构造简单，动作灵活，易于加工自制，是一种比较灵便、易于推广的起重装置。

构件拖运：场内运输方案必须经仔细研究确定。一般可布置轻便铁道，用平车运输，也可采用普通道路汽车拖运的方案，在装车处可另设较小的动臂扒杆进行提升。

吊装绑扎方法：构件的吊点位置及个数应通过计算确定。一般在吊点上可预埋吊环，吊环在混凝土中锚固长度不应小于吊环钢材直径的30倍。

8. 黏土防渗铺盖施工

铺筑前必须首先进行清基，将地基范围内的草皮树根清除干净，凡地基上的试坑、洞穴、水井、泉眼等均应采取措施堵塞填平。防渗铺盖的填筑与一般黏性土的压实方法相同，要求控制土料的含水量接近于最优含水量，每坯铺土厚度为20～30cm，按压实试验所规定的碾压遍数或夯实遍数进行压实。铺盖填筑完成后，为防止晒裂或冰冻，在做砌石或混凝土防冲防面以前应尽快将砾石垫层及黄砂保护层做好。

铺盖主要是防渗，故一般不宜留垂直的施工缝，应分层施工，不应分片施工。如无法避免施工接缝时，应做斜坡接头，不得做垂直接头，铺盖与底板接合处为防渗的薄弱环节，应根据设计要求加厚铺盖并做好止水设备。

9. 回填土施工

水闸混凝土及砌石工程告一段落，应在两侧岸、翼墙之后还土填实。还土土料需较纯净，无腐殖性的物质及碎砖、树根等杂物，土质宜为砂土或砂壤土，黏土或含黏土的土料均不宜做回填之用。

第三节 动态水景工程

【高手必懂】溪流的设计

一、溪流的形态

自然界中的溪流多是在瀑布或涌泉下游形成，上通水源，下达水体。溪岸高低错落，流水晶莹剔透，且多有散石净沙，绿草翠树。溪流的一般模式如图3-63所示，从图中可以看出：

1）小溪呈狭长形带状，曲折流动，水面有宽窄变化。

2）溪中常分布沙心滩、沙漫滩，岸边和水中有岩石、汀步、桥等。

3）岸边有可近可远的自由小径。

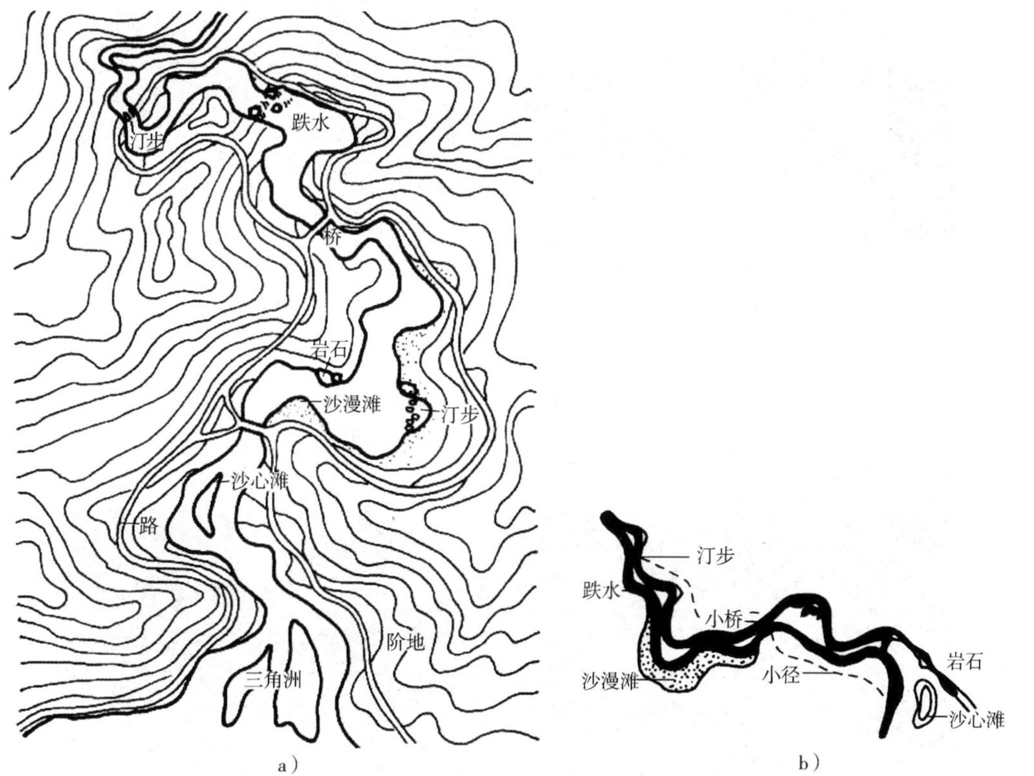

图3-63 小溪的模式图

二、溪流的分类

1. 按溪水深浅度分类

按溪水深浅度分类如图 3-64，图 3-65 所示。

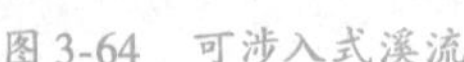

图 3-64　可涉入式溪流

图 3-65　不可涉入式溪流

2. 根据溪流的形式分类

自然式溪流模仿天然溪流，自然曲折，有强烈的宽窄对比。溪水中设置汀步、滩地、石头等，周围以植物环绕。随流水走向布置若隐若现的小路，意在营造自然野趣，如图 3-66 所示。

规则式溪流采用渠道形式，用砖石或混凝土造型装饰，多用于风格严整的环境设计中，例如规则式庭院、铺装街道、广场等处，或者成为环境艺术造型的一种手段，如图 3-67 所示。

图 3-66　自然式溪流

图 3-67　规则式溪流

3. 从园林角度分类

石溪为在水中或水旁设置大小形态各异的石块，以此作为主要景观，如图 3-68 所示。

文化溪将溪流的营造与文化紧密结合，追忆古代的诗情画意与歌颂新时代、新生活的文化内涵，如图 3-69 所示。

图 3-68　石溪

图 3-69　文化溪

生态溪：将生态技术与施工工艺相结合，更好地发挥景观及生态功效。

花溪

花溪以某种开花植物为主，根据设计者的立意，表达丰富多姿的季相之美。一般以植物来命名，如图 3-70 所示。

图 3-70 太子湾樱花溪

草溪

草溪如图 3-71 所示。

生物溪

生物溪即在溪水中饲养一些水禽动物，种植一些吸引飞虫鸟儿的植物，增加溪流的生命力，如图 3-72 所示。

图 3-71 草溪

图 3-72 生物溪

三、河道曲折蜿蜒的原因

迂回曲折的河道是由二次流所引起的。在河道上，一个原来较为平缓的拐弯处垂直于水流产生了一个二次流，它使河流上部边缘的水流到下部边缘，然后流到下部中央，又沿中央向上，最后回到上部边缘。二次流将河床弯道外的河岸泥土砂石往下冲刷，然后又将它们带回到河床弯道内河岸略靠下游的地方，在那里沉积下来，即使小河原来较为平直，但只要有微小的拐向，它就会很快地加剧沉积，形成蜿蜒曲折的河道。因此，设计蜿蜒曲折的小溪，不仅是美的需要，也合乎自然之理。

四、小溪的布置要点

1）溪流的形态应根据环境条件、水量、流速、水深、水面宽度和所用材料进行合理的设计。其布置讲究师法自然，宽窄曲直对比强烈，空间分隔开合有序。平面上要求蜿蜒曲折，立面上要求有缓有陡，整个带状游览空间层次分明，组合有致，富于节奏感。如广州兰圃小溪，如图 3-73 所示。

2）溪流的坡度应根据地理条件及排水要求而定。普通溪流的坡度宜为 0.5%，急流处为 3% 左右，缓流处不超过 1%。溪流宽度宜在 1～3m，可通过溪流的宽窄变化控制流速和流水形态，如图 3-74 所示。溪流水深一般为 0.3～1m 左右，分为可涉入式和不可涉入式两种。可涉入式溪流的水深应小于 0.3m，以免儿童溺水，同时水底应做防滑处理。可供儿童嬉水的溪流应安装水循环和过滤装置。不可涉入式溪流水深超过0.4m时，应在溪流边采取防护措施（如石栏、木栏、矮墙等）。同时，宜种养适应当地气候条件的水生动植物，增强观赏性和趣味性。

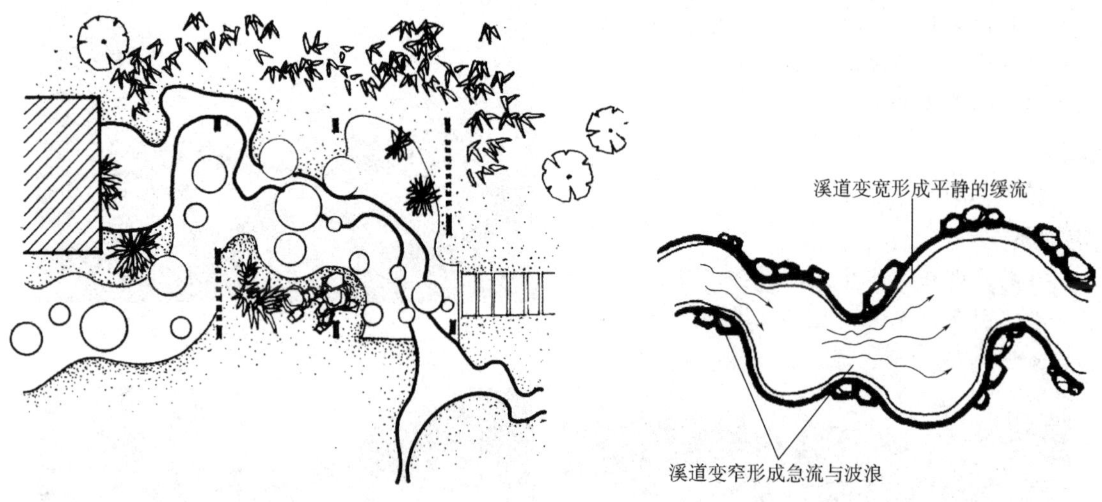

图3-73　广州兰圃小溪

图3-74　溪道的宽窄变化对水流形态的影响

3）溪流的布置离不开石景，在溪流中配以山石可充分展现其自然风格，石景在溪流中的布置及景观效果见表3-11。

表3-11　溪流中石景的布置及景观效果

名称	景观效果	应用部位
主景石	形成视线焦点，起到对景作用，点题，说明溪流名称及内涵	溪流的道尾或转向处
跌水石	形成局部小落差和细流声响	铺在局部水线变化位置
溅水石	使水产生分流和飞溅	用于坡度较大、水面较宽的溪流
劈水石	使水产生分流和波动	不规则布置在溪流中间
垫脚石	具有力度感和稳定感	用于支撑大石块
抱水石	调节水速和水流方向，形成隘口	溪流宽度变窄及转向处
河床石	观赏石材的自然造型和纹理	设在水面下
踏步石	装点水面，方便步行	横贯溪流，自然布置
铺底石	美化水底，种植苔藻	多采用卵石、砾石、水刷石、瓷砖铺在基底上

在溪流设计中，通过在溪道中散点山石可创造水的各种流态及声响，如图3-75所示。同时，可利用溪底的平坦和凹凸不平产生不同的景观效果，如图3-76所示。

图3-75　利用水中置石创造不同流态及声响

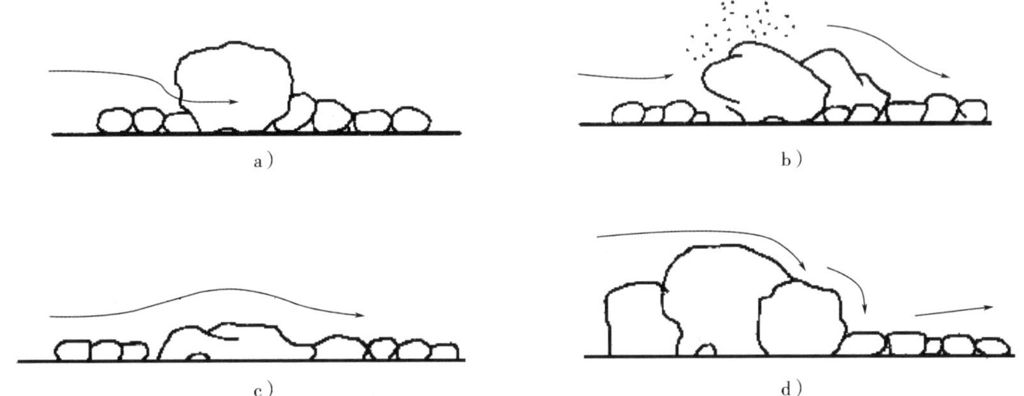

图 3-76　溪底粗糙程度不同对水面波纹的影响

a）劈水石分流水面，可渲染上游水的气氛

b）溅水石能产生水花，或形成小漩涡，可丰富活跃水面姿态

c）溪底隆起块石，增加水面的起伏变化

d）跌水石使水跌落，水声跌宕

五、小溪结构

1）小溪结构的做法主要由溪流所在地的气候、土壤基址情况、溪流水深、流速等情况决定，溪流剖面结构如图 3-77、图 3-78 所示。

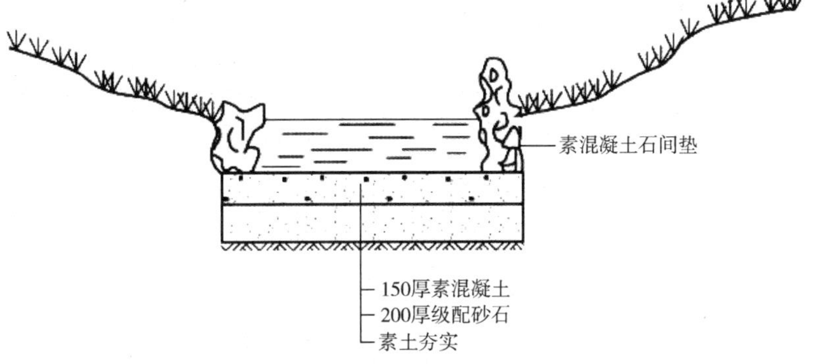

图 3-77　自然山石草护坡小溪结构图

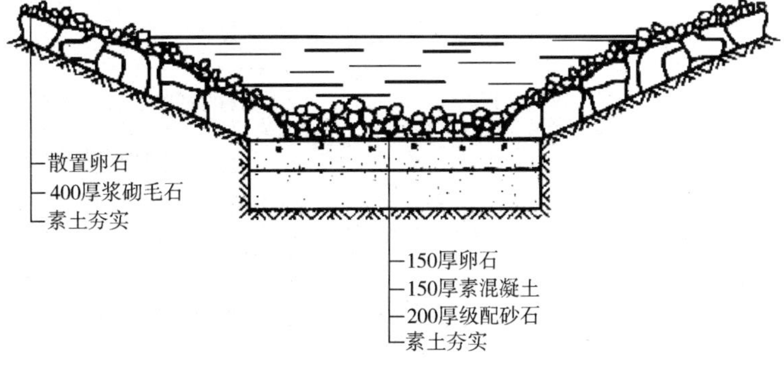

图 3-78　卵石护坡小溪结构图

2）溪流的平面形态应根据环境条件、水量、流速、水深、水面宽度和所用材料进行合理的设计，注意曲折、宽窄的变化。在溪流设计中，对弯道的弯曲半径有一定的要求，当迎水面有铺设时，$R>2.5a$；当迎水面无铺设时，$R>5a$，如图3-79所示。

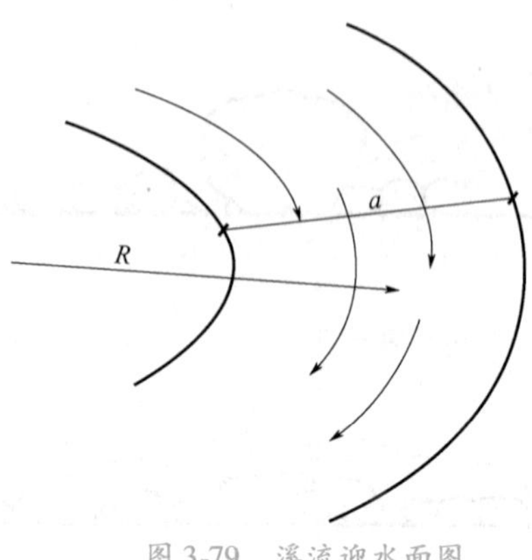

图3-79　溪流迎水面图

【高手必懂】溪流的施工

一、溪流的施工工艺流程

溪流的施工工艺流程如图3-80所示。

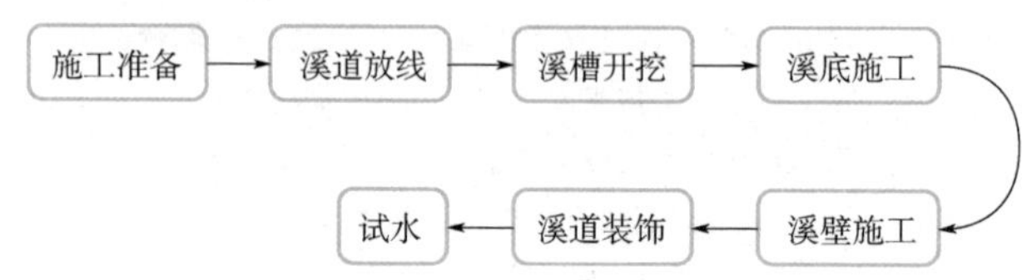

图3-80　溪流的施工工艺流程

二、溪流的施工工艺步骤

溪流的施工工艺步骤具体内容如图3-81所示。

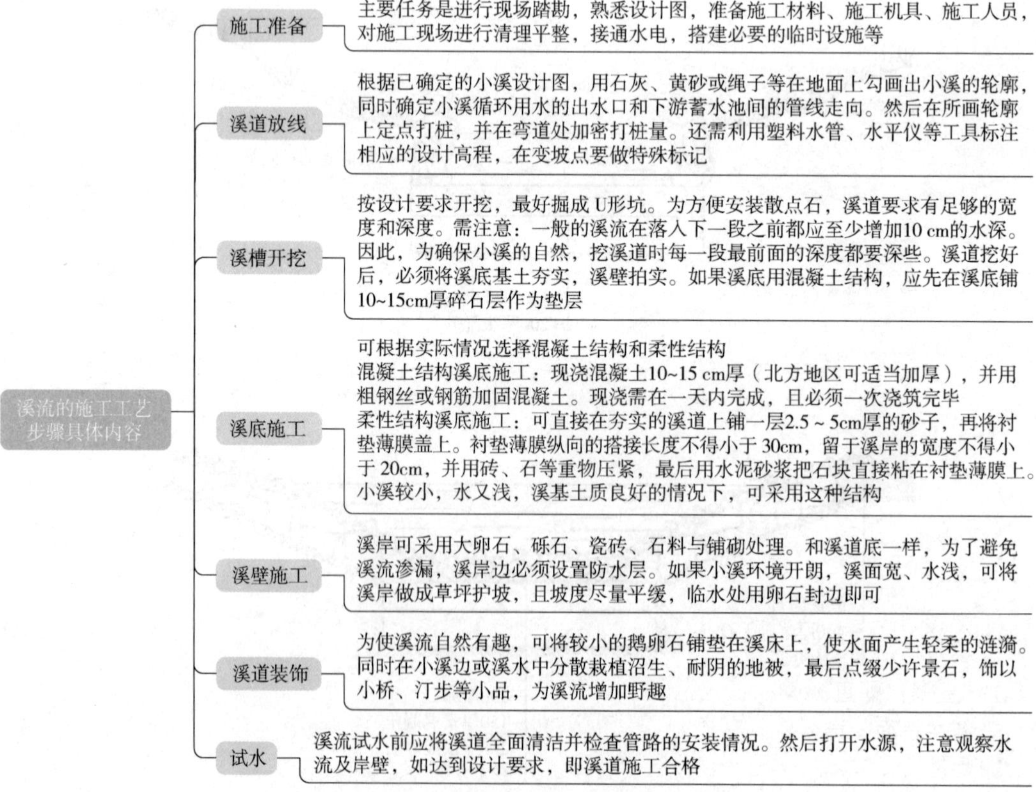

图3-81　溪流的施工工艺步骤具体内容

【高手必懂】瀑布的构成与形式

一、瀑布的构成

瀑布是一种自然现象，是河床形成陡坎，水从陡坎处滚落下跌时形成的或优美动人或奔腾咆哮的景观，由于遥望下垂如布，故称瀑布。

瀑布一般由背景、上游积聚的水源、落水口、瀑身、承水潭及下流的溪水组成。其模式如图 3-82 所示。人工瀑布常以山体上的山石、树木组成浓郁的背景，上游积聚的水（或水泵动力提水）漫至落水口。落水口也称瀑布口，其形状和光滑程度影响到瀑布水态，其水流量是瀑布设计的关键。瀑身是观赏的主体，落水后形成深潭经小溪流出。

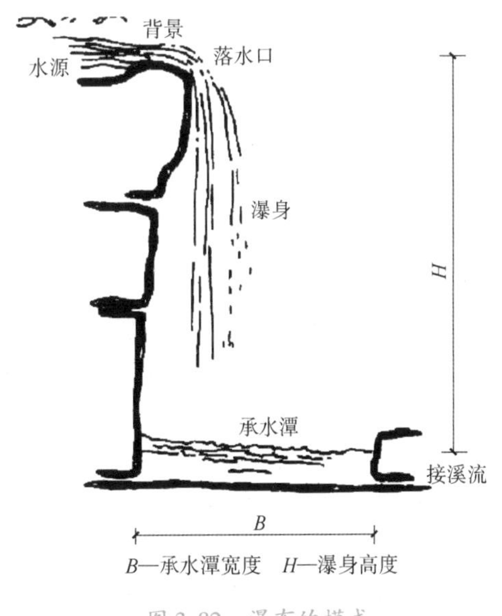

图 3-82 瀑布的模式

二、瀑布的形式

瀑布的形式比较多，按不同的分类方式可分为不同的类型，具体分类如图 3-83 所示。

图 3-83 瀑布的形式

1. 按瀑布跌落方式分类

按瀑布跌落方式分为直瀑、分瀑、跌瀑和滑瀑 4 种。

1）直瀑：即直落瀑布。这种瀑布的水流是不间断地从高处直接落入其下的池、潭水面或石面。若落在石面，就会产生飞溅的水花四散洒落。直瀑的落水能够造成声响，可为园林景观增添动态水声。

2）分瀑：实际上是瀑布的分流形式，因此又叫分流瀑布。它是由一道瀑布在跌落过程中受到中间物阻挡一分为二，再分成两道水流继续跌落。这种瀑布的水声效果也比较好。

3）跌瀑：也称跌落瀑布，是由很高的瀑布分为几跌，一跌一跌地向下落。跌瀑适宜布置在比较高的陡坡坡地，其水形变化较直瀑、分瀑都大一些，水景效果的变化也多一些，但水声要稍弱一点。

4）滑瀑：就是滑落瀑布。其水流顺着一个很陡的倾斜坡面向下滑落。斜坡表面所使用的材料质地决定着滑瀑的水景形象。斜坡是光滑表面，则滑瀑如一层薄薄的透明纸，在阳光照射下显示出湿润感和水光的闪耀。斜坡若是凸起点（或凹陷点）密布的表面，水层在滑落过程中就会激起许多水花，当阳光照射时，就像一面镶满银色珍珠的挂毯。斜坡面上的凸起点（或凹陷点）若做成有规律排列的图形纹样，则所激起的水花也可以形成相应的图形纹样。

2. 按瀑布口的设计形式分类

按瀑布口的设计形式分为布瀑、带瀑和线瀑 3 种。

1）布瀑：瀑布的水像一片又宽又平的布一样飞落而下。瀑布口的形状设计为一条水平直线。

2）带瀑：从瀑布口落下的水流，组成一排水带整齐地落下。瀑布口设计为宽齿状，齿排列为直线，齿间的间距全部相等。齿间的小水口宽窄一致，相互都在一条水平线上。

3）线瀑：排线状的瀑布水流如同垂落的丝帘，这是线瀑的水景特色。线瀑的瀑布口形状，是设计为尖齿状的。尖齿排列成一条直线，齿间的小水口呈尖底状。从一排尖底状小水口上落下的水流，即呈细线形。随着瀑布水量增大，水线会随之变粗。

【高手必懂】瀑布的设计

一、瀑布落水的基本形式

瀑布落水形式十分丰富，其基本形式如图 3-84 所示。

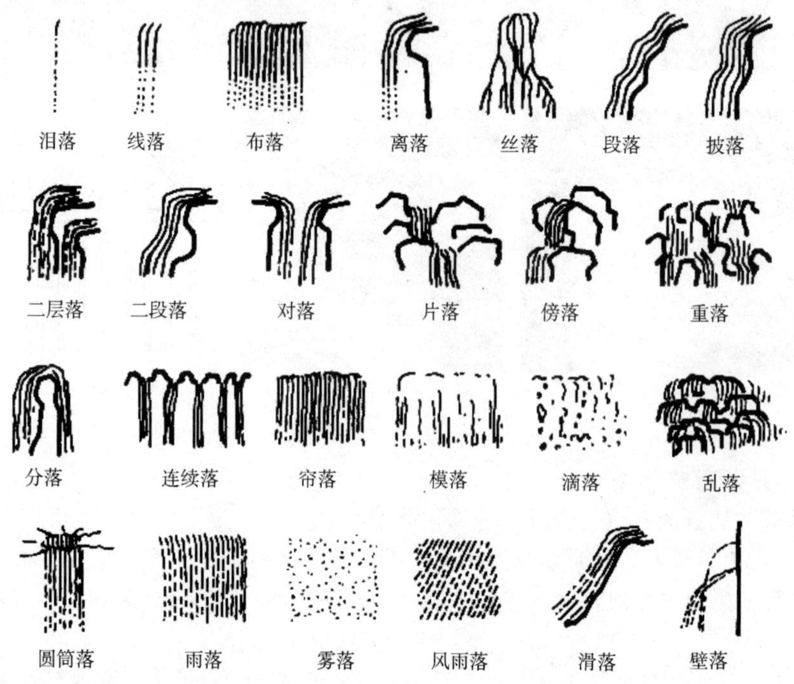

图 3-84 瀑布落水的基本形式

二、瀑布的供水方式

瀑布的设计必须保证能够获得足够的水源供给，瀑布的供水方式有 3 种：

1）利用天然地形的水位差，这种水源要求建园范围内有泉水、溪、河道。

2）直接利用城市自来水，用后排走，但投资成本高。

3）水泵循环供水，是较经济的一种给水方法。绝大多数人工瀑布都采用这种供水方式。

绝大多数小型瀑布则在承水潭内设置潜水泵循环供水。瀑布用水要求较高的水质，一般都应配置净水装置来净化水体，如图 3-85 所示。

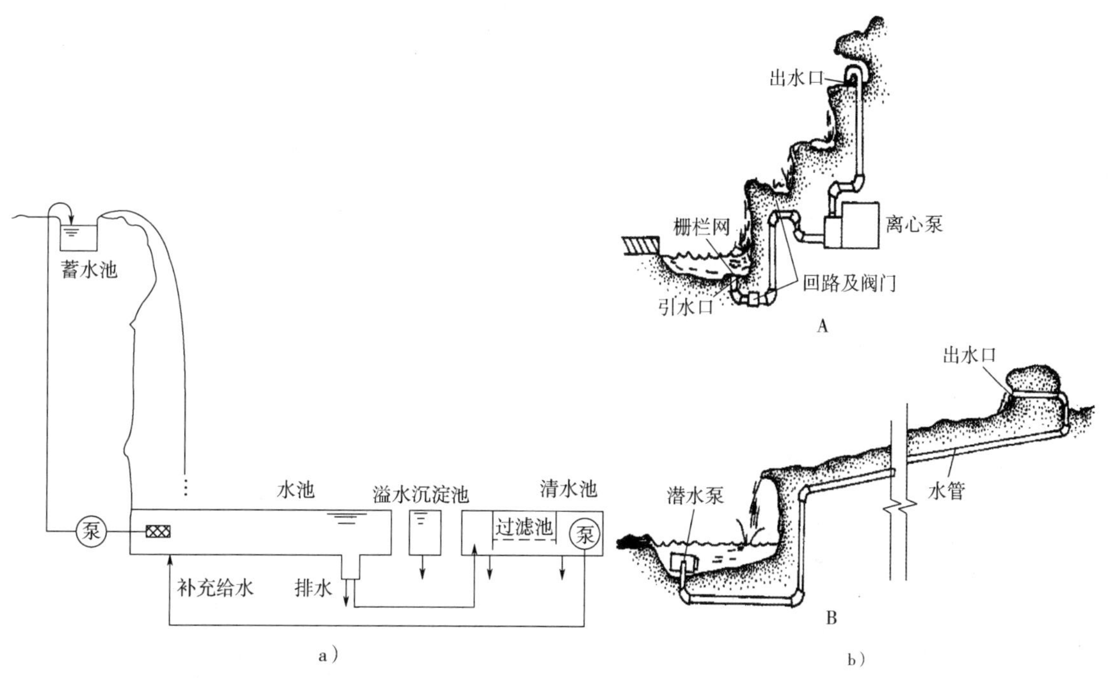

图 3-85 瀑布循环供水及净水装置示意图

三、瀑布的布置要点

1）必须有足够的水源。利用天然地形形成水位差，疏通水源，创造瀑布水景，或接通城市水管网用水泵循环供水来满足。

2）瀑布的位置和造型应结合瀑布的形式、周边环境、创造意境及气氛综合考虑，选好合宜的视距。

3）瀑布应着重表现水的姿态、水声、水光，以水体的动态取得与环境的对比。

4）水池平面轮廓多采用折线形式，便于与池中分布的瀑布池台协调。池壁高度宜小，最好采用沉床式或直接将水池置于低地中，有利于形成观赏瀑布的良好视距。

5）为保证瀑身的效果，要求瀑布口平滑，可采用青铜或不锈钢制作。此外，增加缓冲池的水深，另在出水管处加挡水板。

6）为防水花四溅，承水潭宽度应大于瀑布高度的 2/3。

7）瀑布池台应有高低、长短、宽窄的变化，参差错落，使硬质景观和落水均有一种韵律的变化。

8）应考虑游人近水、戏水的需要。为使水池、瀑布成为诱人的游乐场所，池中应设置汀步。

四、瀑布营建

1. 用水量计算

人工建造瀑布，其用水量较大，因此多采用水泵循环供水。其用水量标准可参阅表 3-12。

根据经验，高 2m 的瀑布，每米宽流量为 0.5m^3/min 较适宜。

表 3-12　瀑布用水量估算（每 m 用水量）

瀑布的落水高度/m	堰顶水深/mm	用水量/(L/s)
0.30	6	3
0.90	9	4
1.50	13	5
2.10	16	6
3.00	19	7
4.50	22	8
7.50	25	10

2. 顶部蓄水池的设计

蓄水池的容积要根据瀑布的流量来确定，要形成较壮观的景象，就要求其容积大；相反，如果要求瀑布薄如轻纱，蓄水池就没有必要太深、太大。图 3-86 为蓄水池结构。

3. 堰口处理

堰口是使瀑布的水流改变方向的山石部位。其出水口应模仿自然，并以树木及岩石加以隐蔽或装饰，当瀑布的水膜很薄时，不仅可以节约用水，而且能表现出各种引人注目的水态。如果堰顶水流厚度只有 6mm，而堰顶为混凝土或天然石材时，由于施工很难达到非常平的水平，因而容易造成瀑身不完整，这在建造整形水幕时，尤为重要。此时可以采用以下办法：

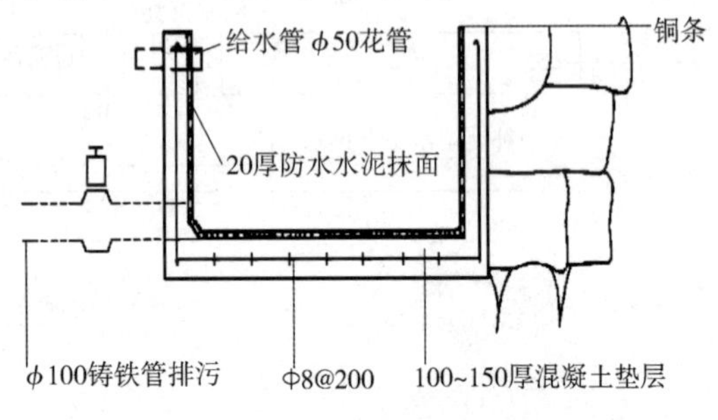

图 3-86　蓄水池结构

1）用青铜或不锈钢制成堰唇，以保证落水口的平整、光滑。

2）增加堰顶蓄水池的水深，以形成较为壮观的瀑布。

3）堰顶蓄水池可采用花管供水，或在出水管口处设挡水板，以降低流速。一般应使流速不超过 0.9～1.2m/s 为宜，以消除紊流。

4. 瀑身设计

瀑布水幕的形态也就是瀑身，它是由堰口及堰口以下山石的堆叠形式确定的。堰口处的山石虽然在一个水平面上，但水际线地伸出、缩进可以使瀑布形成的景观有层次感。若堰口以下的山石在水平方向上突出较多，可形成两重或多重瀑布，这样使得瀑布更加活泼而有节奏感。在城市景观构造中，注重瀑身的变化，可创造多姿多彩的水态。瀑布的水态是很丰富的，设计时应根据瀑布所在环境的具体情况、空间气氛，来设计瀑布的性格。

瀑布不同的落水形式，如图 3-87 所示。

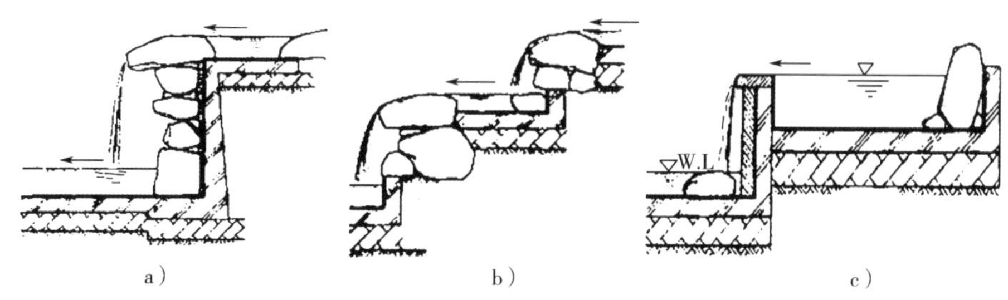

图 3-87 瀑布落水的形式

a）远离落水 b）两段落水 c）连续落水

瀑身设计是表现瀑布的各种水态的性格。在城市景观构造中，注重瀑身的变化，可创造多姿多彩的水态。天热瀑布的水态是很丰富的，设计时应根据瀑布所在环境的具体情况、空间气氛，确定设计瀑布的性格。设计师应根据环境需要灵活运用。

5. 潭

天然瀑布落水口下面多为一个深潭。在瀑布设计时，也应在落水口下面做一个承水潭。一般的经验是使承水潭的宽度不小于瀑身高度的2/3，以防止落水时水花四溅。

6. 与音响、灯光的结合

为产生如波涛翻滚的意境，可利用音响效果渲染气氛，增加水声。也可以把彩灯安装在瀑布的对面，晚上就可以呈现出彩色瀑布的奇异景观。

【高手必懂】瀑布的施工

在较小的园林空间中，一条长而宽的水流可能会制造太多的噪声，同时与所处的环境也不协调。因此需建造两三级小瀑布，如图3-88、图3-89 所示，每级瀑布跌落30～50cm为宜。为了增加观赏效果，可以使瀑布弯曲，并将水源掩藏在岩石之下。

图 3-88 三级小瀑布效果图

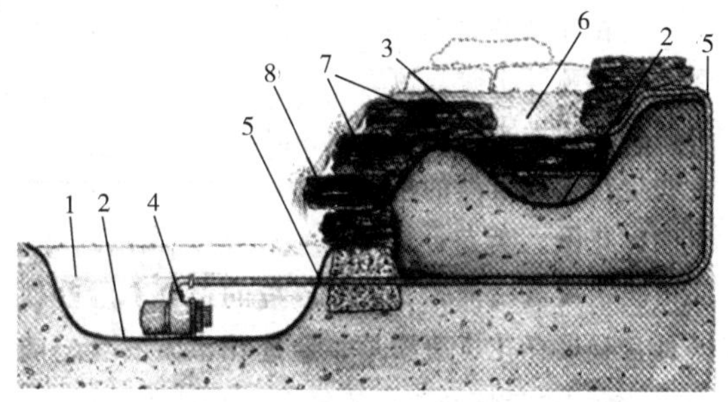

图 3-89 三级小瀑布剖面图

1—池塘 2—薄膜 3—陶土 4—潜水泵 5—水管 6—蓄水池 7—天然石 8—基础

1. 施工程序

施工程序如图 3-90 所示。

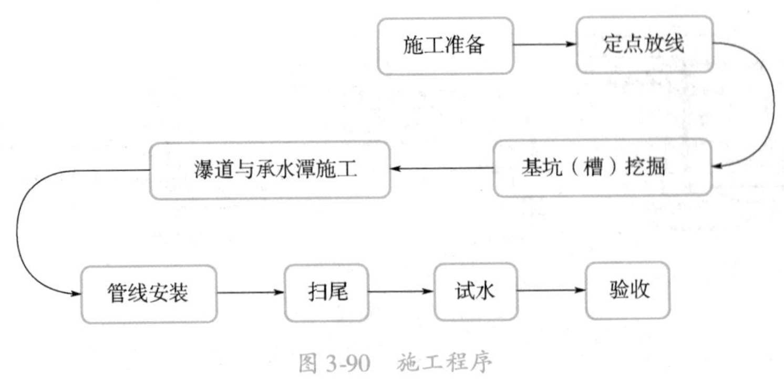

图 3-90　施工程序

2. 瀑布营造过程

瀑布营造过程见表 3-13。

表 3-13　瀑布营造过程

步骤	内容
测落差定位置	在瀑布的顶端放置一块木板，然后将木工水平仪的一端放置在木板上，使其水平位于水池出水口上方，并测量水的垂直落差。根据测量好的瀑布垂直落差，在确定瀑布级数之后，就可推算出每一级瀑布的落差，并在地上用绳子作好记号，以表示每级瀑布落水的位置
挖掘水道水池	开一条水道，并在其前端垂直下挖。确保水池在各个方向均保持水平状态，并为要固定池壁的石块预留好相应的高度和宽度。应注意经常检查水池是否水平
计算衬垫大小	测量水池最宽处和最长处的尺寸，以便计算衬垫的大小。保证衬垫足够大，使池底、池顶和池壁的衬垫各有 60cm 的重叠部分
铺设衬底衬垫	将衬垫放入已挖好的水池中，在水池的进水口处和池壁留出衬垫的余量。衬垫在转角处应顺着水流方向折叠，并用灰浆将瀑布垫层黏合在水池垫层上面。 注意两点：一是如遇不规则表面如石头表面，在铺设衬垫之前，需要先将一层纤维衬底铺在底下；二是在给瀑布加衬垫前，先用夯实的素土或混凝土支撑和固定大石块，并将石块部分嵌入土中，使它们显得年代久远
铺砌安装石块	从池底开始铺设石块，将石块铺在 60mm 厚的灰浆上，并用灰浆固定上下重叠的石块。将溢出石摆好，仔细检查其是否已经水平。在合适的地方，用灰浆将剩下的石块固定好，并用鹅卵石覆盖暴露在外的灰浆。注意要将溢出石头向前伸出，超出其下的基石 3～5cm，以防止水沿着石壁回流
覆膜养护调试	抹去石块上的灰浆，并在石块上轻轻地喷水，然后用黑色塑料薄膜覆盖住，经过 3～5 天让灰浆凝固。开启水池中的水泵，将水通过水管送到瀑布顶端，调节水流大小以达到预期设计效果

3. 管线安装要点

瀑布工程中的管线均应是隐蔽的，施工时要对管道、管件的质量进行严格检查，并严格按照有关施工操作规程进行施工。

1）各种供货应有出厂质保书，并按照设计要求和质量标准采购、加工，质量必须合格。铸铁管道和管件不得有砂眼和裂缝，管壁厚薄要均匀。使用前再用观察、灌水或外壁冲水方法逐根检查。

2）钢管焊接连接应根据钢管的壁厚在对口处留一定的间隙，并按规范规定破口，不得有未焊透现象。镀锌钢管严禁焊接，配件不得用非镀锌管件代替。

3）管道安装前清除管内杂物，以防堵塞。预埋的管道务必做好管口封堵。

4）穿越构筑物的管线必须采取相应的止水措施。

4. 施工中应注意的问题

瀑布中整个水流路线易出现渗漏，因此必须做好防渗漏处理。施工中凡瀑布流经的岩石缝隙应封严堵死，防止泥土冲刷至承水潭中，以保证结构安全和瀑布的景观效果。瀑布落水口如处理马虎会影响瀑布的景观效果。施工中要求堰口水平光滑。无论自然式瀑布还是规则式瀑布，均应采取适当措施控制堰顶蓄水池供水管的水流速度。如在出水管口处加设挡水板或增加蓄水池深度等，以减少上游紊流对瀑身形态的干扰。

5. 成品保护与日常养护管理

1）施工时，应注意妥善保护定位桩、轴线桩，防止碰撞位移，并经常复测。

2）基坑的直立壁和边坡在开挖后应有加固措施，避免塌陷。

3）当浇筑混凝土的承水潭强度达到 1.2MPa 以后，再在其上进行上部施工。

4）破损的防水层材料应该及时更换。

5）混凝土浇筑的承水潭在养护时，应保持湿润环境14 天，防止混凝土表面因水分散失而产生干缩裂缝，减少混凝土的收缩量。

6）清污，保持瀑布用水具有较高的水质。

7）夜间施工时应配备足够的照明设施，防止基坑瀑道等错挖、超挖。冬期施工混凝土表面应覆盖保温材料，防止受冻。

【高手必懂】跌水的设计

一、跌水的特点

跌水本质上是瀑布的变化，它强调一种规律性的阶梯落水形式。跌水的外形就像一道楼梯，台阶有高有低，层次有多有少，并且构筑物的形式有规则式、自然式及其他形式，因此产生了形式不同、水量不同、水声各异的丰富多彩的跌水景观。

二、跌水的形式

跌水的形式有多种，就其跌落时的水态可分为多种形式如下：

1. 单级跌水

溪流下落时，如果无阶状落差，即为单级跌水（一级跌水）。单级跌水由进水口、胸墙、消力池及下游溪流组成。

进水口是水源的出口，应通过某些工程手段使进水口自然化。胸墙也称跌水墙，它能影响到水态、水声和水韵。胸墙要坚固、自然。消力池底要有一定厚度，一般认为，当流量达到 $2m^3/s$，墙高大于 2m 时，底厚应达到 50cm。跌水对消力池长度也有一定要求，其长度应为跌水高度的 1.4 倍。连接消力池的溪流应根据环境条件设计。

2. 二级跌水

二级跌水即溪流下落时，具有两阶落差的跌水。通常上级落差小于下级落差。二级跌水的水流量较单级跌水小，因此，下级消力池底厚度可适当减少。

3. 多级跌水

多级跌水即溪流下落时，具有 3 阶以上落差的跌水，如图 3-91 所示。多级跌水一般水流量较小，因而各级均可设置蓄水池。水池可为规则式，也可为自然式，视环境而定。为削弱上一级落水的冲击，水池内可点铺卵石。有时为了造景需要和渲染环境气氛，可配装彩灯，使整个水景景观盎然有趣。

4. 悬臂跌水

悬臂跌水的特点是其落水口的处理与瀑布落水口泄水石处理极为相似，它是将泄水石突出成悬臂状，使水能流至池中间，因而使落水更具魅力。

5. 陡坡跌水

陡坡跌水是以陡坡连接高、低渠道的开敞式过水构筑物。园林中多应用于上下水池的过渡，由于坡陡水流较急，需有稳固的基础。

图 3-91　多级跌水

【高手必懂】跌水的施工

1. 跌水的构筑方法

跌水的构筑方法与瀑布基本相同，只是它所使用的材料更加灵活多样，如砖块混凝土、天然石板等，如图 3-92 所示。

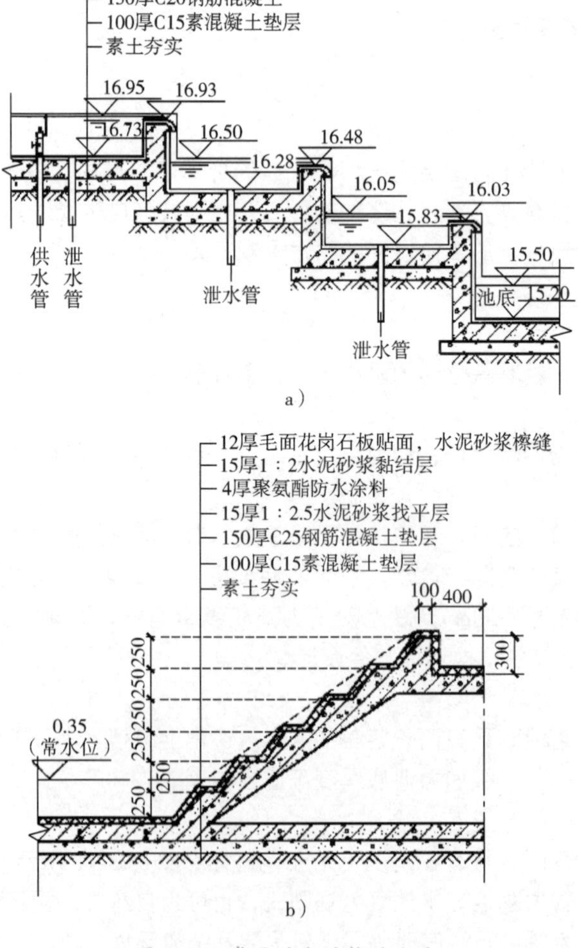

图 3-92　常见跌水的构筑方法

2. 跌水的施工要点

1）因地制宜，随形就势布置跌水，首先应分析地形条件，重点着眼于地势的高差变化、水源水量情况及周围景观空间等。

2）根据水量确定跌水形式，水量大，落差单一，可选择单级跌水；水量小，地形具有台阶状落差，可选多级式跌水。

3）利用环境，综合造景跌水应结合泉、溪涧、水池等其他水景综合考虑，并注意利用山石、树木、藤萝等隐蔽供水管和排水管，增加自然气息，丰富立面层次。

【高手必懂】喷泉

一、喷泉的结构

喷水又称喷泉。喷泉是一种自然现象，是承压水的地面露头。世界上著名的天然喷泉是格兰喷泉，它位于美国洛基山脉禁猎区海拔2000多米的高地上，能喷射出高达73m的水柱，景色十分壮观。我国西藏的羊八井镇和甘肃的宕昌县的间歇泉所喷射出的水柱和蒸汽，在青山蓝天的衬映下显得格外的明快绚丽，非常壮观。

喷泉主要是由喷水池、管道系统、喷头、阀门、水泵、灯光照明、电气设备等组成。图3-93、图3-94分别为典型喷泉的给水排水管道系统平面布置图和喷泉的灯光照明系统平面布置图。

二、喷泉的形式

喷泉喷水的形式多种多样，基本形式如图3-95所示，大中型喷泉通常是数种基本形式配合使用，共同构成丰富多彩的水态。

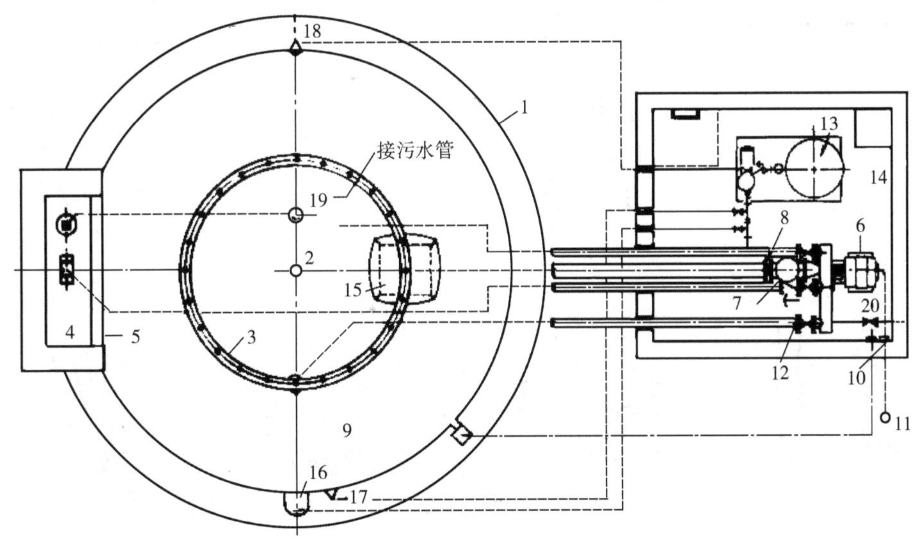

图3-93 典型喷泉的给水排水系统平面布置图

1—喷水池 2—加气喷头 3—环状管上的单射程喷头 4—高水池 5—堰 6—水泵 7—吸水滤网 8—吸水关闭阀 9—低水池 10—风控制盘 11—风传感器 12—平衡阀 13—过滤器 14—泵房 15—阻涡流板 16—除污器 17—真空管线 18—可调进水设备 19—溢水口 20—水位控制阀

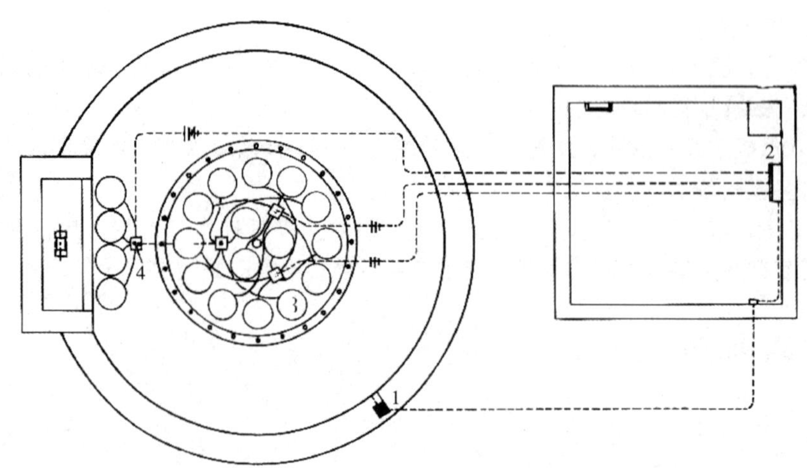

图 3-94　喷泉的灯光照明系统平面布置图

1—低电控制器　2—程序盘　3—水下灯　4—接线盒

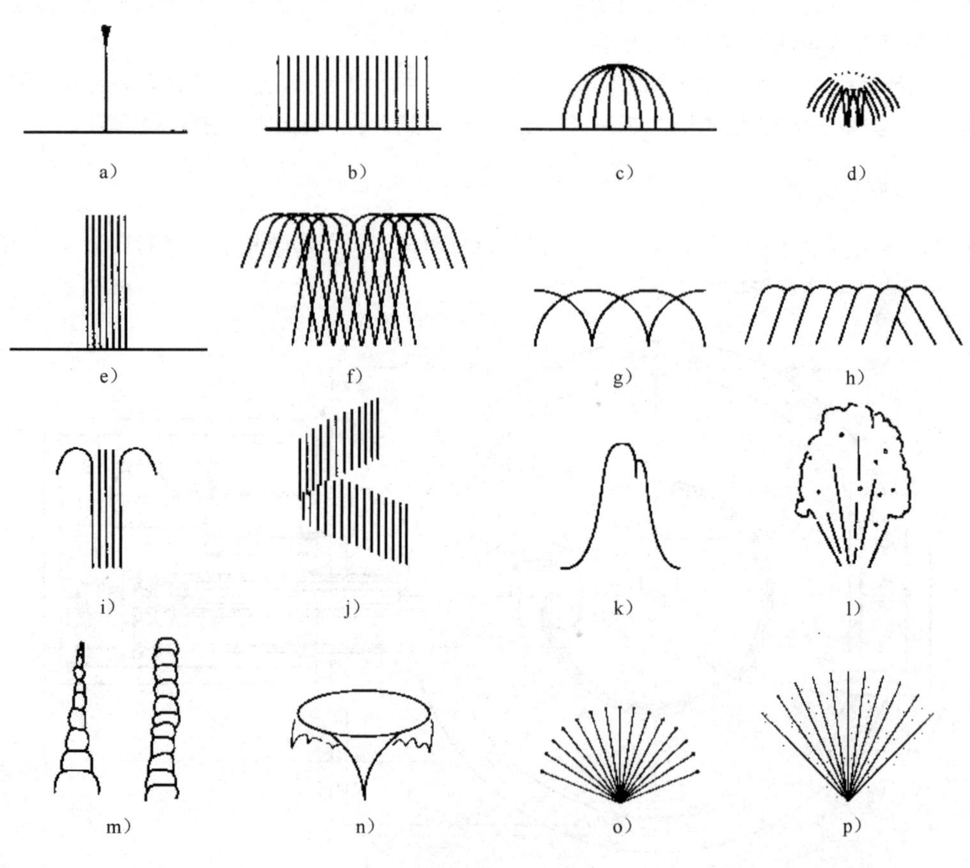

图 3-95　喷泉的形式

a）单射形　b）水幕形　c）拱顶形　d）向心形

e）圆柱形　f）纺织形　g）离色形　h）屋顶形

i）喇叭形　j）圆弧形　k）蘑菇形　l）吸力形

m）旋转形　n）牵牛花形　o）扇形　p）洒水形

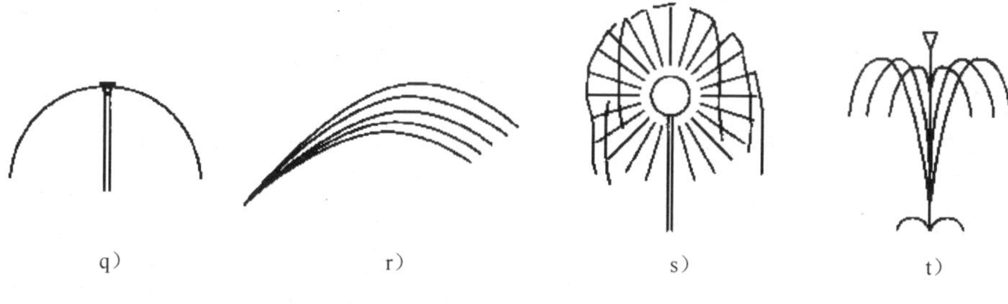

图 3-95 喷泉的形式（续）
q）半球形 r）孔雀形 s）蒲公英形 t）多径花形

三、喷泉景观

1. 喷泉的作用

1）喷泉可以为园林环境提供动态水景，丰富城市景观，这种水景一般都被作为园林的重要景点来使用。

2）喷泉对其一定范围内的环境质量还有改良作用。它能够增加局部环境中的空气湿度，并增加空气中负氧离子的浓度，减少空气尘埃，有利于改善环境质量，有益于人们的身心健康。

3）喷泉可以陶冶情怀，振奋精神，培养审美情趣。

2. 喷泉的布置形式

喷泉有很多种类和形式，如下：

普通装饰性喷泉

普通装饰性喷泉是由各种普通的水花图案组成的固定喷水型喷泉，如图 3-96 所示。

与雕塑结合的喷泉

与雕塑结合的喷泉是将喷泉的各种喷水花与雕塑、观赏柱等共同组成景观，如图 3-97 所示。

图 3-96 普通装饰性喷泉

图 3-97 与雕塑结合的喷泉

水雕塑喷泉

水雕塑喷泉用人工或机械塑造出各种大型水柱的姿态的喷泉，如图 3-98 所示。

自控喷泉

自控喷泉一般用各种电子技术，按设计程序来控制水、光、声、色，形成多变奇异的景观的喷泉，如图 3-99 所示。

图 3-98 水雕塑喷泉

图 3-99 自控喷泉

3. 喷泉的布置要点

1）在选择喷泉位置，布置喷水池周围的环境时，要考虑喷泉的主题、形式，要使它们与环境相协调。

2）把喷泉和环境统一考虑，用环境渲染和烘托喷泉，并达到美化环境的目的，也可借助喷泉的艺术联想，创造意境。

3）在一般情况下，喷泉多设在建筑、广场的轴线焦点或端点处，也可以根据环境特点，做一些喷泉水景，自由地装饰室内外的空间。

4）喷泉宜安置在避风的环境中以保持其水形。

5）喷水池的形式有自然式和整形式。喷水的位置可以居于水池中心，组成图案，也可以偏于一侧或自由地布置。要根据喷泉所在地的空间尺度来确定喷水的形式、规模及喷水池的大小比例。

6）喷水的高度和喷水池的直径大小与喷泉周围的场地有关。根据人眼视域的生理特征，对于喷泉、雕塑、花坛等景物，粗略地估计，大型喷泉的合适视距约为喷水高的3.3倍，小型喷泉的合适视距约为喷水高的3倍；水平视域的合适视距约为景宽的1.2倍。也可以利用缩短视距，造成仰视的效果，来强化喷水给人的高耸的感觉。

4. 喷泉的分类和适用场所

喷泉的分类和适用场所见表3-14。

表 3-14 喷泉的分类和适用场所

名称	主要特点	适用场所
壁泉	由墙壁、石壁和玻璃板上喷出，顺流而下形成水帘和多股水流	广场，居住区入口，景观墙，挡土墙，庭院
涌泉	水由下向上涌出，呈水柱状，高度为0.6~0.8m左右，可独立设置也可组成图案	广场，居住区入口，庭院，假山，水池
跳泉	射流非常光滑稳定，可以准确落在受水孔中，在计算机控制下，生成可变化升起和跳跃时间的水流	庭院，园路边，休闲场所
间歇泉	模拟自然界的地质现象，每隔一定时间喷出水柱和汽柱	溪流，小径，泳池边，假山
旱地泉	将管道和喷头下沉到地面以下，喷水时水流回落到广场硬质铺装上，沿地面坡度排出。平常可作为休闲广场	广场，居住区入口

（续）

名称	主要特点	适用场所
喷水盆	外观呈盆状，下有支柱，可分多级，出水系统简单，多为独立设置	庭院，园路边，休闲场所
跳球喷泉	射流呈光滑的水球，水球大小和间歇时间可控制	庭院，园路边，休闲场所
雾化喷泉	由多组微孔喷管组成，水流通过微孔喷出，似雾状，多呈柱形和球形	庭院，广场，休闲场所
小口喷泉	从雕塑器具（罐、盆）和动物（鱼、龙）口中出水，形象有趣	广场，群雕，庭院
组合喷泉	具有一定规模，喷水形式多样，有层次，有气势，喷射高度高	广场，居住区入口

5. 现代喷泉的类型

随着喷头设计的改进、喷泉机械的创新以及喷泉与电子设备、声光设备等的结合，喷泉的自由化、智能化和声光化有了很大的进展，带来更加美丽、更加奇妙和更加丰富多彩的喷泉水景效果。现代喷泉类型如下：

音乐喷泉

在程序控制喷泉的基础上加入音乐控制系统，计算机通过对音频及 MIDI 信号的识别，进行译码和编码，最终将信号输出到控制系统，使喷泉及灯光的变化与音乐保持同步，从而达到喷泉水形、灯光及色彩的变化与音乐情绪的完美结合，使喷泉表演更生动，更加富有内涵，如图 3-100 所示。

程控喷泉

将各种水形、灯光，按照预先设定的排列组合进行控制程序的设计，通过计算机运行控制程序发出控制信号，使水形、灯光实现多姿多彩的变化。另外，喷泉在实际制作中还可分为水喷泉、旱喷泉及室内盆景喷泉等，如图 3-101 所示。

图 3-100　音乐喷泉

图 3-101　程控喷泉

旱喷泉

喷泉放置在地下，表面饰以光滑美丽的石材，可铺设成各种图案和造型。水花从地下喷涌而出，在彩灯照射下，地面犹如五颜六色的镜面，将空中飞舞的水花映衬得无比娇艳，使人流连忘返。停喷后，不阻碍交通，可照常行人，非常适合于宾馆、饭店、大厦、商场、街景、小区等区域，如图 3-102 所示。

跑喷泉

计算机控制数百个喷水点，使其随音乐的旋律超高速跑动，或瞬间形成排山倒海之势，或形成委婉起伏波浪式，或组成其他水景，衬托景点的壮观与活力。特别适合于江、河、湖、海及广场等宽阔的地点，如图 3-103 所示。

图 3-102　旱喷泉

图 3-103　跑喷泉

室内喷泉

控制系统多为程控或实时声控。娱乐场所建议采用实时声控，伴随着优美的旋律，水景与舞蹈、歌声同步变化，相互衬托，使现场的水、声、光、色达到完美的结合，极具表现力。各类喷泉都可采用，如图 3-104 所示。

层流喷泉

层流喷泉又称波光喷泉，采用特殊层流喷头，将水柱从一端连续喷向固定的另一端，中途水流不会扩散，不会溅落。白天就像透明的玻璃拱柱悬挂在天空，夜晚在灯光照射下，犹如雨后的彩虹，色彩斑斓。适用于在各种场合与其他喷泉相组合，如图 3-105 所示。

图 3-104　室内喷泉

图 3-105　层流喷泉

激光喷泉

配合大型音乐喷泉设置一排水幕，用激光成像系统在水幕上打出色彩斑斓的图形、文字或广告，既渲染美化了空间，又起到宣传、广告的作用。激光表演系统由激光头、激光电源、控制器及水过滤器等组成。适用于各种公共场合，具有极佳的营业性能，如图 3-106 所示。

水幕电影

水幕电影是通过高压水泵和特制水幕发生器，将水自上而下，高速喷出，雾化后形成扇形“银幕”，由专用放映机将特制的录影带投射在“银幕”上，形成水幕电影。当观众观看电影时，扇形水幕与自然夜空融为一体，当人物出入画面时，好似人物腾起飞向天空或从天而降，产生一种虚无缥缈和梦幻的感觉，令人神往，如图 3-107 所示。

图 3-106 激光喷泉

图 3-107 水幕电影

趣味喷泉

子弹喷泉：在层流喷泉的基础上，将水柱从一端断续地喷向另一端，犹如子弹出膛般迅速准确地射到固定位置，适用于各种场合，可与其他的喷泉相结合使用。

时钟喷泉：用许多水柱组成数码点阵，随时反映日期、小时、分钟及秒的运行变化，构成独特趣味。

鼠跳泉：一段水柱从一个水池跳跃到另一个水池，可随意起动，当水柱在数个水池之间穿梭跳跃时即构成鼠跳喷泉的特殊情趣。

游戏喷泉：一般是旱喷泉形式，地面设置机关控制水的喷涌或控制音乐，游人在其间不小心碰触到机关，则忽而这里喷出雪松状水花，忽而那里喷出摇摆飞舞的水花，令人防不胜防，互动性很强，具有较强的营业性能。适合用于公园、旅游景点等场所。

乐谱喷泉：用计算机对每根水柱进行控制，其不同的动态与时间差反映在整体上即构成形如乐谱般起伏变化的图形，也可把七个音阶做成踩键，使控制系统根据游人所踩旋律及节奏控制水形变化，娱乐性强，具有商业性能。适用于公园、旅游景点等场所。

喊泉：由密集的水柱排列成坡型，当游人通过话筒时，实时声控系统便可控制水柱的开与停，从而显示所喊内容，趣味性很强，具有极强的商业性能。适用于公园、旅游景点等场所。

四、喷泉的环境要求

喷泉的布置与其周围环境关系密切，具体要求见表 3-15。

表 3-15 喷泉对环境的要求

序号	喷泉环境	参考的喷泉设计
1	开朗空间（如广场、车站前公园入口、轴线交叉中心）	宜用规则式水池，喷水要高，水姿丰富，适当照明，铺装宜宽、规整，配盆栽植物

（续）

序号	喷泉环境	参考的喷泉设计
2	半围合空间（如街道转角、多幢建筑物前）	多用长方形或流线形水池，喷水柱宜细，组合简洁，草坪烘托
3	特殊空间（如旅馆、饭店、展览会场、写字楼）	水池多用圆形、长形或流线型，水量宜大，喷水优美多彩，层次丰富，照明华丽，铺装精巧，常配雕塑
4	喧闹空间（如商厦、游乐中心、影剧院）	流线形水池，线形优美，喷水多姿多彩，水形丰富，音、色、姿结合，简洁明快，山石背景，雕塑衬托
5	幽静空间（如花园小水面、古典园林中、浪漫茶座）	自然式水池，山石点缀，铺装细巧，喷水朴素，充分利用水声，强调意境
6	庭院空间（如建筑中、后庭）	装饰性水池，圆形、半月形、流线型，喷水自由，可与雕塑、花台结合，池内养观赏鱼，水姿简洁，山石树花相间

五、喷头

（1）喷头的类型　喷头是喷泉的一个主要组成部分。它的作用是把具有一定压力的水经过喷嘴的造型作用，在水面上空喷射出各种预设的水花。喷头的形式、结构、材料、外观及工艺质量等对喷水景观具有较大的影响。

制作喷头的材料应当耐磨、不易锈蚀、不易变形。常用青铜或黄铜制作喷头。近年也有用铸造尼龙制作的喷头，耐磨、润滑性好、加工容易、轻便、成本低，但易老化、寿命短、零件尺寸不易严格控制等，因此主要用于低压喷头。

喷头的种类较多，而且新形式不断出现。常用喷头类型见表 3-16。

表 3-16　常见的喷头类型

类型	特点
单射流喷头	单射流是压力水喷出的最基本的形式，也是喷泉中应用最广的一种喷头。可单独使用，组合使用时，能形成多种样式的花形，如图 3-108 所示 a）　b） 图 3-108　单射流喷头 a）固定式喷头　b）方向型喷头
喷雾喷头	喷雾喷头内部装有一个螺旋状导流板，使水流螺旋运动，喷出后细小的水流弥漫成雾状水滴。在阳光与水珠、水珠与人眼之间的连线夹角为 40°36′～42°18′时，可形成缤纷瑰丽的彩虹景观，如图 3-109 所示

（续）

类型	特点
喷雾喷头	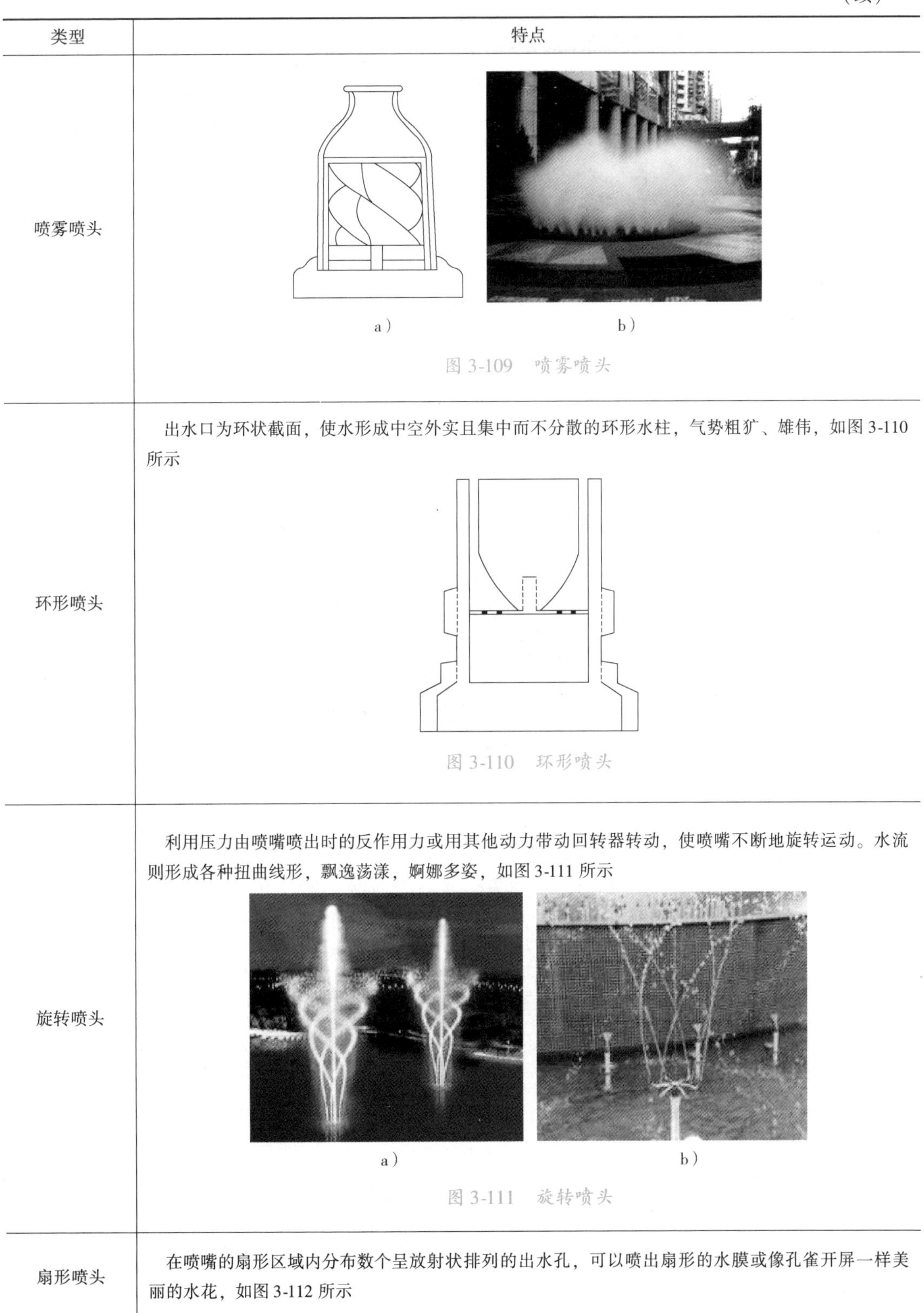 a）　b） 图 3-109 喷雾喷头
环形喷头	出水口为环状截面，使水形成中空外实且集中而不分散的环形水柱，气势粗犷、雄伟，如图 3-110 所示 图 3-110 环形喷头
旋转喷头	利用压力由喷嘴喷出时的反作用力或用其他动力带动回转器转动，使喷嘴不断地旋转运动。水流则形成各种扭曲线形，飘逸荡漾，婀娜多姿，如图 3-111 所示 a）　b） 图 3-111 旋转喷头
扇形喷头	在喷嘴的扇形区域内分布数个呈放射状排列的出水孔，可以喷出扇形的水膜或像孔雀开屏一样美丽的水花，如图 3-112 所示

（续）

类型	特点
扇形喷头	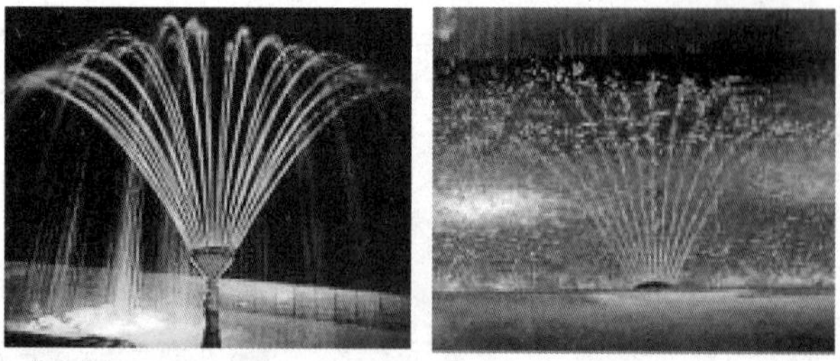 a）　b） 图 3-112　扇形喷头
变形喷头	这种喷头的种类很多，其共同特点是在出水口的前面有一个可以调节的形状各异的反射器。当水流经过时反射器起到水花造型的作用，从而形成各种均匀的水膜，如牵牛花形、扶桑花形、半球形等，如图 3-113 所示 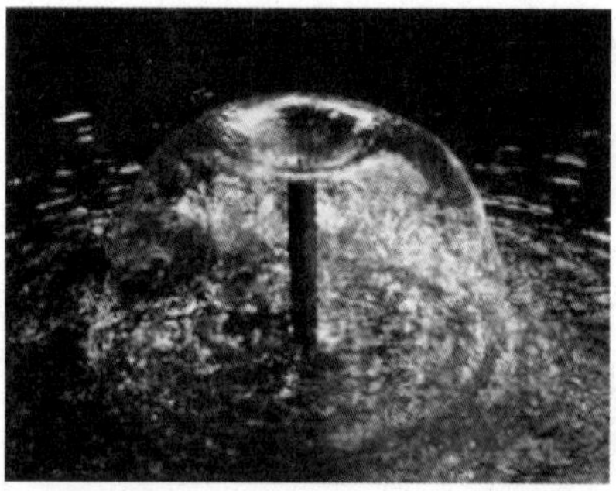 图 3-113　变形喷头
吸力喷头	利用压力将水喷出时在喷嘴的喷口附近形成负压区，在压差的作用下把空气和水吸入喷嘴外的套筒内，与喷嘴内喷出的水混合后一并喷出。使其水柱的体积膨大，同时由于混入大量细小的空气泡而形成白色不透明的水柱。它能充分反射阳光，尤其在夜晚彩灯的照射下会更加光彩夺目。吸力喷头可分为吸水喷头、加气喷头和吸水加气喷头 3 种，如图 3-114 所示 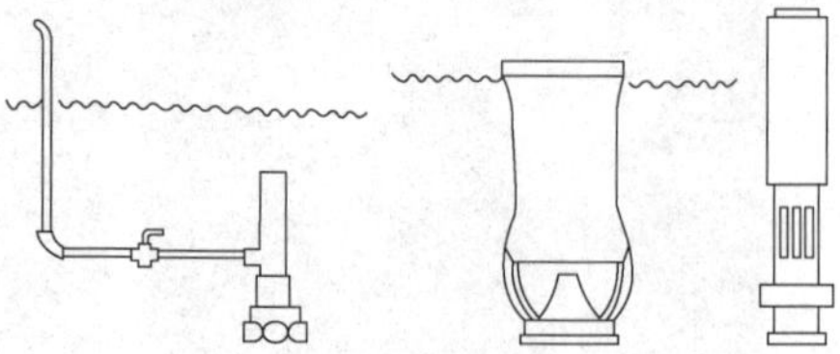 a）　b）　c） 图 3-114　吸力喷头 a）吸水喷头　b）加气喷头　c 吸水加气喷头
多孔喷头	多孔喷头可以是由多个单射流喷嘴组成的一个大喷头，也可以是由平面、曲面或半球形的带有很多细小孔眼的壳体构成的喷头，能喷射出造型各异、层次丰富的盛开的水花，如图 3-115 所示

（续）

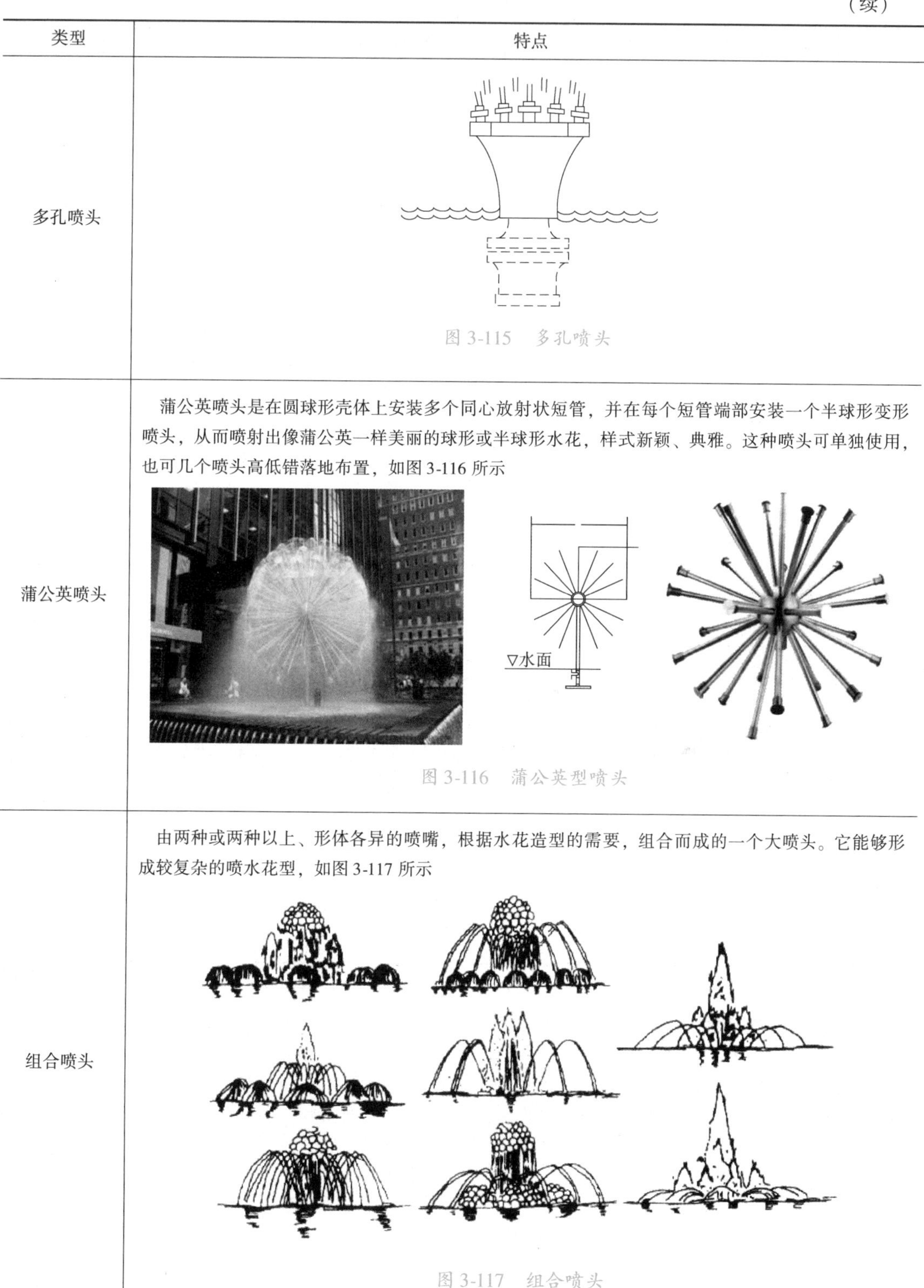

类型	特点
多孔喷头	图 3-115　多孔喷头
蒲公英喷头	蒲公英喷头是在圆球形壳体上安装多个同心放射状短管，并在每个短管端部安装一个半球形变形喷头，从而喷射出像蒲公英一样美丽的球形或半球形水花，样式新颖、典雅。这种喷头可单独使用，也可几个喷头高低错落地布置，如图 3-116 所示 ▽水面 图 3-116　蒲公英型喷头
组合喷头	由两种或两种以上、形体各异的喷嘴，根据水花造型的需要，组合而成的一个大喷头。它能够形成较复杂的喷水花型，如图 3-117 所示 图 3-117　组合喷头

（2）常用喷头的技术参数　常用喷头的技术参数见表 3-17。

表 3-17 常用喷头的技术参数

序号	品名	规格	技术参数				水面立管高度/cm	接管
			工作压力/MPa	喷水量/(m^3/h)	喷射高度/m	覆盖直径/m		
1	可调直流喷头	G½″	0.05～0.15	0.7～1.6	3～7		+2	外丝
2		G¾″	0.05～0.15	1.2～3	3.5～8.5		+2	外丝
3		G1″	0.05～0.15	3～5.5	4～11		+2	外丝
4	半球喷头	G″	0.01～0.03	1.5～3	0.2	0.7～1	+15	外丝
5		G1½″	0.01～0.03	2.5～4.5	0.2	0.9～1.2	+20	外丝
6		G2″	0.01～0.03	3～6	0.2	1～1.4	+25	外丝
7	牵牛花喷头	G1″	0.01～0.03	1.5～3	0.5～0.8	0.5～0.7	+10	外丝
8		G1½″	0.01～0.03	2.5～4.5	0.7～1.0	0.7～0.9	+10	外丝
9		G2″	0.01～0.03	3～6	0.9～1.2	0.9～1.1	+10	外丝
10	树冰型喷头	G1″	0.10～0.20	4～8	4～6	1～2	-10	内丝
11		G1½″	0.15～0.30	6～14	6～8	1.5～2.5	-15	内丝
12		G2″	0.20～0.40	10～20	5～10	2～3	-20	内丝
13	鼓泡喷头	G1″	0.15～0.25	3～5	0.5～1.5	0.4～0.6	-20	内丝
14		G1½″	0.2～0.3	8～10	1～2	0.6～0.8	-25	内丝
15	加气鼓泡喷头	G1½″	0.2～0.3	8～10	1～2	0.6～0.8	-25	外丝
16		G2″	0.3～0.4	10～20	1.2～2.5	0.8～1.2	-25	外丝
17	加气喷头	G2″	0.1～0.25	6～8	2～4	0.8～1.1	-25	外丝
18	花柱喷头	G1″	0.05～0.1	4～6	1.5～3	2～4	+2	内丝
19		G1½″	0.05～0.1	6～10	2～4	4～6	+2	内丝
20		G2″	0.05～0.1	10～14	3～5	6～8	+2	内丝
21	花柱喷头	G1″	0.03～0.05	2.5～3.5	1.5～2.5	1.5～2.5	+2	内丝
22		G1½″	0.03～0.05	3～5	2～4	2～3	+2	外丝
23	摇摆喷头	G½″	0.05～0.15	0.7～1.6	3～7			外丝
24		G¾″	0.05～0.15	1.2～3	3.5～8.5			外丝
25	水下接线器	6头						
26		8头						

六、喷泉的供水

1. 供水方式

一般喷泉的供水系统如图 3-118 所示。

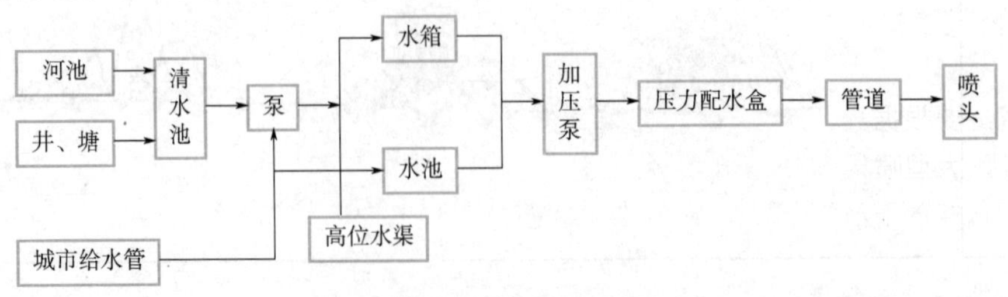

图 3-118 一般喷泉的供水系统

喷泉常见的供水方式有 3 种，喷泉常见的供水方式为直流式供水、水泵供水及潜水泵供水，其内容可参考本书第三章第二节中水池的施工。

2. 水力计算

喷泉设计中为了达到预期的水形，必须确定与之相关的流量、管径、扬程等性能参数，进而选择相配套的水泵。

（1）喷嘴流量计算公式

$$q = uf(2gH)^{1/2} \times 10^3$$

式中　q——单个喷头流量（L/s）；

u——流量系数，与喷嘴形式有关，一般为 0.62 ~ 0.94；

f——喷嘴截面面积（mm^2）；

g——重力加速度，$g = 9.80m/s^2$；

H——喷头入口水压头（常用管网压头代替）（m）。

有时为了方便避免计算，g 值可参考厂家提供的数据。

（2）各管段流量计算　某管段的流量为该管段上同时工作的所有喷头流量之和的最大值。

（3）总流量计算　喷泉的总流量为同时工作的所有管段流量之和的最大值。

（4）管径计算

$$D = (4Q \times 10^{-3} / \pi V)^{1/2} \times 10^3$$

式中　D——管径（mm）；

Q——管段流量（L/s）；

π——圆周率，$\pi = 3.1416$；

V——经济流速，常用的经济流速为 0.6 ~ 2.1m/s。

实际中可适当选择稍大些的流速，常用 1.5m/s 来确定管径。

（5）工作压力的确定　喷泉最大喷水高度确定后，压力即可确定。例如：喷高 15m 喷头，工作压力约为 150kPa（工作压头为 $15mH_2O$）。

（6）总扬程计算

总扬程 = 实际扬程 + 水头损失

实际扬程 = 工作压头 + 吸水高度

工作压头（压水高度）是由水泵中线至喷水最高点的垂直高度；吸水高度是指水泵所能吸水的高度，也叫允许吸上真空高度（泵牌上有注明），是水泵的主要技术参数。

水头损失是实际扬程与损失系数的乘积。由于水头损失计算较为复杂，实际中可粗略取实际扬程的 10% ~ 30% 作为水头损失。

七、喷泉的管道布置

喷泉的管道布置要点。

1. 小型、大型喷泉管道布置

喷泉管道要根据实际情况布置。起装饰性的小型喷泉，其管道可直接埋入土中，或用山石、矮灌木遮盖。大型喷泉，分主管和次管，主管要敷设在可通行人的地沟中，为了便于维修应设检查井；次管直接置于水池内。管网布置应排列有序，整齐美观。

2. 环形管道

环形管道最好采用十字形供水，组合式配水管宜用分水箱供水，其目的是要获得稳定等高的喷流。

3. 溢水口

为了保持喷水池的正常水位，水池要设溢水口。溢水口面积应是进水口面积的 2 倍，要在其外侧配备拦污栅，但不得安装阀门。溢水管要有 3% 的顺坡，直接与泄水管连接。

4. 补给水管

补给水管的作用是启动前的注水及弥补池水蒸发和喷射的损耗，以保证水池维持正常水位。补给水管与城市供水管相连，并安装阀门控制。

5. 泄水口

泄水口要设于池底最低处，用于检修和定期换水时的排水。管径为 100mm 或 150mm 也可按计算确定，安装单向阀门和公园水体以及城市排水管网连接。

6. 连接喷头的水管

连接喷头的水管不能有急剧变化，要求连接管至少有其管径长度的 20 倍。如果不能满足时，需安装整流器。

7. 管线

喷泉所有的管线都要具有不小于 2% 的坡度，便于停止使用时将水排空，所有管道均要进行防腐处理；管道接头要严密，安装必须牢固。

8. 喷头安装

管道安装完毕后，应认真检查并进行水压试验，保证管道安全，一切正常后再安装喷头。为了便于水型的调整，每个喷头都应安装阀门控制。

八、喷水池施工

喷水池具体施工方法如下，喷水池结构如图 3-119 所示。

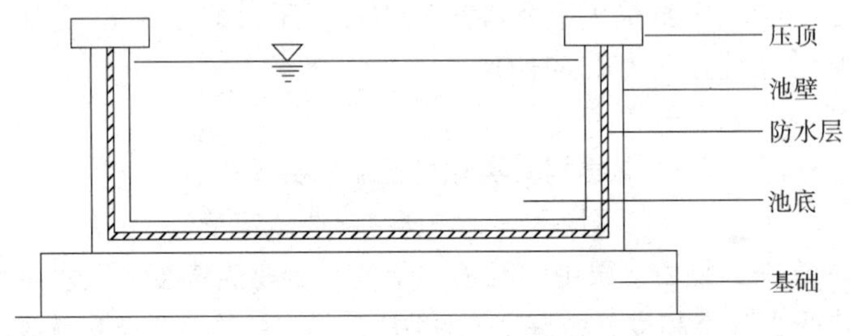

图 3-119 喷水池结构示意图

1. 基础

基础是水池的承重部分，由灰土层和混凝土垫层组成。施工时先将基础底部素土夯实（密实度不得小于 85%）；灰土层一般厚 30cm（3 份石灰、7 份中性黏土）；C10 混凝土垫层厚 10 ~ 15cm。

2. 防水层材料

1）沥青材料：主要有建筑石油沥青和专用石油沥青两种。专用石油沥青可在音乐喷泉的电缆防潮防腐中使用。建筑石油沥青与油毡结合形成防水层。

2）防水卷材：品种有油毡、油纸、玻璃纤维毡片、三元乙丙再生胶及 603 防水卷材等。其中油毡应用最广，三元乙丙再生胶用于大型水池、地下室、屋顶花园做防水层效果较好；603 防水卷材是新型防水材料，具有强度高、耐酸碱、防水防潮、不易燃、有弹性、寿命长、抗裂纹等优点，且能在 50 ~ 80℃的环境中使用。

3）防水涂料：常见的有沥青防水涂料和合成树脂防水涂料两种。

4）防水嵌缝油膏：主要用于水池变形缝防水嵌缝，种类较多。按施工方法的不同分为冷用嵌缝油膏和热用灌缝胶泥两类。其中上海油膏、马牌油膏、聚氯乙烯胶泥、聚氯酯沥青弹性嵌缝胶等性能较好，质量可靠，使用较广。

5）防水剂和注浆材料：防水剂常用的有硅酸钠防水剂、氯化物金属盐防水剂和金属皂类防水剂。注浆材料主要有水泥砂浆、水泥玻璃浆液和化学浆液 3 种。

水池防水材料的选用可根据具体要求确定，一般水池用普通防水材料即可。钢筋混凝土水池也可采用抹 5 层防水砂浆（水泥加防水粉）做法。临时性水池还可将吹塑纸、塑料布、聚苯板组合起来使用，也有很好的防水效果。

3. 池底

池底直接承受水的竖向压力，要求坚固耐久。多用钢筋混凝土池底，一般厚度大于 20cm；如果水池容积大，要配双层钢筋网。施工时，每隔 20m 在最小断面处设变形缝（伸缩缝、防震缝），变形缝用止水带或沥青麻丝填充；每次施工必须由变形缝开始，不得在中间留施工缝，以防漏水，如图 3-120 ~ 图 3-122 所示。

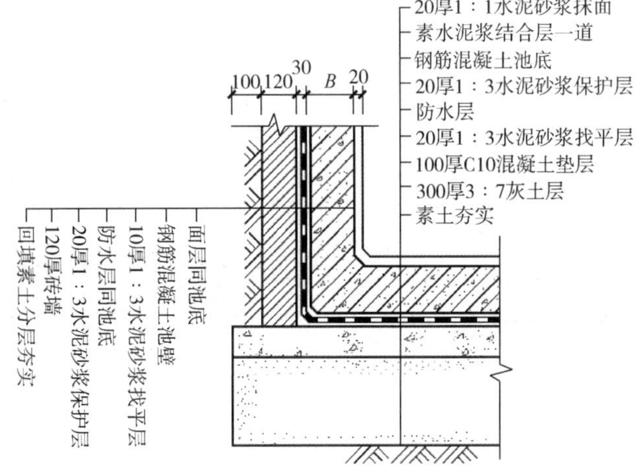

图 3-120 池底做法

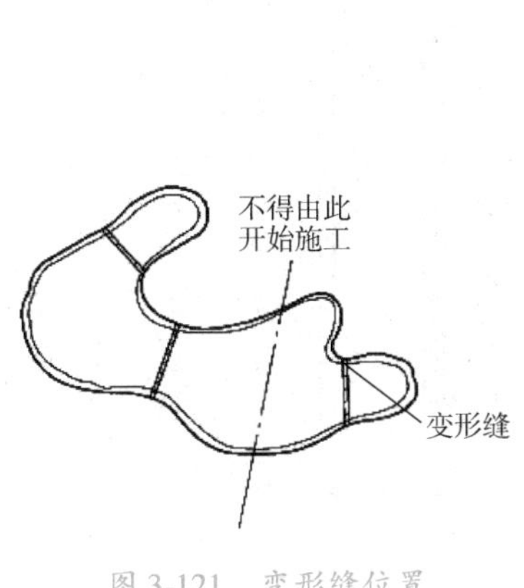

图 3-121 变形缝位置

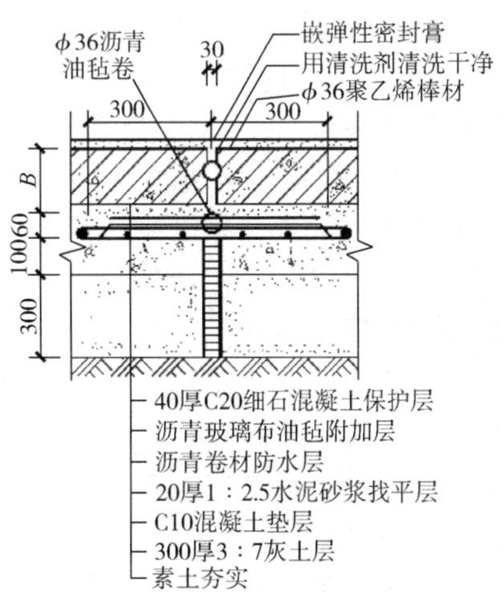

图 3-122 伸缩缝做法

4. 池壁

池壁是水池的竖向部分，承受池水的水平压力，水愈深容积愈大，压力也愈大。池壁一般分为砖砌池壁、块石池壁和钢筋混凝土池壁3种。壁厚视水池大小而定，砖砌池壁一般采用标准砖、M7.5水泥砂浆砌筑，壁厚不小于240mm。砖砌池壁虽然具有施工方便的优点，但红砖多孔，砌体接缝多，易渗漏，不耐风化，使用寿命短。块石池壁自然朴素，要求垒砌严密，勾缝紧密。混凝土池壁用于厚度超过400mm的水池，C20混凝土现场浇筑。钢筋混凝土池壁厚度多小于300mm，常用150~200mm，宜配ϕ8mm、ϕ12mm钢筋，中心距多为200mm，如图3-123所示。

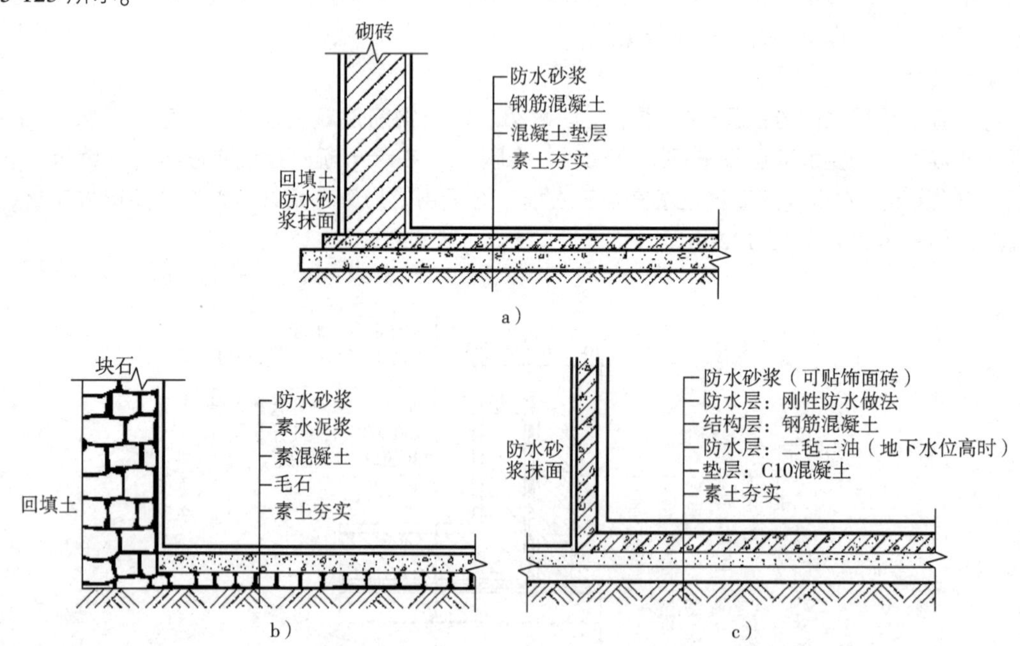

图3-123 喷水池池壁（底）构造

a）砖砌喷水池结构 b）块石喷水池结构 c）钢筋混凝土喷水池结构

5. 压顶

位于池壁上部分，作用为保护池壁，防止污水泥沙流入池中，同时也防止池水溅出。对于下沉式水池，压顶至少要高于地面5~10cm；而当池壁高于地面时，压顶做法必须考虑环境条件，要与景观相协调，可做成平顶、拱顶、挑伸、倾斜等多种形式。压顶材料常用混凝土和块石。

完整的喷水池还必须设有供水管、补给水管、泄水管、溢水管及沉泥池。其布置如图3-124~图3-127所示。管道穿过水池时，必须安装止水环，以防漏水。供水管、补给水管须安装调节阀；泄水管配单向阀门，防止反向流水污染水池；溢水管无须安装

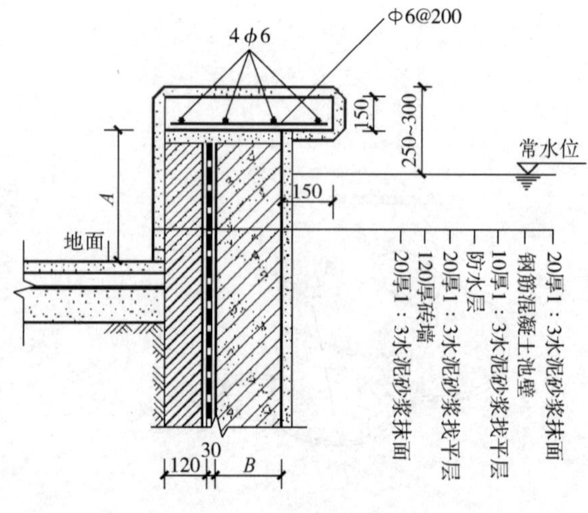

图3-124 池壁的常见做法

阀门，连接于泄水管单向阀后，直接与排水管网连接（具体见管网布置部分）。沉泥池应设于水池的最低处并加过滤网。

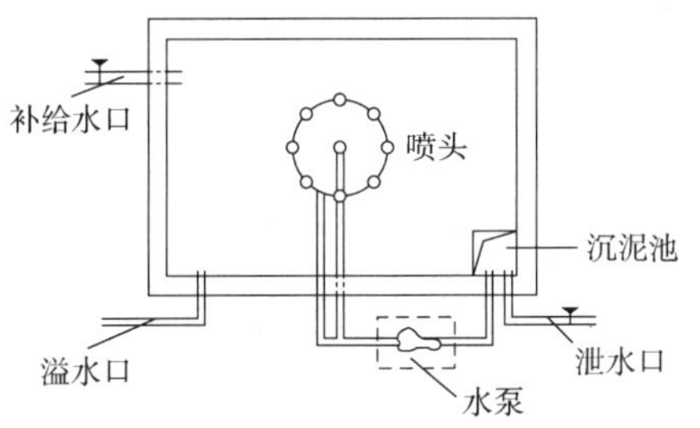

图 3-125 水泵加压喷泉管口示意图

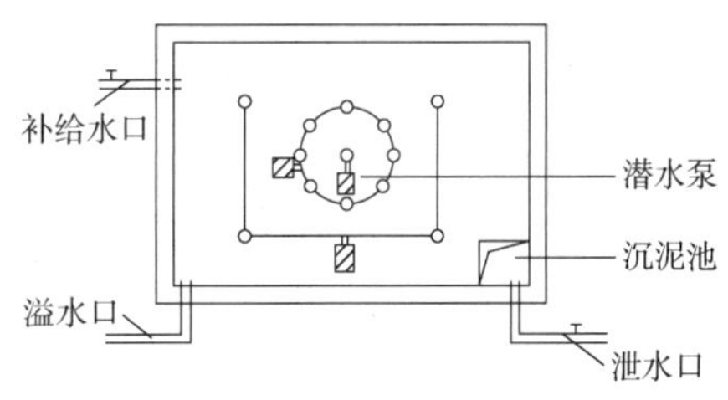

图 3-126 潜水泵加压喷泉管口示意图

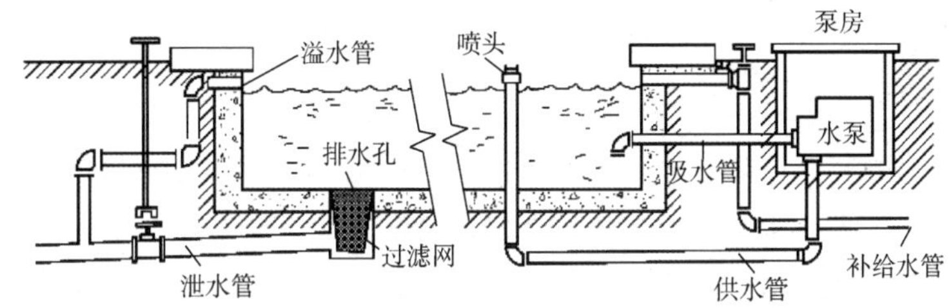

图 3-127 喷水池管线系统示意图

图 3-128 所示为喷水池中管道穿过池壁的常见做法。图 3-129 所示为在水池内设置集水坑，以节省空间。集水坑有时也用作沉泥池，此时，要定期清淤，且于管口处设置格栅。图 3-130 所示是为防淤塞而设置的挡板。

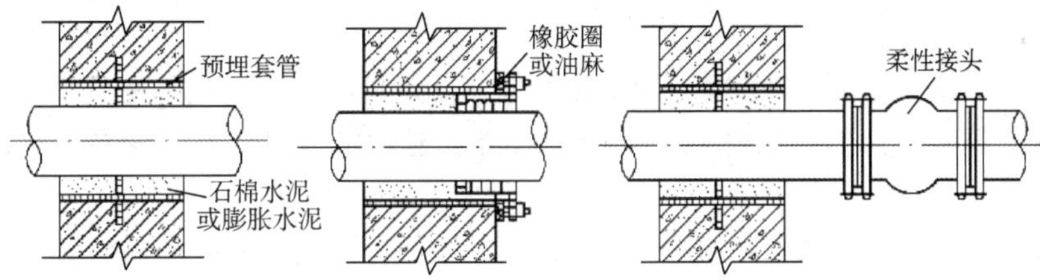

图 3-128 管道穿过池壁做法

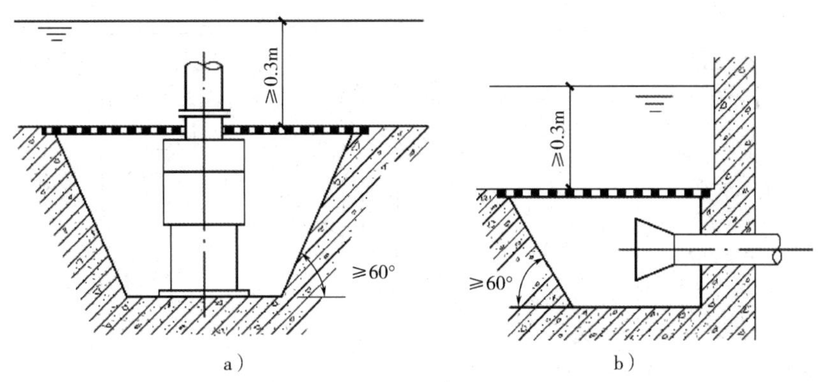

图 3-129 水池内设置集水坑

a）潜水泵集水坑 b）排水口集水坑

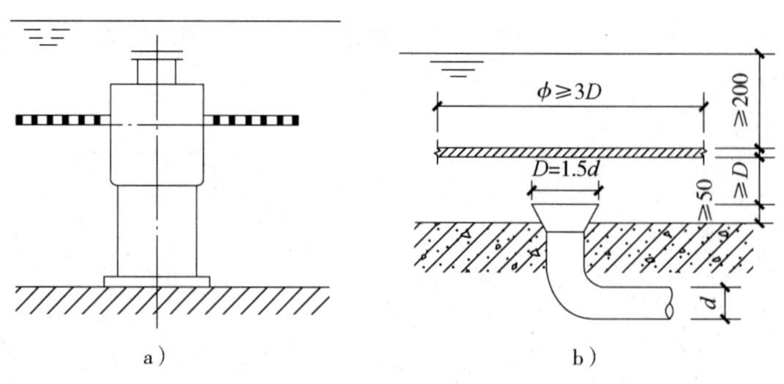

图 3-130 吸水口上设置挡板
a）潜水泵 b）吸水管

九、喷泉照明

1. 照明方式

喷泉照明根据灯具与水面的位置关系，可分为水上照明和水下照明两种方式。

（1）水上照明 灯具多安装于邻近的水上建筑的设备上，这种方式可使水面照度分布均匀，但经常使人的眼睛直接或通过水面反射间接地看到光源，使眼睛产生眩光，此时应加以调整。

（2）水下照明 由于灯具多置于水中，导致照明范围有限。灯具为隐蔽和发光正常，安装于水面以下 300～100mm 为佳。水下照明可以欣赏水面波纹，并且由于光是从喷泉下面照射的，所以当水花下落时，可以映出闪烁的光。

2. 灯具

从外观和构造来分类，喷泉常用的灯具可分为在水中露明的简易型灯具和密闭型灯具两种类型。

（1）简易型灯具 灯具的颈部电线进口部分备有防水结构，使用的灯泡只限于反射型灯泡，而且设置地点也只限于人们不能进入的场所。其特点是采用小型灯具，容易安装，如图 3-131 所示。

（2）密闭型灯具 密闭型灯具具有多种光源的类型，而且每种灯具都限定了所使用的灯。一般密封型灯具，如图 3-132 所示。

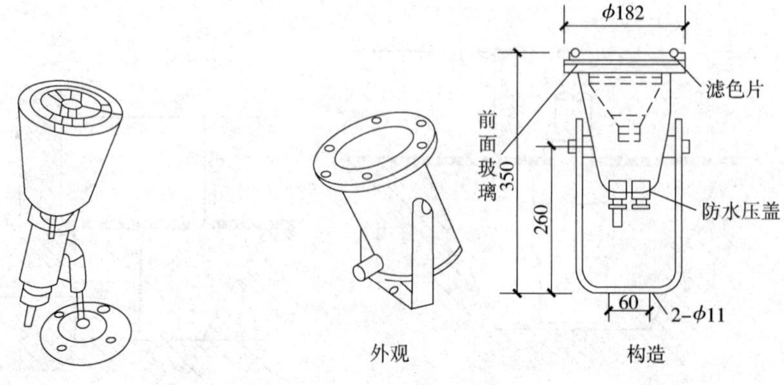

图 3-131 简易型灯具

图 3-132 密闭型灯具

3. 滤色片

当需要进行彩色照明时，可在灯具上安装滤色片。滤色片的安装方法有 2 种：一是固定在灯具玻璃前面，即为调光型照明器，如图 3-133 所示；二是可变换式调光型照明器，如图 3-134 所示，滤色片旋转起来，由一盏灯而使光色自动地依次变化，一般使用固定滤色片的方式。

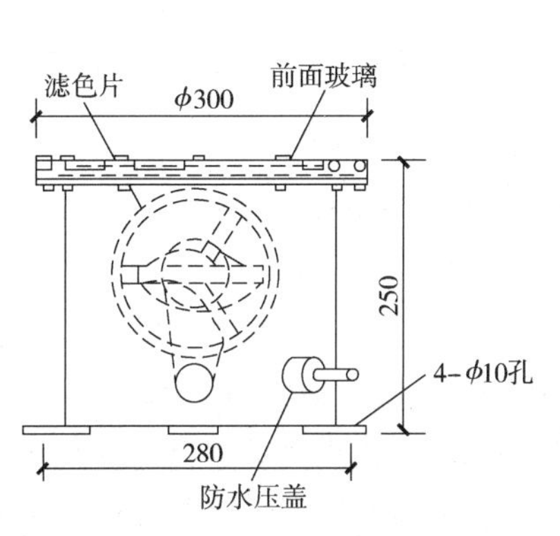

图 3-133 调光型照明器

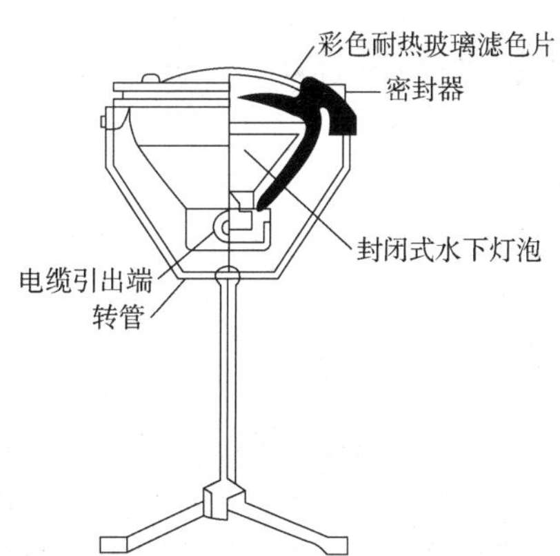

图 3-134 可变换式调光型照明器

配用不同封闭式水下灯泡后灯具的性能见表 3-18。

表 3-18 配用不同封闭式水下灯泡后灯具的性能

光束类型	型号	工作电压 /V	光源功率 /W	轴向光强 /cd	光束发散角 (°)	平均寿命 /h
狭光束	FSD200—300（N）	220	300	≥40000	25＜水平＞60	1500
宽光束	FSD220—300（W）	220		≥80000	垂直＞10	1500
狭光束	FSD220—300（H）	220		≥70000	25＜水平＞30	750
宽光束	FSD12—300（N）	12		≥10000	垂直＞15	1000

注：光束发散角的定义是：当光轴两边光强降至中心最大光强的 1/10 时的角度。

4. 施工要点

1）照明灯具应密封防水并具有一定的机械强度，以抵抗水浪和意外冲击。

2）水下布线应满足水下电气设备施工相关技术规程规定，需要经常检验以防止线路破损漏电。严格遵守先通水浸没灯具，后开灯；先关灯，后断水的操作规程。

3）灯具要易于清扫和检验，以防止异物及水浮游生物的附着积淤，且应定期清扫换水，添加灭藻剂。

4）灯光的配色，要防止多种色彩叠加后得到白色光，造成局部彩色的消失。

5）电源线用水下电缆，其中一根应接地，并要求有漏电保护。电源线通过镀锌薄钢管在水池底接到需要装灯的地方，将管子端部与水下接线盒输入端直接连接，再将灯的电缆穿入接线盒的输出孔中密封即可。

6）喷泉水下照明，灯具置于水中时，多位于隐蔽位置，其最佳入水深度为 50 ~ 100mm，过深会影响亮度，过浅会受到落水的冲击，影响使用寿命。为了可以欣赏水面波纹，并能随水花的散落映出闪烁的光，水下彩灯则围绕照射对象而设置。其照射的方向、位置与喷水姿态有关。

第四节
驳岸和护坡工程

【高手必懂】驳岸工程

一、驳岸的作用

驳岸是一面临水的挡土墙，是支持陆地和防止岸壁坍塌的水工构筑物。驳岸的作用如下：

(1) 维系陆地与水面的界限　驳岸是正面临水的挡土墙，用来支撑墙后的陆地土壤。如果水际边缘不做驳岸处理，就很容易因为水的浮托、冻胀或风浪淘刷而使岸壁塌陷，导致陆地后退，岸线变形，影响园林的景观效果。

(2) 保证水体岸坡不受冲刷　通常水体岸坡受水冲刷的程度取决于水面的大小、水位的高低、风速及岸土的密实度等。当这些因素达到一定程度时，如水体岸坡不做工程处理，岸坡将失去保护而造成破坏。因而，要沿岸线设计驳岸以保证水体岸坡不受冲刷。

(3) 强化岸线的景观层次　驳岸除具有支撑和防冲刷的作用外，还可通过不同的形式处理，增加其变化，丰富水景的立面层次，增强景观的艺术效果。

二、驳岸与水位的关系

驳岸可分为湖底以下部分、常水位至低水位部分、常水位至高水位部分和高水位以上部分。驳岸与水位的关系如图 3-135 所示。

(1) 高水位以上部分　这部分不会被水淹没，主要受风浪撞击和淘刷、日晒风化或超重荷载，致使下部坍塌，造成岸坡损坏。

(2) 常水位至高水位部分　如图 3-135 中的 $B \sim A$，属周期性淹没部分，多受风浪拍击和周期性冲刷，使水岸土壤遭冲刷淤积水中，损坏岸线，影响景观。

(3) 常水位到低水位部分　如图 3-135 中的 $B \sim C$，是常年被淹部分，主要受湖水浸渗冻胀，剪力破坏，风浪淘刷。我国北方地区因冬季结冻，常造成岸壁断裂或移位。有时因波浪淘刷，土壤被湖水淘空后导致坍塌。

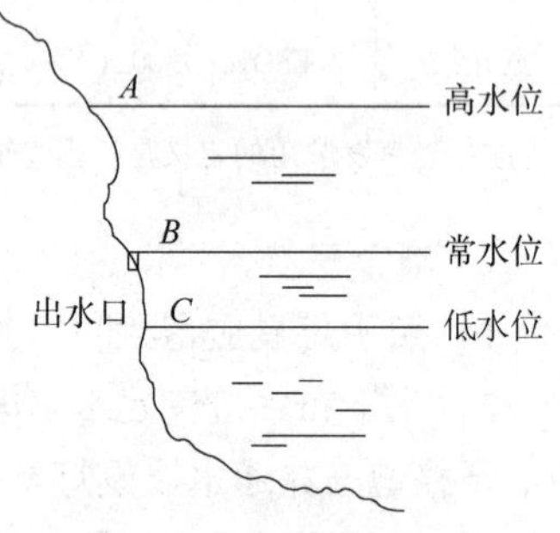

图 3-135　驳岸与水位的关系

(4) 湖底以下部分　如图 3-135 中的 C 以下部分，是驳岸基础，主要影响地基的强度。

三、驳岸的造型

按照驳岸的造型的不同可将驳岸分为规则式驳岸、自然式驳岸和混合式驳岸三种。各造型特点如下：

规则式驳岸

规则式驳岸是用块石、砖、混凝土砌筑的几何形式岸壁，常见的有重力式驳岸、半重力式驳岸和扶壁式驳岸等，如图 3-136 和图 3-137 所示。多属永久性的，需要有较好的砌筑材料和较高的施工技术。其特点是简洁规整，但缺少变化。

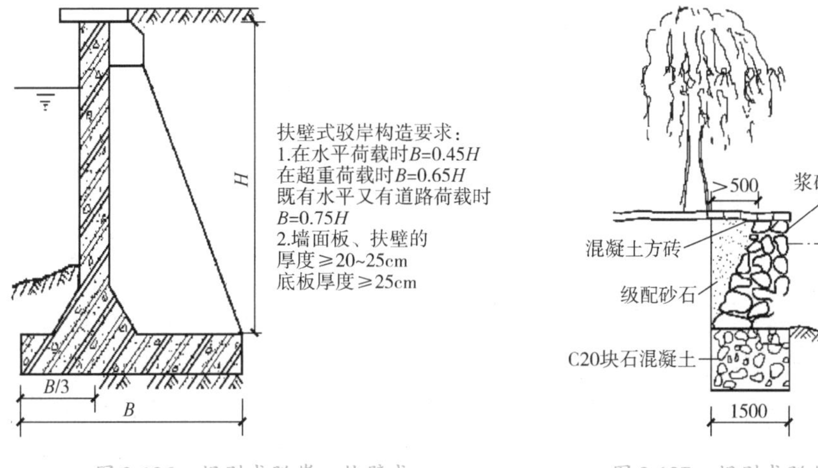

图 3-136　规则式驳岸：扶壁式　　图 3-137　规则式驳岸

自然式驳岸

自然式驳岸外观无固定形状或规格的岸坡，如常用的假山石驳岸、卵石驳岸。这种驳岸自然堆砌，景观效果好。如图 3-138 所示。

混合式驳岸

混合式驳岸是规则式与自然式驳岸相结合的驳岸造型，如图 3-139 所示。一般为毛石岸墙，自然山石岸顶。混合式驳岸易于施工，具有一定装饰性，适用于地形许可且有一定装饰要求的湖岸。

图 3-138　自然式驳岸

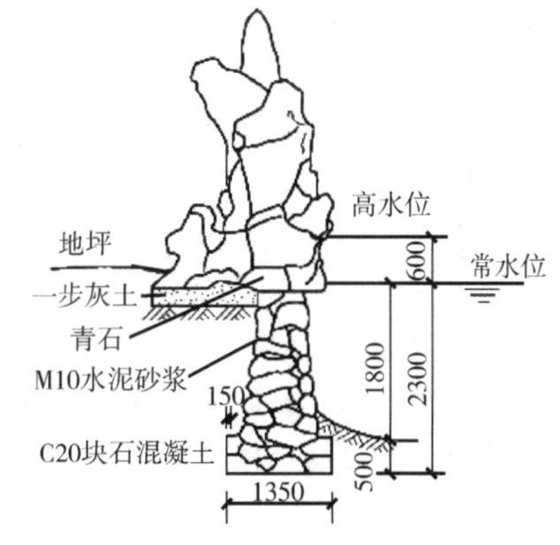

图 3-139　混合式驳岸

四、常见的驳岸

园林中常见的驳岸如下：

1. 山石驳岸

采用天然山石，不经人工整形，顺其自然石形砌筑而成的崎岖曲折、凹凸变化的自然山石驳岸。适用于水石庭院、园林湖池、假山山涧等水体。其地基采用沉褥作为基层。沉褥又称沉排，即用树木干枝编成的柴排，在柴排上加载块石，使之下沉到坡岸水下的地表。

特点：当底下的土被冲走而下沉时，沉褥也随之下沉，故坡岸以下部分可随之得到保护。在水流流速不大、岸坡坡度平缓、硬土层较浅的岸坡的水下部分使用较合适。而且可利用沉褥面积较大的特点，作为平缓岸坡上自然式山石驳岸的基底，以此减少山石对基层土壤不均匀荷载和单位面积的压力，同时也可减少不均匀沉陷。

2. 虎皮墙驳岸

采用水泥砂浆按照重力式挡土墙的方式砌筑成的块石驳岸为虎皮墙驳岸。一般用水泥砂浆抹缝，使岸壁壁面形成冰裂纹、松皮纹等装饰性缝纹。适用于大多数园林水体，是现代园林中运用较广泛的驳岸类型。

特点：在驳岸的背水面铺宽约50cm的级配砂石带。湖底以下的基础用块石浇灌混凝土，使驳岸地基的整体性加强而不易产生不均匀沉陷；基础以上用浆砌块石勾缝；水面以上形成虎皮石外观，朴素大方；岸顶用预制混凝土块压顶，向水面挑出5cm，使岸顶统一、美观。驳岸并不绝对与水平面垂直，可有1:10的倾斜度。每间隔15cm设伸缩缝。伸缩缝用涂有防腐剂的木板条嵌入，使其上表略低于虎皮石墙面。缝上以水泥砂浆勾缝。虎皮石缝宽度以2~3cm为宜。

3. 干砌大块石驳岸

干砌大块石驳岸不用任何胶结材料，只是利用大块石的自然纹缝进行拼接镶嵌。在保证砌叠牢固的前提下，可塑造成大小、深浅、形状各异的石缝、石洞、石槽、石孔、石峡等，并广泛用于多数园林湖池水体。

4. 整形条石砌体驳岸

利用加工整形而成的规则形状的石条整齐地砌筑成条石砌体驳岸。具有规则整齐，稳固性好的特点，但造价较高，多用于较大面积的规则式水体。结合湖岸坡地地形或游船码头的修建，用整形石条砌筑成梯状的岸坡，这样不仅可适应水位的高低变化，为增加游园兴趣，还可利用阶梯作为座凳，吸引游人靠近水边赏景、休息或垂钓。

5. 木桩驳岸

木桩驳岸施工前，先对木桩进行处理，木桩入土前，还应在入土的一端涂刷防腐剂，最好选用耐腐蚀的杉木作为木桩的材料。木桩驳岸在施打木桩前，为便于木桩的打入，还应对原有河岸的边缘进行修整，挖去一些泥土，修整原有河岸的泥土。如果原有的河岸边缘土质较松，可能会塌方，因此还应进行适当的加固处理。

6. 仿木桩驳岸

仿木桩驳岸如同木桩驳岸一样，可以以假乱真。仿木桩驳岸在施工前，应先预制加工仿木桩，一般是用钢筋混凝土预制小圆桩，长度根据河岸的标高和河底的标高决定。一般为1~2m，直径为15~20cm，一端头成尖状，内配5ϕ10钢筋，待小圆柱的混凝土强度达到100%后，便可施打。成排完成或全部完成后，再用白色水泥掺适量的颜料粉。调配成树皮的颜色，用工具把彩色水泥砂浆，采用粉、刮、批、拉、弹等手法装饰在圆柱体上，使圆柱体仿制成木桩。仿木桩驳岸施工方法类似于木桩驳岸施工方法。

7. 草皮驳岸

为防止河坡塌方，河岸的坡度应在自然安息角以内，也可以把河坡做得较平坦些，对河坡上的泥土进行处理，或铺筑一层易使绿化植株成活的营养土，然后再铺筑草皮。如果河岸较陡，还可以在草皮铺筑时，用竹钉钉在草坡上，使草皮不会下滑。草皮养护一段时间后，草皮生长入土中，就完成了草皮驳岸的建设。

8. 景石驳岸

景石驳岸是在块石驳岸完成后，在块石驳岸的岸顶面放置景石，起到装饰作用。具体施工时应根据现场实际情况及整个水系的迂回曲折来点置景石。

五、驳岸设计

1. 设计要求

（1）素土驳岸设计　岸顶至水底坡度小于1者应采用植被覆盖；坡度大于1者应有固土和防冲刷的技术措施。地表径流的排放及驳岸水下部分的处理应符合有关标准的规定。

一般土筑的驳岸坡度超过1时，为保持稳定，可用各种形状的预制混凝土块、料石和天然山石铺墁，铺墁的形式可以有各种花纹，也可留出种植孔穴，种植各类花草。驳岸顶部一般都较附近稍高，使地表水向河湖的反方向排水，然后集中排入河内。排水设施有的用水簸箕，有的用管沟，主要是为了防止水流对驳岸的冲刷。如果地表水需要进行防污、防沙处理则不在此例。

（2）人工砌筑或混凝土浇筑的驳岸　寒冷地区的驳岸基础应设置在冰冻线以下，并考虑水体及驳岸外侧土体结冻后产生的冻胀对驳岸的影响，需要采取的管理措施应在设计文件中注明。

我国冬季土层冻结的寒冷地区，水体驳岸极易受冻胀的破坏，主要有以下三种情况：

1）基础受冻胀后使整个驳岸断裂，故整个基础必须设在冰冻线以下。

2）基础以上及其附近部分发生冻胀后使驳岸向水体方向挤胀，造成断裂，所以驳岸的铺墁砌筑不能用吸水性强的材料，铺墁砌筑的后方也需要填垫滤水的粒料，如砂石、焦渣等。

3）水体表面结冰后发生冻胀，可使驳岸向水体外侧胀裂，特别是垂直的驳岸更易发生。解决的办法是加厚驳岸，以增加抗水平荷载，或者将驳岸设计成斜坡，冻胀时冰面则能顺坡上滑。北京有些公园采取破冰的方式以避免水体表面冻结对垂直形式驳岸的冻胀威胁，即隔一定时间，便将靠近驳岸的冰面打碎，形成约1m左右宽的沟，使冰面离开驳岸，该方法简单易行；也有用循环水不断浇洒在靠近驳岸的部分，使其在一段距离内不结冰或只结薄冰。

（3）采取工程措施加固驳岸应与环境协调　采取工程措施加固驳岸，其外形和所用材料的质地、色彩均应与环境协调。驳岸的形式很多，对园林景观影响很大。设计时应着眼于园林特点，与园林景观协调，有别于一般的水库或其他水下构筑物。

（4）驳岸的平面位置　驳岸的平面位置可在平面图上造景确定。技术设计图上，以常水位显示水面位置。整形驳岸，岸顶宽度一般为30～50cm。如果设计驳岸与地面夹角小于90°，则可根据倾斜度和岸顶高程求出驳岸线的平面位置。

（5）驳岸的高程确定　岸顶的高程应比最高水位高出一段距离，以保证水体不致因风浪冲涌而上岸，高出的距离应与当地风浪大小有关，一般高出25～100cm。水面大，风大时，可高出50～100cm；反之，则小一些。

从造景的角度讲，深潭边的驳岸要求建造的高一些，以显出假山石的外形之美；而水清浅的地方，驳岸要建造的低一些，以便于水体回落后露出一些滩涂与之相协调。为了最大限度节约资金，在人迹罕至，但地下水位高，岸边地形较平坦的湖边，驳岸高程可以比常水位高得不多。

（6）驳岸的横截面设计　驳岸的横截面图是反映其材料、结构和尺寸的设计图。驳岸的基本结构从下到上依次为基础、墙体、压顶。由于压顶的材料不同，驳岸又分为规则式和自然式两种类型。以条石或混凝土压顶的驳岸称规则式驳岸。规整、简洁、明快，适宜用于周围为规整的建筑物，或营造明快、严肃等氛围的环境时应用。以山石压顶的驳岸为自然式驳岸，适宜用于湖岸线曲折、迂回，周围是自然的山体的环境，或营造自然幽静、闲适的气氛时应用。

2. 常见的几种驳岸变化

1）为与周围环境相协调、格调一致，驳岸的墙体临水面时，应做塑竹、塑石、塑圆木等，压顶也可做成圆木截面等。

2）水生植物种植池中，由于植物对水深的要求不一致，因此要设计出不同深度的水池。可以在种植池中用毛石砌成驳岸形式的墙体（但墙顶不超过水面），与池壁组成可填种植土的空间，可适应植物生长。

3）在常水位与最高水位相差较大，而最高水位维持时间较短时，可做阶梯形驳岸。

六、驳岸施工

1. 一般规定

1）严格管理，并按工程规范严格施工。

2）岸坡施工前，一般应放空湖水，以便于施工。新挖湖池应在蓄水之前进行岸坡施工。属于城市排洪河道、蓄洪湖泊的水体，可分段围堵截流，排空作业现场围堰以内的水。应选择在枯水期施工，如枯水位距施工现场较远，则不必放空湖水。

3）岸坡采用灰土基础时，以干旱季节施工为宜，否则会影响灰土的凝结。浆砌块石施工中，砌筑要密实，要尽量减少缝穴，缝中灌浆务必饱满。浆砌石块缝宽应控制在2~3cm，勾缝可稍高于石面。

4）为防止冻凝，岸坡应设伸缩缝并兼作沉降缝。伸缩缝要做好防水处理，同时也可采用结合景观的设计方式使岸坡曲折有度，这样既丰富岸坡的变化，又减少伸缩缝的设置，使岸坡的整体性更强。

5）为排除地面渗水或地面水在岸墙后的滞留，应考虑设置泄水孔。泄水孔可等距离分布，平均3~5m处可设置一处。在孔后可设置倒滤层以防阻塞，如图3-140所示。

2. 砌石驳岸

砌石驳岸是指在天然地基上直接砌筑的驳岸，埋设深度不大，但基址坚实稳固，如块石驳岸中的虎皮石驳岸、条石驳岸、假山石驳岸等。此类驳岸的选择应根据基址条件和水景景观的要求确定，既可处理成规则式，也可做成自然式。

构造　常见的砌石驳岸构造包括基础、墙身和压顶三部分，如图3-141所示。

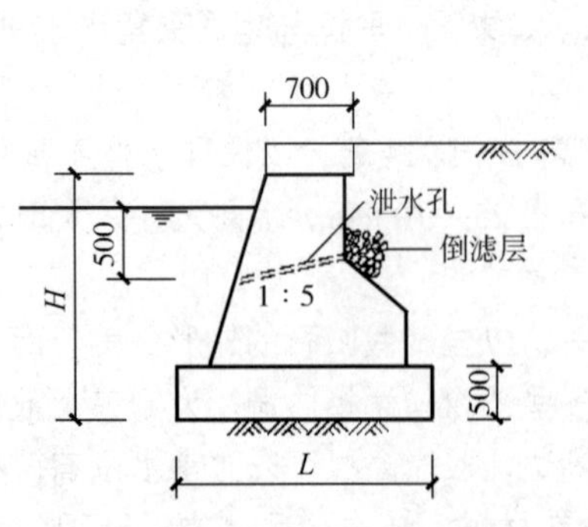

图3-140　岸坡池水孔后的倒滤层

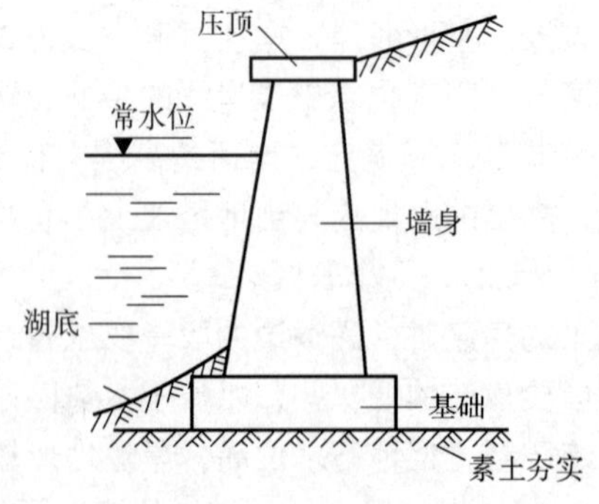

图3-141　砌石驳岸结构示意图

1）基础：是驳岸的承重部分，通过它将上部重量传给地基，因此要求坚固，埋入湖底的深度不得小于50cm；基础宽度B则视土壤情况而定，砂砾土为（0.35~0.4）h，砂壤土为0.45h，湿砂土为（0.5～0.6）h，饱和水壤土为 0.75h（h 为驳岸高度）。

2）墙身：处于基础与压顶之间，承受压力最大，包括垂直压力、水的水平压力及墙后土壤的压力，因此需具有一定的厚度，墙体高度要以最高水位和水面浪高来确定，岸顶应以贴近水面为好，便于游人亲近水面，并显得蓄水丰盈饱满。

3）压顶：为驳岸最上部分，宽度为 30～50cm，用混凝土或大块石做成，具有增强驳岸稳定性，美化水岸线，阻止墙后土壤流失的作用。

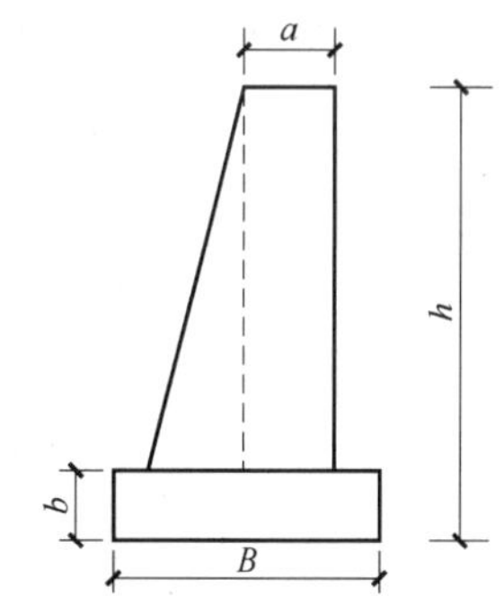

图 3-142　重力式驳岸结构尺寸

图 3-142 所示为重力式驳岸结构尺寸，与表 3-19 配合使用。整体式块石驳岸迎水面常采用 1∶10边坡。

表 3-19　常见块石驳岸选用表　　（单位：cm）

h	a	B	b
100	30	40	30
200	50	80	30
250	60	100	50
300	60	120	50
350	60	140	70
400	60	160	70
500	60	200	70

如果水体水位变化较大，即雨季水位很高，平时水位很低，为了保持岸线景观的优美，则可将岸壁迎水面做成台阶状，以适应水位的升降。

3. 施工程序

砌石驳岸的施工程序，如图 3-143 所示。

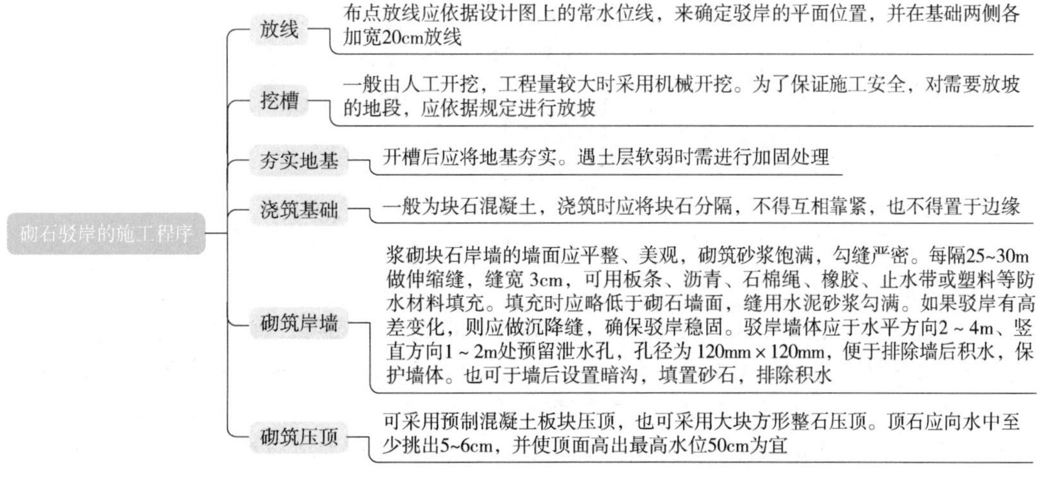

图 3-143　砌石驳岸的施工程序

砌石驳岸结构做法如图 3-144 ~ 图 3-148 所示。

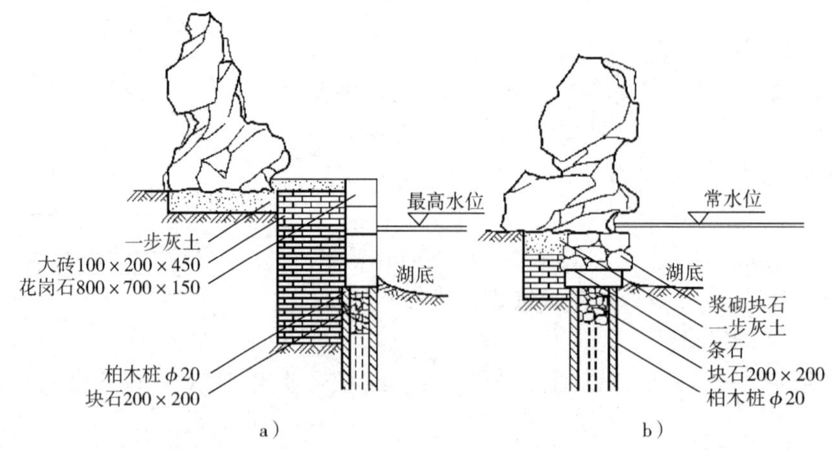

图 3-144　驳岸做法（一）

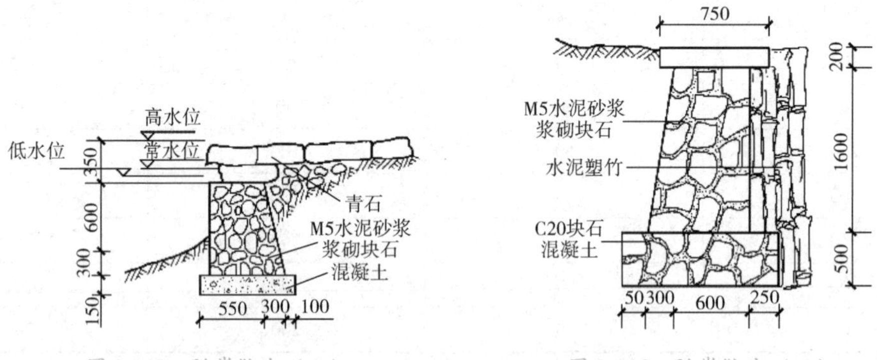

图 3-145　驳岸做法（二）

图 3-146　驳岸做法（三）

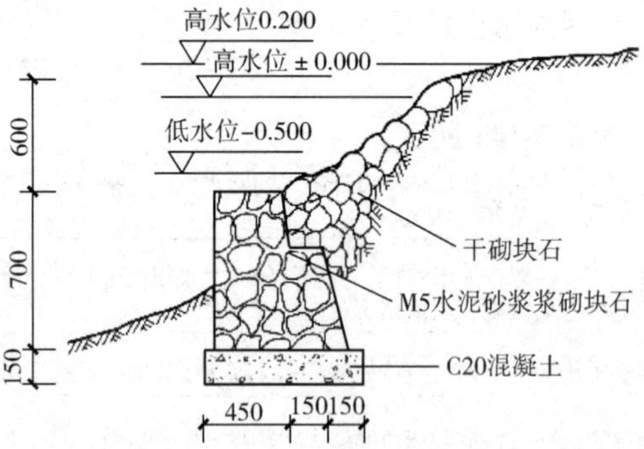

图 3-147　驳岸做法（四）

4. 桩基驳岸

桩基是我国古老的水工基础做法，在水利建设中得到广泛应用，直至现在仍是常用的一种水工基础处理手法。当地基表面为松土层且下层为坚实土层或基岩时最宜用桩基。其特点是：基岩或坚实土层位于松土层下，桩尖打下去，通过桩尖将上部荷载传给下面的基岩或坚实土层；若桩打不到基岩，则利用摩擦桩，借摩擦桩侧表面与泥土间的摩擦力将荷载传到周围的土层中，以达到防止沉陷的目的。

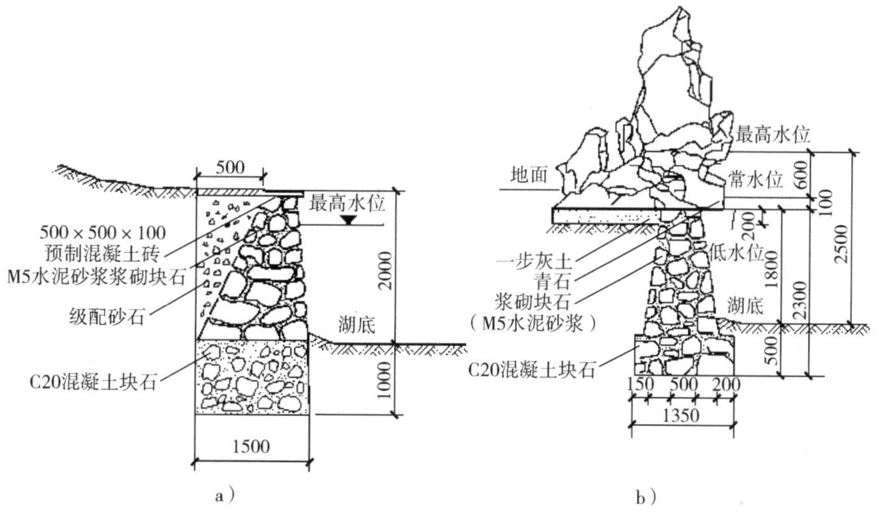

图 3-148　驳岸做法（五）

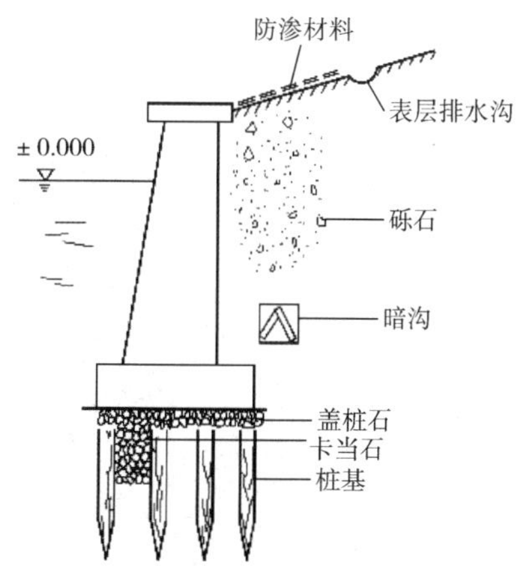

图 3-149　桩基驳岸结构示意图

桩基驳岸由桩基、卡当石、盖桩石、混凝土基础、墙身和压顶等几部分组成，如图 3-149 所示。卡当石是桩间填充的石块，起保持木桩稳定的作用。盖桩石为桩顶浆砌的条石，作用是找平桩顶以便浇筑混凝土基础。基础以上的部分与砌石类驳岸相同。

5. 竹篱驳岸、板墙驳岸

竹篱驳岸、板墙驳岸是另一种类型的桩基驳岸。驳岸打桩后，基础上部临水面墙身由竹篱（片）或板片镶嵌而成，适于临时性驳岸。竹篱驳岸造价低廉，取材容易，施工简单，工期短，能使用一定年限，凡盛产竹子的地方都可采用。施工时，竹桩、竹篱需要涂上一层柏油进行防腐处理。竹桩顶端于竹节处截断以防雨水积聚，竹片镶嵌应直顺紧密牢固，如图 3-150 和图 3-151 所示。

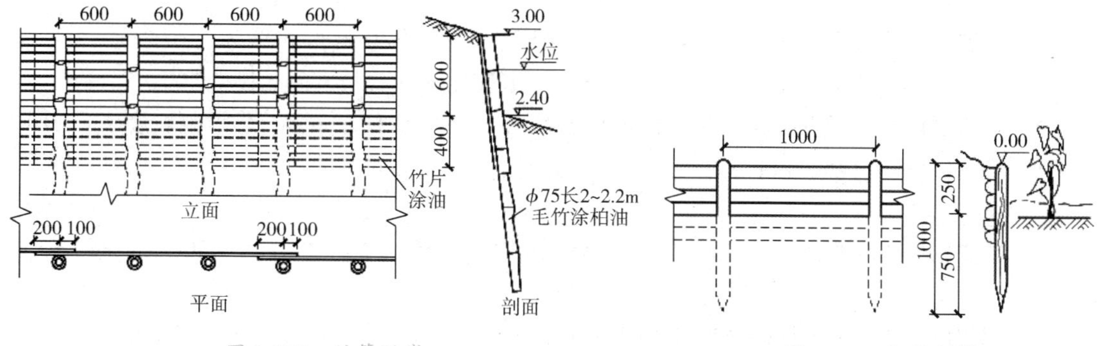

图 3-150　竹篱驳岸

图 3-151　板墙驳岸

由于竹篱缝很难做得密实，这种驳岸不耐风浪冲击、淘刷和游船撞击，岸土很容易被风浪淘刷，造成岸篱分开，最终失去护岸功能。因此，这类驳岸适用于风浪小，岸壁要求不高，土壤较黏的临时性护岸地段。

【高手必懂】护坡工程

由于水体的天然缓坡能产生自然、亲近的景观效果，因此，护坡在园林工程中被广泛采用。护坡样式的选择应依据坡岸用途、构景透视效果、水岸地质状况和水流冲刷程度而定。目前，园林常见的护坡有铺石护坡、灌木护坡和草皮护坡。

一、铺石护坡

1. 应用特点

当坡岸较陡，风浪较大或因造景需要时，可采用铺石护坡。铺石护坡施工容易，抗冲刷能力强，经久耐用，护岸效果好，还能因地造景，灵活随意，是园林常见的护坡形式。常见的铺石护坡结构如图 3-152 所示。

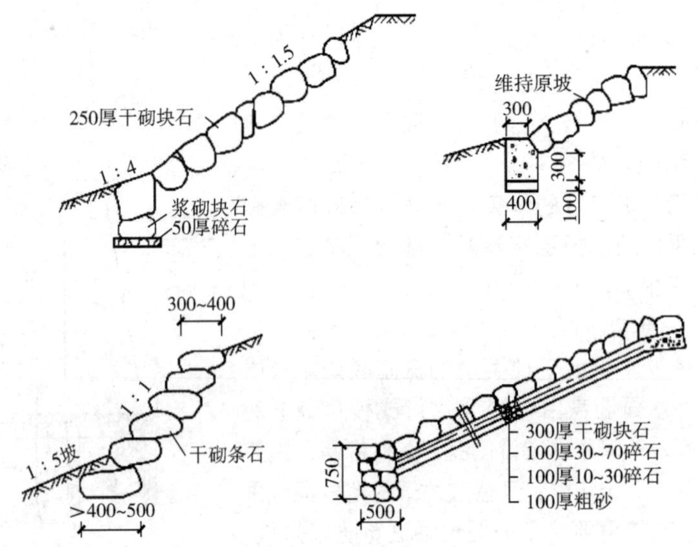

图 3-152　铺石护坡结构

2. 工程设计要点

1）护坡石料要求吸水率低（不超过 1%）、密度大（大于 $2t/m^3$）和具有较强的抗冻性，如石灰石、砂石、花岗石等块石，以块径 18～25cm、长宽比 1∶2 的长方形石料为佳。

2）铺石护坡的坡面应根据水位和土壤状况确定，一般常水位以下部分坡面的坡度小于 1∶4，常水位以上部分采用 1∶5～1∶1.5。

3. 施工方法

1）首先把坡岸平整好，并在最下部分挖一条梯形沟槽，槽沟宽约 40～50cm，深约 50～60cm。

2）铺石以前先将垫层铺好，垫层的卵石或碎石要求大小一致，厚度均匀，铺石时由下至上铺设。下部要选用大块的石料，以增加护坡的稳定性。铺时将石块摆成丁字形，与岸坡平行，一行一行往上铺，石块与石块之间要紧密相贴，如有突出的棱角，应用铁锤将其敲掉。

3）铺后检查一下质量，即当人在铺石上行走时铺石是否移动。如果不移动，则施工质量合乎要求，接着就是用碎石嵌补铺石缝隙，再将铺石夯实即成。

二、灌木护坡

灌木护坡适用于大水面平缓的坡岸。由于灌木有韧性，根系盘结，不怕水淹，能削弱风浪的冲击力，减少地表冲刷，因而护岸效果较好。护坡灌木要具备速生、根系发达、耐水湿、株矮常绿等特点，因此可选择沼生植物种植于护坡。

施工时可直播，可植苗，但要求其有较大的种植密度。如果因景观需要，强化天际线变化，可适量种植草本植物和乔木，如图3-153所示。

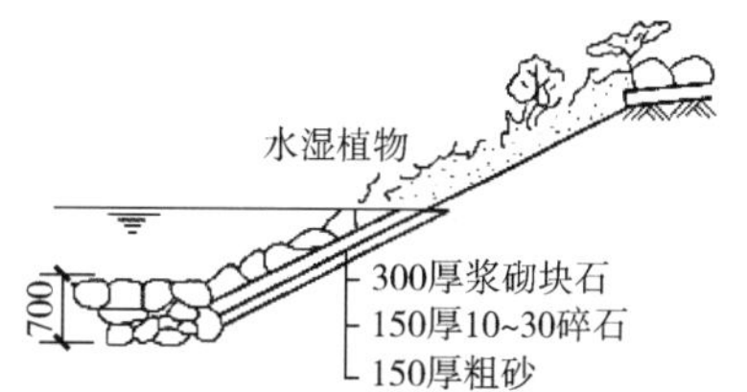

图3-153 灌木护坡结构

三、草皮护坡

草皮护坡适用于坡度在1∶20～1∶5的湖岸缓坡。护坡草种要求耐水湿，根系发达，生长快，生存力强，如假俭草、狗牙根等。

草皮护坡做法应按坡面具体条件而定，如果原坡面有杂草生长，可直接利用杂草护坡，但要求美观。也有直接在坡面上播草种，加盖塑料薄膜；或先在正方砖、六角砖上栽植草皮，然后用竹签四角固定作为护坡的方法，如图3-154所示。最为常见的是块状或带状草皮护坡，铺草时沿坡面自下而上呈网状铺草，用木方条分隔固定，稍加压踩。若要增加景观层次，丰富地貌，加强透视感，可在草地散置山石，配以花灌木。

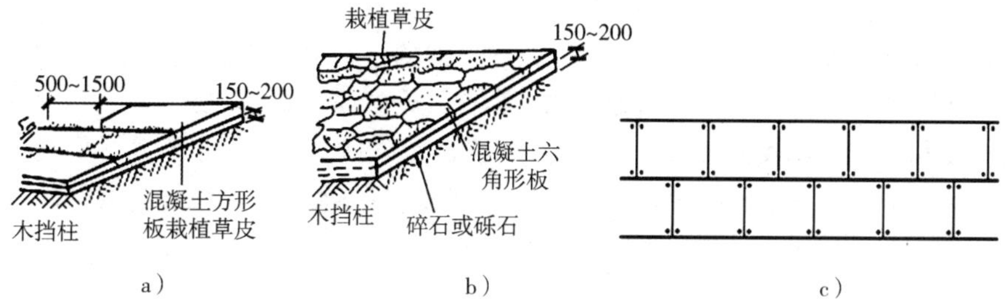

图3-154 草皮护坡结构

a）方形板 b）六角形板 c）用竹签固定草砖

第四章 景观小品工程

第一节 亭、廊、水榭、花架

【高手必懂】亭

亭，在古时候是供行人休息的地方。“亭者，停也。人所停集也。”《释名》所述的园中之亭，应当是自然山水或村镇路边之亭的“再现”。水乡山村，道旁多设亭，供行人歇脚，有半山亭、路亭、半江亭等类型，由于园林作为艺术是仿自然的，所以许多园林都设亭。但正是由于园林是艺术，因此园中之亭是很讲究艺术形式的。亭在园景中往往是个“亮点”，起到画龙点睛的作用，从形式来说也十分精美而多样。《园冶》中说，亭“造式无定，自三角、四角、五角、梅花、六角、横圭、八角至十字，随意合宜则制，惟地图可略式也”。各种形式的亭，以因地制宜为设计原则，只要平面确定，其形式便基本确定了。

中国古代十大名亭

醉翁亭

醉翁亭位于安徽省滁州市西南琅琊山麓。北宋文学家欧阳修被贬到滁州任太守时，常来亭中饮酒赋诗，“饮少辄醉”，故名“醉翁亭”。并撰写出千古名篇《醉翁亭记》。琅琊山花木掩映，又有醉翁亭点缀其间，因此吸引大量游人前来游览，如图 4-1 所示。

图 4-1 醉翁亭

陶然亭

陶然亭位于北京市西城区太平街，建于清康熙三十四年（1695 年）。匾额“陶然”二字，系工部郎中江藻遗墨，取白居易诗句“更待菊黄家酿熟，共君一醉一陶然”之意。新中国成立后，在此建起陶然亭公园，增建水榭、亭台、石桥等建筑，湖光桥影，游艇荡漾，令人心醉陶然，如图 4-2 所示。

爱晚亭

爱晚亭位于湖南省长沙市岳麓山清风峡中，原名红叶亭，建于清乾隆五十七年（1792 年），为岳麓书院山长罗典所建。四周枫树成林，深秋红叶艳若蒸霞。取晚唐诗人杜牧“停车坐爱枫林晚，霜叶红于二月花”诗意而名。现在“爱晚亭”匾额为毛主席所题。这里春时青翠、夏日阴凉，深秋则红叶满山，别有情趣，如图 4-3 所示。

图 4-2　陶然亭

图 4-3　爱晚亭

兰亭

兰亭地处浙江省绍兴市西南的兰诸山下。东晋书法家王羲之于永和九年（353 年）春，邀友在兰亭饮酒赋诗，并撰有《兰亭集序》。唐代文人则根据这个传说建流觞亭，如图 4-4 所示。

沧浪亭

沧浪亭位于江苏省苏州市。北宋诗人苏舜钦弃官流寓苏州，买下此旧园。有感于《渔父》“沧浪之水清兮，可以濯吾缨；沧浪之水浊兮，可以濯吾足”之意，傍水建“沧浪亭”，如图 4-5 所示。

图 4-4　兰亭

图 4-5　沧浪亭

沉香亭

沉香亭位于陕西省西安市兴庆宫公园，是专供唐玄宗李隆基和贵妃杨玉环欣赏牡丹用的，亭用沉香木建成，故名“沉香亭”，如图4-6所示。此亭雕梁画栋，富丽堂皇。相传唐玄宗带杨玉环在这里观看牡丹，命诗人李白当场填词助兴，李白在沉香亭写下一首诗词：“一枝红艳露凝香，云雨巫山枉断肠；借问汉宫谁得似？可怜飞燕倚新妆。”

翠微亭

翠微亭位于浙江省杭州市飞来峰。南宋抗金名将韩世忠为纪念岳飞在此建亭。取岳飞“经年尘土满征衣，特特寻芳上翠微，好水好山看不足，马蹄催趁月明归”的诗意，定名“翠微亭”，如图4-7所示。

图4-6　沉香亭

图4-7　翠微亭

湖心亭

湖心亭位于浙江省杭州市西湖中央，初建于明嘉靖三十一年，万历年间重建。亭为重檐式，琉璃瓦铺顶，宏丽壮观，明代张岱在《西湖梦寻》中赞其风姿：“游人望之如海市蜃楼，烟云吞吐，恐滕王阁岳阳楼俱无甚伟观也”。如今，这里湖光亭影，游人络绎不绝，有诗咏道：“百遍清游未拟还，孤亭好在云水间；停阑四面空明里，一面城头三面山”，如图4-8所示。

历下亭

历下亭位于山东省济南市天下第一泉风景区，唐代杜甫与北海太守李邕到此聚会，杜甫写下《陪北海宴历下亭》一诗，遂使此亭闻名遐迩。现存亭子建于清康熙三十二年（1693年），亭名为乾隆皇帝所题，厅前柱上有郭沫若的楹联：“杨柳春风万方极乐，芙蕖秋月一片大明”，如图4-9所示。

图4-8　湖心亭

图4-9　历下亭

真趣亭

真趣亭位于江苏省苏州市狮子林内。相传，乾隆下江南来狮子林浏览时，来到亭子下边，见亭上没有题额，便立即索笔，写下“真有趣”三字，题过后，觉得平庸粗俗，又将“有”字裁下，留下“真趣”二字，做了亭额，如图4-10所示。

图4-10 真趣亭

一、亭的作用

园林中，亭是为数最多的建筑物之一，其作用可概括为两个方面：即“观景”和“景观”。“观景”，即满足人们在活动中驻足休息、纳凉、避雨、纵目眺望的需求。“景观”是指亭子一般小而集中、向上，造型独立而完整，往往在园景中是一个亮点，是园林小品的重要组成部分。

二、亭的类型

亭按照功能分类，如图4-11所示。

其中：

(1) 传统亭 我国历史悠久、地域广袤，不同时期、不同地区具有各自独特的建筑技术传统，致使亭榭构造形成了较大的差异。一般来说，北方的造型粗壮、风格雄浑，而南方的体量小巧、形象俊秀。现在最为常见的是北方园林的清式亭榭和以江南园林为代表的苏式亭榭。

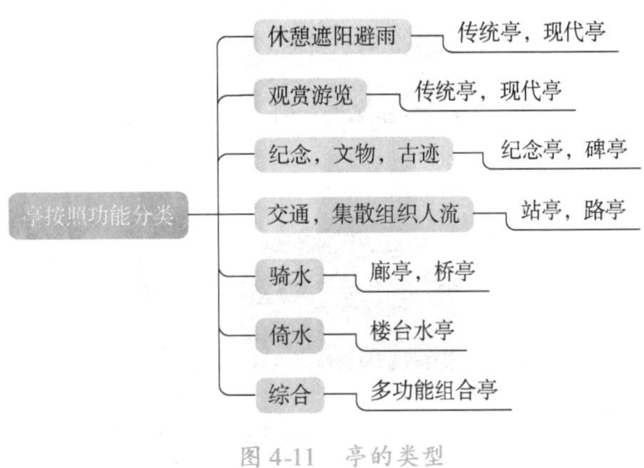

图4-11 亭的类型

传统亭榭的平面有方形、圆形、长方、六角、八角、三角、梅花、海棠、扇面、圭角、方胜、套方、十字等诸多形式；屋顶亦有单檐、重檐、攒尖、歇山、十字脊、“天方地圆”等样式。其中方形、圆形、长方、六角、八角为最常用的基本平面形式，其余都是在这些形式的基础上经过变形与组合而成的。亭顶除攒尖顶以外，歇山顶也应用地相当普遍。传统亭如图4-12所示。

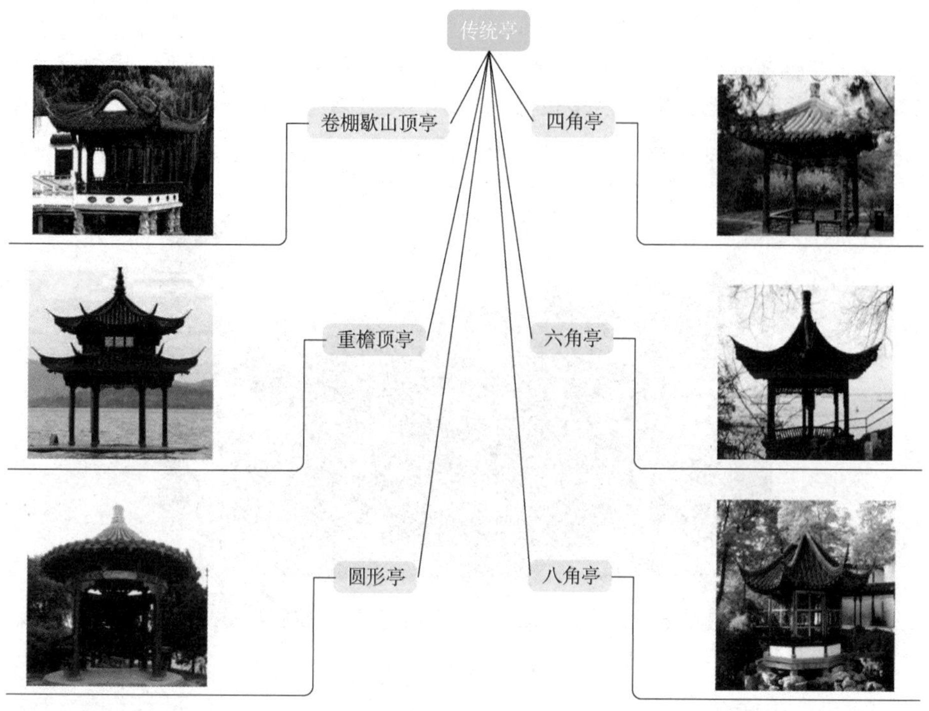

图 4-12　传统亭

（2）现代亭　随着现代建筑的发展，近来出现了许多新型的结构形式。现代亭也出现网架结构、板式结构、悬挑结构等形式，但是使用最多的是钢筋混凝土建造的板式亭榭、蘑菇亭榭等。相对而言，亭榭因体量不大，其平面大多较为简单，一般以圆形、方形为多，但由于采用了新型结构，也有其他较为复杂的平面，造型也变化多端。现代亭如图 4-13 所示。

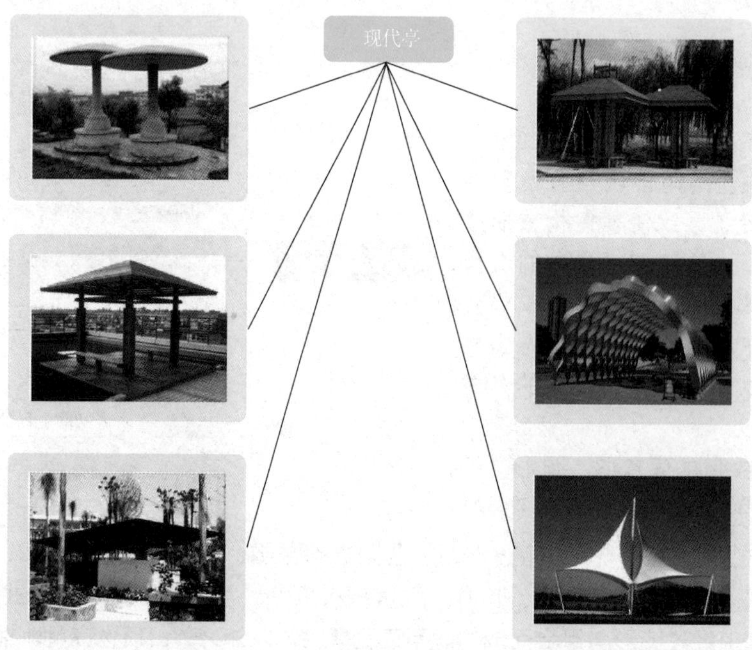

图 4-13　现代亭

三、亭的布局形式

常见亭子的布局形式有以下 3 种，如图 4-14 所示。

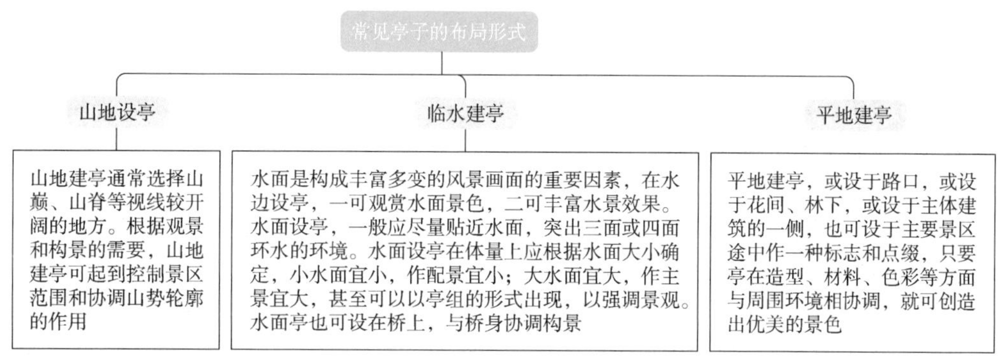

图 4-14　常见亭子的布局形式

不同类型的亭的特点见表 4-1 所示。

表 4-1　不同类型的亭的特点

名称	特点
山亭	设置在山顶和人造假山石上，多属于标志性建筑
靠山半亭	靠山体、假山建造，显露半个亭身，多用于中式园林
靠墙半亭	靠墙体建造，显露半个亭身，多用于中式园林
桥亭	建在桥中部或桥头，具有遮风避雨和观赏功能
廊亭	与廊连接的亭，形成连续的景观节点
群亭	由多个亭有机组成，具有一定的体量和韵律
纪念亭	具有特定意义和誉名
凉亭	以木制、竹制或其他轻质材料建造，多用于盘结悬垂类蔓生植物，亦常作为外部空间通道使用

四、亭的位置选择

园亭选择要考虑：亭是供人游憩的，要能遮阳避雨，要便于观赏风景；亭建成后，又可成为园林风景的重要组成部分，所以亭的设计要和周围环境相协调，并且往往起到画龙点睛的作用。

五、亭的设计要求

通常亭只是休息、点景用，体量上不论平面、立体都不宜过大过高，而应小巧玲珑。一般亭的直径为 3.5～4m，小的为 3m，大的不宜超过 5m。亭的色彩要根据风俗、气候来设计，如南方多用黑褐等较暗的色彩，北方多用鲜艳的色彩。在建筑物不多的园林中色调以淡雅较好。

六、亭的构造

亭一般由亭顶、亭柱（亭身）和台基（亭基）3 部分组成。亭的体量宁小勿大，形制也应较细巧，以竹、木、石、砖瓦等地方性传统材料均可修建。如今更多采用钢筋混凝土或兼以轻钢、玻璃钢、铝合金、镜面玻璃、充气塑料等新材料组建而成。

（1）亭顶　亭的顶部梁架可用木材制成，也可用钢筋混凝土或金属钢架等材料。亭顶一般分为平顶和尖顶两类。形状有方形、圆形、多角形、十字形、仿生形和不规则形等。顶盖的材料则可用瓦片、稻草、茅草、木板、树皮、树叶、竹片、柏油纸、石棉瓦、薄钢板、铝合金板、塑胶板等。

（2）亭柱和亭身　亭柱的构造因材料而异。制作亭柱的材料有钢筋混凝土、石料、砖、木材、树干、竹竿等。亭一般无墙壁，故亭柱在支撑顶部重量及美观的要求上都非常严格。亭身大多开敞通透，置身其间有良好的视野，以便于眺望、观赏。柱间下部常设半墙、坐凳或鹅颈椅，供游人休憩。柱的形式有方柱（长方柱、海棠柱、下方柱等）、圆柱、多角柱、梅花柱、瓜楞柱、包镶柱、多段合柱、拼贴棱柱、花篮悬柱等。柱的色泽各有不同，可在其表面绘成或雕成各种花纹以增加美观。

（3）台基　台基（亭基）多以混凝土为材料，如果地上部分的负荷较重，则需加钢筋、地梁；如果地上部分的负荷较轻，如用竹柱、木柱盖以稻草的亭，则只需在亭柱部分掘穴以混凝土作为基础即可。

七、亭的施工

亭施工程序为：施工准备→施工放线→地基与基础施工→亭身施工→亭顶施工→装饰施工→成品保养。

（1）施工准备　根据施工方案配备好施工技术人员、施工机械及施工工具，按计划购进施工材料。认真分析施工图，对施工现场进行详细踏勘，做好施工准备。

（2）施工放线　在施工现场引进高程标准点后，用方格网控制出建筑基面界线，再按照基面界线外边各加1～2mm，放出施工土方开挖线。放线时，注意区别桩的标志如角桩、台阶起点桩、柱桩等。

（3）地基与基础施工

1）备料。按要求准备砖石、水泥、细砂、粒料，以配置适当强度的混凝土，还有U形混凝土膨胀剂、加气剂、氯化钙促凝剂、缓凝剂、着色剂等添加剂。

基础用混凝土必须采用42.5级以上的水泥，水灰比不大于0.55；骨料直径不大于40mm，吸水率不大于15%。注意按施工图准备好钢筋。

2）放线。严格根据建筑设计施工图定点放线，外沿各边需加宽，用石灰或黄砂放出起挖线，打好边界桩，并标记清楚。为使施工方便，方形地基角度处要校正；圆形地基应先定出中心点，再用线绳以该点为圆心，以建筑投影宽的一半为半径，画圆，并用石灰标明，即可放出圆形轮廓。

3）开挖。根据现场施工条件确定挖方方法。开挖时，一定要注意基础厚度及加宽要求。挖至设计标高后，基底应整平并夯实，再铺上一层碎石为底座。

4）排水。基底开挖有时会遇到排水问题，一般可采用基坑排水，此法简单而经济。在土方开挖的过程中，沿基坑边挖成临时性的排水沟，相隔一定距离，在底板范围外侧设置集水井，用人工或机械抽水，使地下水位经常处于土表面以下60cm处。如果地下水位较高，为降低地下水位应采用深井抽水。

（4）亭身施工　传统亭榭主要是将预制木构件运到现场进行安装。在加工构件时，每一个构件都要标上相应的记号。到现场安装时，要依据记号位置进行架构。安装的次序为先里后外，先下后上。为了确保建筑构架端正稳定，需要随时测量、校正。

钢筋混凝土亭榭的浇筑应仔细核对钢筋的配置、混凝土的强度与配比、梁柱板等构件的图纸尺寸，检查模板是否已经同定，混凝土浇筑时要注意是否允许有施工缝等。

（5）亭顶施工　传统亭榭亭顶的构架部分属于大木，在屋面施工之前要仔细阅读技术文件，注意各层铺筑的技术要求及屋脊、宝顶的安装要求并按顺序铺设，以保证质量。

现代亭榭的亭顶施工往往是指亭顶的整体制作，需要详细了解亭顶和亭身的结构和联系方法，了解安装或浇筑的技术要求，了解施工的顺序和步骤，准备相应的建筑材料，按照设计要求的顺序进行。

（6）装饰施工　传统亭榭所说的装饰主要指栏杆和挂落，其加工方式与其他建筑构件一样，并不在施工现场，所以现场的装饰施工只是将成型的栏杆、挂落安装到位。

现代亭榭的装饰施工除了装修的传统含义外，还包括装饰的内容。例如：仿竹亭的装饰是将亭顶进行仿竹处理，进行分垅、抹彩色水泥浆，压光出亮，再分竹节、抹竹芽，将亭顶脊梁做成仿竹秆或仿拼装竹片等；仿树皮亭则在亭顶进行分段，压抹仿树皮色。

（7）成品保养　施工结束后，还需一段保养期。混凝土亭榭尚未达到一定强度时不得上人踩踏，在此期间主要应注意：施工中不得污染已做完的成品，对已完成的工程应进行保护，若施工时受到污染，应及时清理干净；拆除架子时，注意不要碰坏亭身和亭顶；其他专业的吊挂件不得吊于已安装好的木骨架上；在运输、保管和施工过程中必须采取措施，应避免装饰材料和饰件以及饰面的构件受损和变质；认真贯彻合理的施工顺序，以避免工序原因污染、损坏已完成的部分成品；油漆粉刷时不得将油漆喷滴在已完成的饰面砖上；对刷油漆的亭子，刷前首先清理好周围环境，防止尘土飞扬、影响油漆质量；刷漆完成后应派专人负责看管，禁止触碰。

【高手必懂】廊

廊是指屋檐下的通道、房屋内的通道或独立有顶的通道。廊是一种“虚”的建筑形式，由两排列柱顶着一个不太厚实的廊顶，其作用是把园内各个单体建筑连在一起。廊的一边通透，利用列柱、横楣构成一个取景框架，形成一个过渡的空间，造型别致曲折、高低错落。我国建筑中的走廊，不但是厅厦内室、楼、亭台的延伸，也是由主体建筑通向各处的纽带，而园林中的廊子，既起到园林建筑间穿插、联系的作用，又是园林景色的导游线。廊不能单独使用，只能算作附属建筑，广泛应用于园林、绿地中，并承担着重要作用。如北京颐和园的长廊，它既是园林建筑之间的联系路线，或者说是园林中的脉络，又与各样建筑组成空间层次多变的园林艺术空间，如图 4-15 所示。

图 4-15　北京颐和园的长廊

一、类型与形式

廊的类型很多，其分类如图 4-16 所示。

园林公园绿地中使用的廊多为传统形式，但也有多种变化。常见的廊的类型和特点如图 4-17所示。

- 按廊的横剖面形式划分
  - 双面空廊
  - 单面空廊
  - 复廊
  - 楼廊
- 按廊的整体造型划分
  - 直廊
  - 曲廊
  - 回廊
  - 爬山廊
  - 叠落廊
  - 水廊
  - 桥廊

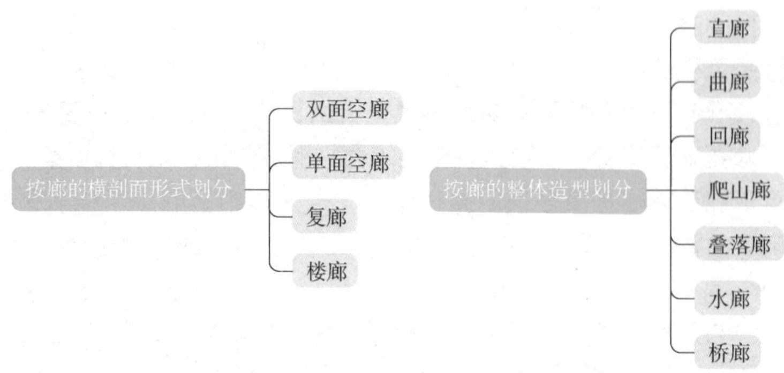

图 4-16 廊的类型

若将两条半廊合二为一，或将空廊中间沿脊檩砌筑隔墙，墙上开设漏窗，则称“复廊”。复廊两侧往往分属不同的院落或景区，但园景彼此穿透，若隐若现，从而产生无尽的情趣

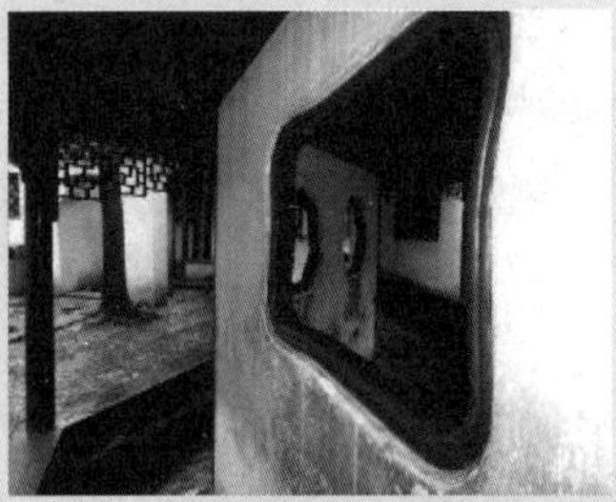

复廊

廊随地势起伏，有时可直通二层楼阁，这种廊常被称做“爬山廊”。爬山廊可以是半廊，也可以是空廊

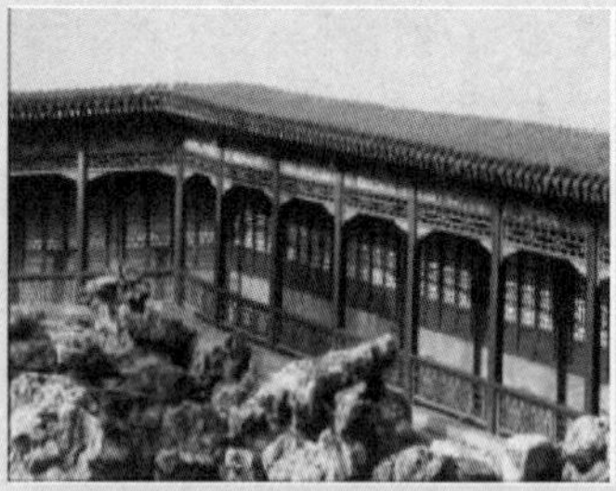

爬山廊

常见的廊的类型及特点

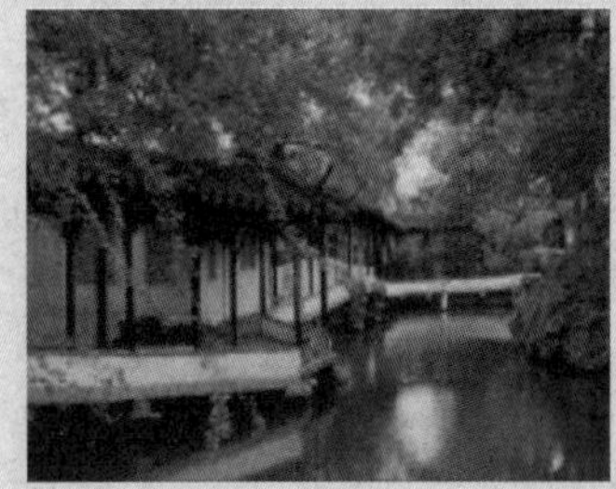

半廊

半廊最为常见的是一种靠墙的游廊，屋面为单坡，它一面紧贴墙垣，另一面则向园景敞开

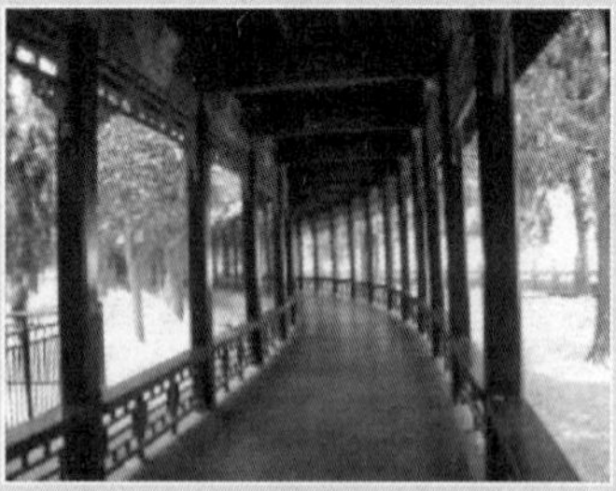

空廊

空廊是指无墙的廊，屋面为两坡。它蜿蜒于园中，将园林空间一分为二，不仅丰富了园景层次，人行其中还可以两面观景。用空廊分隔水池时，廊道低临水面，两面可观水景，人行其上，水流其下，有如“浮廊可渡”

图 4-17 常见的廊的类型及特点

二、廊的作用

图 4-18 作为道路的廊

1）作为道路，廊可引领游人通向要去的地方，而且加了顶盖，避免了游人遭受日晒、雨淋的困扰，更方便在雨雪之中欣赏景致，如图 4-18 所示。

2）与游园道路一样，廊随地势而起伏，循园景而曲折，它可使人随廊的起伏曲折而上下转折，行走其中能够感觉到园景的变幻，最终达到“步移景异”的观赏效果，如图 4-19 所示。

3）廊较园路增添了顶盖，根据它的体量、造型又可以分隔园景、增加层次、调节疏密、区划空间，成为构成园景的重要因素。

4）在园林中，廊大多沿墙设置或紧贴围墙，或将个别廊段向外曲折，与墙之间形成大小、形状各不相同的狭小天井，其间可植木点石，布置小景。而在有些园林里，由于造景的需要，也有将廊从园中穿过的，两面不依墙垣，不靠建筑，廊身通透，使园景似隔非隔。

图 4-19 随地势起伏的廊

三、廊的设计

1）总体上廊的平面布局应自由开朗，样式活泼多变，这样易于表达园林建筑的气氛和性格，使人感到新颖、舒畅。

2）廊是长形观景建筑物，游览路线上的动态效果是主要因素，关系廊设计成败关键。廊的各种组成，墙、门、洞等是根据廊外的各种自然景观，通过廊内游览观赏路线来布置安排的，以形成廊的对景、框景，空间的动与静、延伸与穿插以及道路的曲折迂回。

3）从空间上分析，廊可以说是“间”的重复，应充分利用这种特点，使其有规律地重复，有组织地变化，形成韵律、产生美感。

4）廊从立面上突出表现了“虚实”的对比变化，从总体上说是以虚为主，这主要还是功能上的要求。廊作为休息赏景建筑，需要具备开阔的视野。同时廊又是景色的一部分，需要和自然空间互相延伸，融于自然环境中。

5）廊的宽度和高度的设定应按人的尺度比例关系加以控制，避免过宽过高，一般高度宜为2.2～2.5m，宽度宜为1.8～2.5m。居住区内建筑与建筑之间的连廊尺度必须与主体建筑相适应。

6）柱廊是以柱构成的廊式空间，是一个既有开放性，又有限定性的空间，能增加景观的层次感。柱廊一般无顶盖或在柱头上加设装饰构架，靠柱子的排列产生效果，柱间距较大，纵列间距以4～6m为宜，横列间距以6～8m为宜。柱廊多用于广场、居住区主入口处。

四、各种廊的结构

中国古代的私家园林，占地及亭台楼阁的尺度相对比较小，游廊进深一般仅1.1m左右，最窄的只有950mm。现代公园、绿地的游廊尺度也要适当放大，但也须控制在适当的范围内。

半廊

由于排水的需要，半廊的外观靠墙做单坡顶，其内部实际也是两坡，因此结构稍微复杂一点。内、外两侧柱一侧高一侧低，横梁一端插入内柱，另一端架于外柱上，梁上立短柱。外侧横梁端部、短柱之上及内柱顶端架檩条，上架椽，覆望板、廊顶。内柱位于横梁上边的檩条，上架椽子、覆望板，使之形成内部完整的两坡顶，如图4-20所示。

空廊

空廊仅为左右两柱，上架横梁，梁上立短柱，短柱之上及横梁两端架檩条联系两榀梁架，最后檩条上架椽、覆望板、廊顶即可。如果进深较宽，檐口较高，则梁下可以支斜撑。这既有加固的作用，同时也有装饰廊内空间的作用，如图4-21所示。

图4-20　半廊

图4-21　空廊

复廊

复廊较宽，中柱落地，前后中柱间砌墙，两侧廊道做法同半廊相似，也可以同空廊相似，如图4-22所示。

爬山廊

爬山廊的构造与半廊、空廊完全相同，只是地面与屋面同时作倾斜、转折。跌落式爬山廊的地面与屋面均为水平，低的廊段上的檩条一端插在高的一端廊段的柱上，另一端架于柱上，由此形成层层跌落之形。与前空廊、半廊和复廊游廊稍有不同的是，架于柱上的檩条要伸出柱头，使之形成类似悬山的屋顶，为避免檩头遭雨淋而损坏，对伸出部分还需用博风板封护，如图4-23所示。

图 4-22 复廊

图 4-23 爬山廊

复道廊

复道廊分上、下两层，立柱大多上下贯通，少数上下分开。上层结构与空廊或半廊相同，上层柱高仅为下层的 0.8 倍，如图 4-24 所示。

图 4-24 复道廊

五、廊的构架及其施工

1. 廊的基本构架

廊的基本构架包括柱子、梁檩和廊顶基层 3 部分，具体内容见表 4-2。

表 4-2 廊的构架

架构部分	特点
柱子	只有前后（或左右）檐柱，并且柱子的截面做成梅花角的形式，故一般又称为“梅花柱”，每隔三、四排柱需将一对柱子的柱脚伸入到柱顶石内，以加强廊的稳定性。柱脚与柱顶石做成“套顶榫”。在前（后）檐的檐柱之间，柱顶上部仍用檐枋连接起来，枋下吊挂楣子，柱下端用栏杆或坐凳连接成长廊
梁檩	卷棚屋顶的廊在每对（排）前后的檐柱上一般采用四架梁，在四架梁上立瓜柱或托墩，再施以月梁，承托两根脊檩，如图 4-25 所示
廊顶基层	游廊的廊顶基层同其他上述建筑基本一样，只是卷棚廊顶的脊檩上是采用罗锅椽，其他檐椽、飞椽、望板等均同前

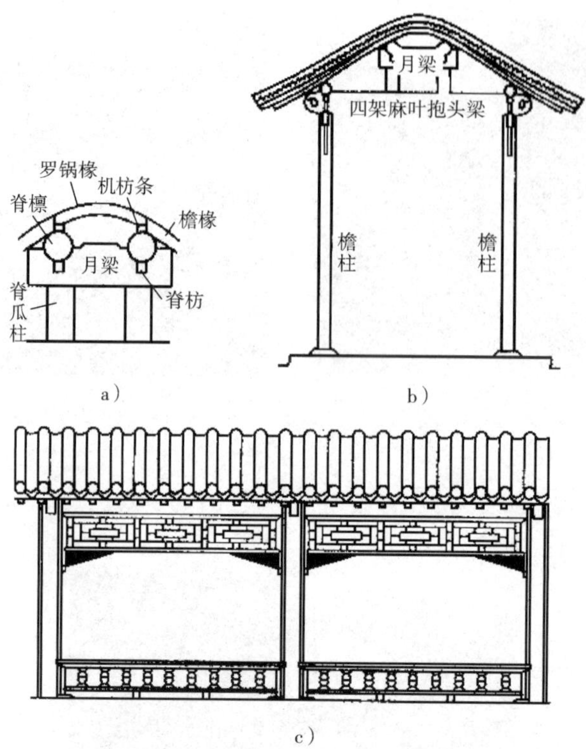

图 4-25 廊木构架

a）脊顶木构件简图 b）廊的剖面 c）廊的正面

2. 廊的平面拐弯与垂直连接

（1）廊的拐弯 游廊的平面布置有直角（90°）拐弯和钝角（大于 90°）拐弯，这些拐弯廊在拐角的两根柱上应安装递角梁，递角梁与一般架梁的不同之处在于梁的长度应按平面角的斜度计算，梁上的檩椀槽和垫板槽等按实际斜交角度剔凿。其他构造与一般架梁相同，故也可称为四架递角梁。在 90°的内拐弯处，递角梁与其两边四架梁的端头要采用插榫相交连接在一起。钝角拐弯柱的截面要随转折角度做成异形截面，如图 4-26 所示。此外，在廊顶转角处的金檩上，外凸角和内凹角要施以角梁，以解决拐弯处屋面基层的衔接，其平面投影如图 4-26 所示。

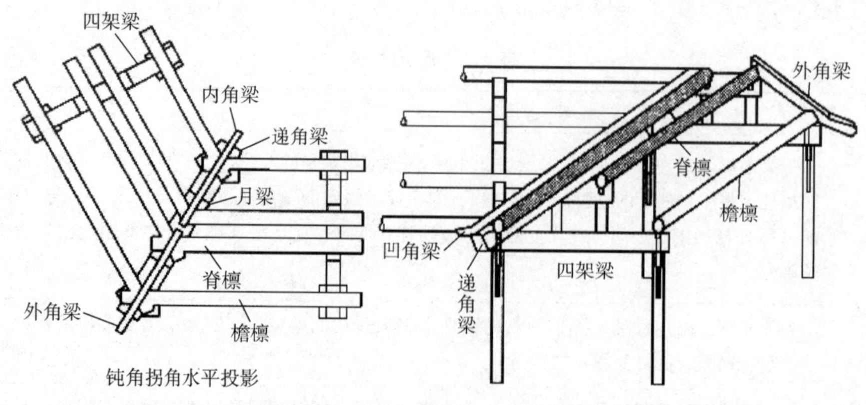

图 4-26 游廊钝角拐弯构架

（2）廊的平面垂直连接　一些廊设计成纵横交叉的布置，这时廊的平面就形成丁字或十字形交叉。这种交叉的构架主要是将相互垂直的檐檩做成合角榫相交，脊檩做成插榫丁字相交，交角处施以凹角梁，其平面投影如图 4-27 所示。

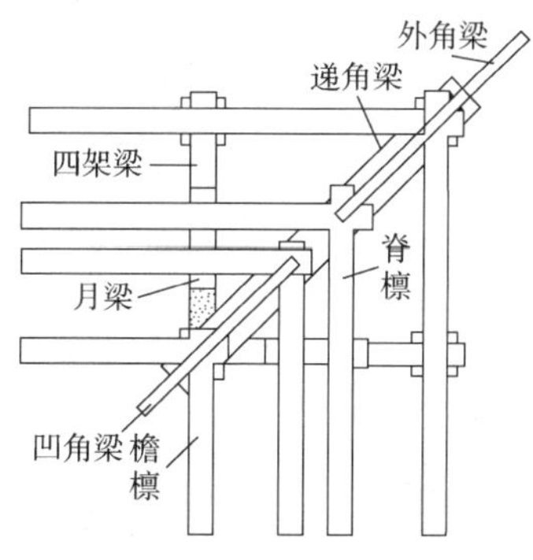

图 4-27　垂直交叉构架水平投影

（3）爬山廊的构架处理　爬山廊的构架处理包括叠落式爬山廊的构架处理和斜坡式爬山廊的构架处理，其具体内容如图 4-28 所示。

爬山廊的构架处理

- 叠落式爬山廊的构架处理：叠落式爬山廊又称错落式爬山廊，它是以一段长度的廊子为一级，形成高低级层层错落的游廊。特点：在高低级交界处，低级段的檐檩、檐垫板和檐枋等构件的安装高度是按高低级相差尺寸用插榫与高级段檐柱连接；低级段的脊檩搭扣在交界柱子新增的横梁（称为插梁）上，并钉上木板将插梁和搭扣檩头遮盖住，此板则称为“象眼板”。而对高级段的檩木则按悬山建筑的要求做成悬挑形式。交界柱的柱脚最好采用套顶榫与柱顶石连接。叠落式爬山廊的木构架如图4-29所示
- 斜坡式爬山廊的构架处理：斜坡式爬山廊的木构架与一般平地廊的木构架基本相同，主要区别是廊的横向构件（如梁、枋等）的截面由矩形改为菱形，如图4-30a）所示；檩三件与柱的连接口也按斜坡率进行制作。每根爬山廊的柱脚要做成套顶榫与柱顶石连接，以确保廊的稳定。转弯变形处的构件应随转折形式做成相应的截面，如图4－30b）所示。屋面转角檐口高低差的衔接可调节角梁的厚薄或添加衬头木加以解决

图 4-28　爬山廊的构架处理

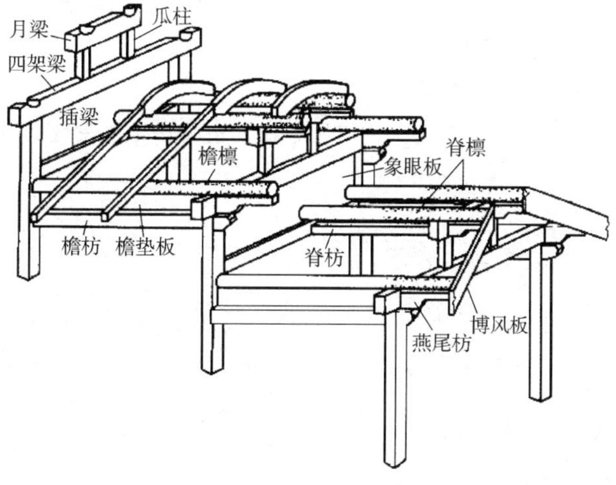

图 4-29　叠落式爬山廊的木构架

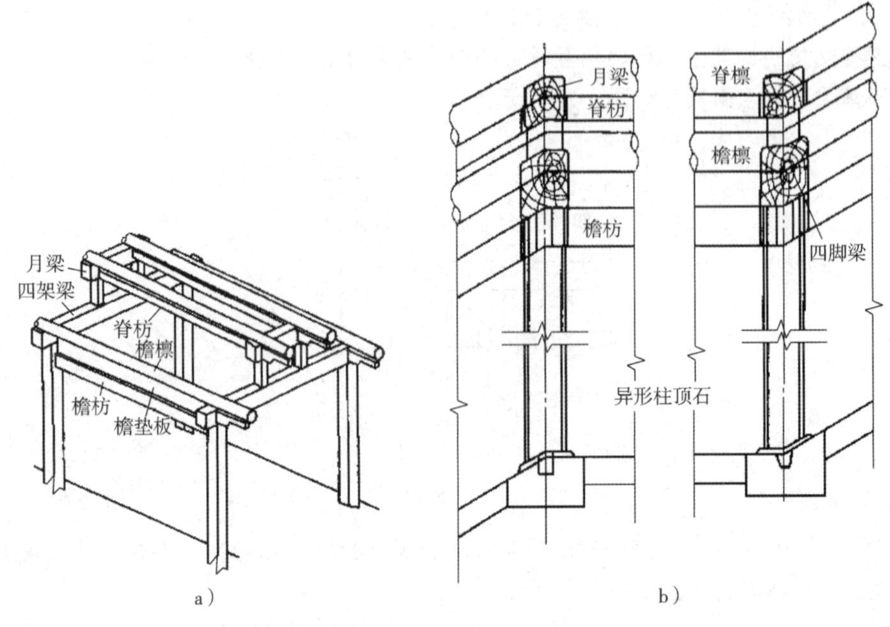

图 4-30　斜坡式爬山廊的木构架

a）斜坡爬山廊梁架构架　b）斜坡式爬山廊立面折角处的梁、柱、柱顶石

【高手必懂】水榭

1. 水榭的特点

榭在园林中的形式多为水榭，立面较为开敞、造型简洁，与环境相协调。现存古典园林中的水榭基本形式为：在水边架起一个平台，平台一半伸入水中，一半架于岸边，平台四周以低平的栏杆围绕，平台上建一个木构架的单体建筑，建筑的平面形式通常为长方形，临水一面特别开敞，榭顶常做成卷棚歇山式样，檐角低平轻巧，如图 4-31 所示。现代园林中，水榭在功能上有了更多内容，形式上也有了很大变化，但水榭的基本特征仍然保留着。

图 4-31　拙政园芙蓉榭

2. 水榭平台的构造类型

水榭平台的构造类型，如图 4-32 所示。

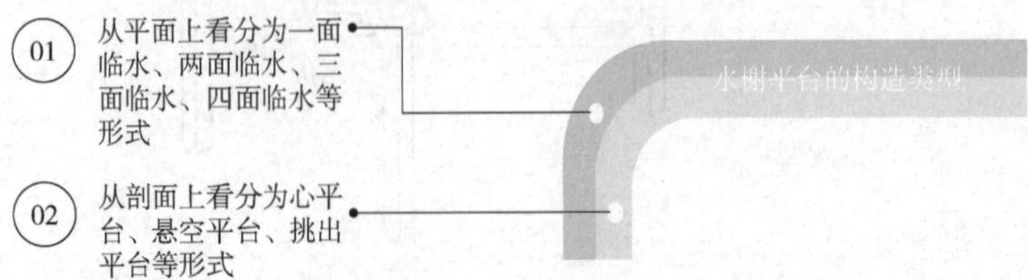

图 4-32　水榭平台的构造类型

3. 中国古典园林中水榭的传统做法

在水边架起一个平台，平台一半深入水中，一半架于岸边，平台四周以低平的栏杆相围绕，然后在平台上建起一个木构的单体建筑物。建筑的平面形式通常为长方形，其临水一侧特别开敞，有时建筑物的四周都立着落地门窗，显得空透、畅达，屋顶常用卷棚歇山式样，檐角低平轻巧；檐下玲珑的挂落、柱间微曲的鹅颈靠椅和各式门窗栏杆等，常为精美的木作工艺，既朴实自然，又简洁大方。

图 4-33 水榭（一）

4. 水榭与水面、池岸的关系

1）尽可能突出水面，如图 4-33 所示。

2）强调水平线条，与水体协调，如图 4-34 所示。

a）

b）

图 4-34 水榭（二）

3）尽可能贴近水面，如图 4-35 所示。

图 4-35 水榭（三）

5. 水榭与园林整体空间的关系

水榭与园林整体空间的关系处理是水榭设计的重要方面，水榭与园林整体空间的关系主要体现在水榭的体量大小、外观造型与环境的协调上，进一步分析还体现在水榭装饰装修、色彩运用等方面与环境的协调。水榭在造型、体量上应与所处环境协调统一，如图 4-36 所示。

a）

b）

图 4-36　水榭与园林整体空间的关系

【高手必懂】花架

一、花架的定义

花架是园林中支撑藤本植物的工程构筑物，具有廊的某些功能，并更接近自然，融于园林景观中。

与花架相匹配的植物主要为紫藤、葡萄、蔷薇、络石、常春藤、凌霄、木香等。

二、花架的作用及特点

花架是指用刚性材料构成一定形状的格架以供攀缘植物攀附的园林设施，又称棚架或绿廊。

1. 特点

花架具有灵活多变的造型，伞形花架具有单体亭的特点，体量较小的单体花架或组合花架具有亭、榭的特点，而沿道布置的长形花架则具有廊的特征，花架在运用上同时兼具亭、廊、榭三类园林建筑的特点。同时，花架与攀缘植物的完美结合又使得花架成为人工建筑与自然结合的典范，符合现代人回归自然的思潮。因而花架在园林中，特别是在现代园林中的运用十分普遍。

2. 作用

花架可作遮阴休息之用，并可点缀园景。为创造适宜于植物生长的条件，满足植物造型的要求，花架设计首先要了解所配置植物的原产地和生长习性。现在的花架，有两方面作用：一方面可供人歇足休息、欣赏风景；另一方面可创造适宜攀缘植物生长的条件。因此，可以说花架是最接近于自然的园林小品了。

三、花架的基本构造

花架由柱子和格子条构成。柱顶端架着格子条，格子条主要由横梁、横木、椽组成，如图 4-37 所示。

不管何种花架，先要立柱，而且所有的支柱必须十分坚挺，能承受茁壮成长的攀缘植物的重量和强劲的风。支柱一般用混凝土基础，以锚铁结合各部分。

图 4-37　花架

（1）花架宽高　花架为平顶或拱门形，宽度约2～5m，高度则视宽度而定，高与宽之间的比例为5∶4。柱子的距离一般约为2.5～3.5m。

（2）柱子材料　一般分为木柱、铁柱、砖柱、石柱、水泥柱。柱子一般用混凝土做基础，以锚铁结合各部分。如直接将木柱埋入土中时，应将埋入部分用柏油涂抹防腐。柱子顶端架着枋条，其材料一般为木条，亦可用竹竿、铁条等材料。

（3）木柱　木质支撑物，必须由坚固的木料制成，如图4-38所示。硬木最好，比如橡木，软木也可以使用，但须经过有效的防腐处理。木焦油对植物有害，不适合用作防腐剂。每根柱子的基部必须插入地表至少60cm，并用水泥浇筑。

（4）砖石柱　砖石支撑必须依靠地基来提供支撑的力量，建地基时在柱子的中央可插入一根钢条。密封为石或砖制结构，防止水进入洞中，如图4-39所示。

此外，镀锌的钢支架也是十分理想的。

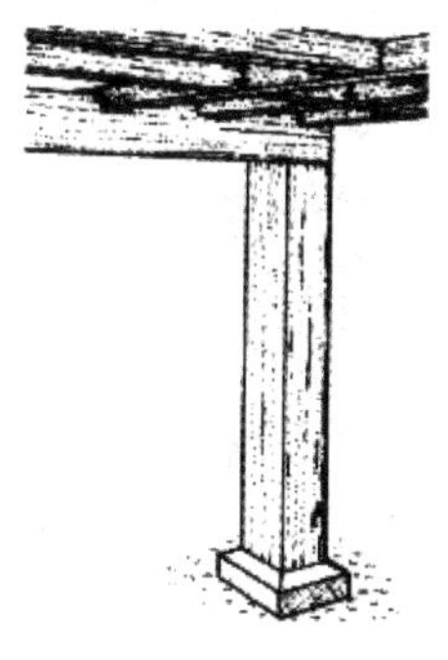

图 4-38　木柱

图 4-39　砖石柱

四、花架的分类

按照不同的分类方式可将花架分为不同的类型，花架的分类如图4-40所示。

花架的分类

- 按平面形式分类：花架组合可以构成丰富的平面形式。多数花架为直线形，对其进行组合，就能形成三边、四边乃至多边形。也可将平面形式设计成弧形，由此可以组合成圆形、扇形、曲线形等形式。花架的平面形式，如图4-41所示
- 根据垂直支撑形式分类：花架的垂直支撑形式，如图4-42所示。最常见的是立柱式、立柱式又可分为独立的方柱、长方、小八角、海棠截面柱等。可由复柱替代独立柱，又有平行柱、V形柱等以增添艺术效果。也可采用花墙式花架，其墙体可用清水花墙、天然红石板墙、水刷石或白墙等形式
- 按结构形式分类：花架按结构形式分包括单柱花架和双柱花架。单柱花架，即在花架的中央布置柱，在柱的周围或两柱间设置休息椅凳，供游人休息、赏景、聊天。双柱花架又称两面柱花架，即在花架的两边用柱来支撑，并且布置休息椅凳，游人可在花架内漫步游览，也可坐在其间休息
- 按施工材料分类：一般有竹制花架、木制花架、仿竹仿木花架、混凝土花架、砖石花架和钢质花架等形式。竹制、木制与仿竹仿木花架整体比较轻，适于屋顶花园选用，也可用于营造自然灵活、生活气息浓的园林小景。钢质花架富有时代感，且空间感强，适于与现代建筑搭配，在某些规划水景观景平台上采用效果也很好。混凝土花架寿命长，且能有多种色彩，样式丰富，可用于多种设计环境

图 4-40　花架的分类

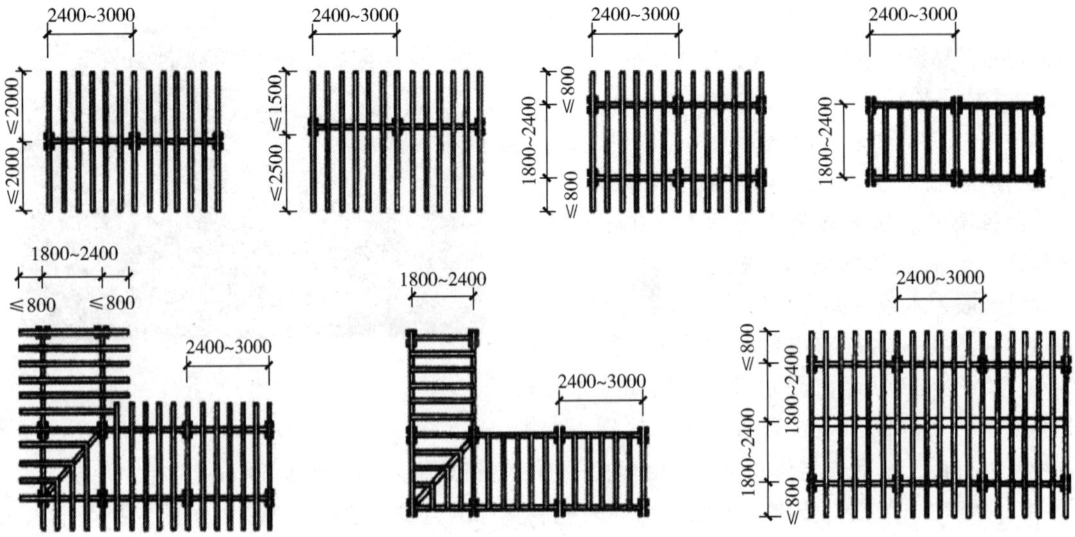

图 4-41 花架的平面形式

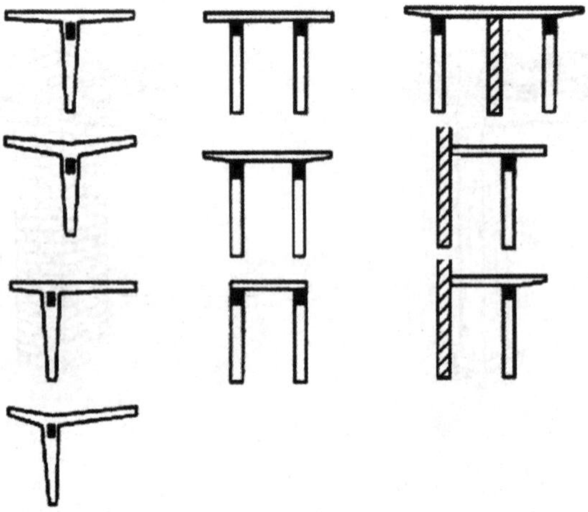

图 4-42 花架的垂直支撑形式

五、常用材料

花架常用的建筑材料有竹木材、钢筋混凝土、石材和金属材料等。

1. 建筑材料

(1) 竹木材　朴实、自然、价廉、易于加工，但耐久性差。竹材限于强度及断面尺寸，梁柱间距不宜过大，如图 4-43 所示。

图 4-43 木质花架

(2) 钢筋混凝土　可根据设计要求浇筑成各种形状，也可做成预制构件，现场安装，灵活多样，经久耐用，使用最为广泛，如图 4-44 所示。

(3) 石材 厚实耐用，但运输不便，常用块料制作花架柱，如图4-45所示。

图4-44 钢筋混凝土花架

图4-45 石材花架

(4) 金属材料 轻巧易制，构件断面及自重均小，采用时要注意使用地区和选择的攀缘植物种类，以免炙伤嫩枝叶，并应经常油漆养护，以防脱漆腐蚀，如图4-46所示。

2. 植物材料

花架上所使用的植物材料有广泛的选择性，例如：以遮阳为主的花架可选择枝叶浓密、绿期长且具有一定观赏价值的植物；如果以观赏为主要目的花架则应选择具有观花、观果或观叶的植物种类。常见的木本植物类型有紫藤、地锦、蔷薇、藤本月季、木香、常春藤、葛藤、葡萄、猕猴桃等。如果想见效快，可选用一些草本植物，如葫芦、南瓜、黄瓜等。

图4-46 金属材料花架

六、花架的应用

花架应用于各种类型的园林绿地中，常设置在风景优美的地方供休息，并起到点景作用，也可以和亭、廊、水榭等结合，组成外形美观的园林建筑群。在居住区绿地、儿童游戏场中的花架可供人们休息、遮阴、纳凉，用花架代替廊子，可以联系空间。用花架配置攀缘植物，可分隔景物。园林中的茶室、冷饮部、餐厅等也可以用花架作为凉棚，设置座位。还可用花架作为园林的大门。

七、花架的设计要点

(1) 花架与攀缘植物 花架与攀缘植物的配合表现为两方面：一方面，花架的结构、材料、造型在设计时必须考虑所攀附的植物的特点（植物的攀缘方式、生长习性等）；另一方面，植物攀附后与花架实质上成为一个整体，景观效果的获取来自建筑和植物的完美结合，两者必须综合考虑。

(2) 花架的高度 根据花架所处的位置及周围环境而定，一般为2.8~3.5m，有时可根据构景的需要适当放大或缩小尺度。

（3）花架的开间与进深　花架相邻两个柱子间的距离称为开间，花架的跨度称为进深。花架的开间和进深也与花架在园林或园林局部所处的位置及周围环境息息相关，并与花架所用材料和结构有关，一般的混凝土双臂花架，开间和进深通常为2.5～3m，有些情况下，花架的进深可达6～8m。

八、几种常用的花架

（1）自然材料　我国《工段营造录》中有记载："架以见方计工。料用杉槁、杨柳木条、薰竹竿、黄竹竿、荆笆、籀竹片、花竹片。"上述材料现已不易见到，但为追求某种意境、造型，可用钢管绑扎、外粉或混凝土仿做上述自然材料。近来也流行用经过处理的木材作为材料，以求真实、亲切。

（2）混凝土材料　是最常见的材料，基础、柱、梁皆可按要求设计，但花架板量多而距近，且受木构断面影响，宜用光模、高强度等级的混凝土一次捣制成型，以求轻巧纤薄。

（3）金属材料　常用于独立的花柱、花瓶等。造型活泼、通透、多变、现代、美观，但需要经常养护油漆，且阳光直晒下温度较高。

（4）玻璃钢、CRC等　常用于花钵、花盆。

九、花架施工

1. 施工方法

（1）竹木花架、钢花架　可在放线且夯实柱基后，直接将竹、木、钢管等正确安放在定位点上，并用水泥砂浆浇筑。水泥砂浆凝固达到强度后，进行格子条施工，修整清理后，最后进行装修刷色。

（2）混凝土花架　现浇装配均可，花架格子条截面选择、间距、两端外挑、内跨径根据设计规格进行施工。花架上部格子条截面选择结果常为50mm×（120～160）mm，间距为500mm，两端外挑为700～750mm，内跨径多数为2700mm、3000mm或3300mm。为减少构件的尺寸及节约粉刷，可用高强度等级的混凝土浇捣，一次成形后刷色即可。修整清理后，最后按要求进行装修。

（3）混凝土花架悬臂挑梁的起拱和上翘要求　为求视觉效果，一般起翘高度为60～150mm，视悬臂长度而定，搁置在纵梁上的支点可采用1～2个。

（4）砖石花架　花架柱在夯实地基后以砖块、石板、块石等材料进行虚实对比或镂花砌筑，花架纵横梁用混凝土斩假石或条石制成，其他同上。

2. 施工要点

1）柱子地基要坚固，定点要准确，柱子间距及高度要准确。

2）花架要格调清新，要注意与周围建筑及植物在风格上的统一。

3）模板安装前，先检查模板的质量，不符合质量标准的不得投入使用。

4）不论现浇和预制混凝土及钢筋混凝土构件，在浇筑混凝土前，都必须按照设计图纸规定的构件形状、尺寸等施工。

5）混凝土花架装修格子条时可用各种外墙涂料，刷白两遍；纵梁用水泥本色、斩假石、水刷石饰面均可；柱用斩假石或水刷石饰面即可。

6）涂刷带颜色的涂料时，配料要合适，确保整个花架都用同一批涂料，并应一次用完，保证颜色一致；刷色要避免漏刷、流坠、刷纹明显等现象发生。

7）花架安装时要注意安全，严格按操作规程、标准进行施工。

8）对于采用混凝土基础或现浇混凝土做的花架或花架式长廊，如施工环境多风、地基不良或这些花架要种瓜果类植物，由于其承重力加大，容易产生对基础的破坏。因此施工时多用“地龙”，以提高抗风抗压力的作用。

3. “地龙”做法

“地龙”是基础施工时加固基础的方法。施工时，柱基坑不是单个挖方，而是所有柱基均挖方，成一坑沟，深度一般为 60cm，宽 60 ~ 100cm。打夯后，在沟底铺一层素混凝土，厚 15cm，稍干后配钢筋（需连续配筋），然后按柱所在位置，焊接柱配钢筋。在沟内填入大块石，用素混凝土填充空隙，最后在其上再现浇一层混凝土，养护 4 ~ 5 天后方可进行下道工序。

4. 花架施工步骤

花架施工步骤如图 4-47 所示。

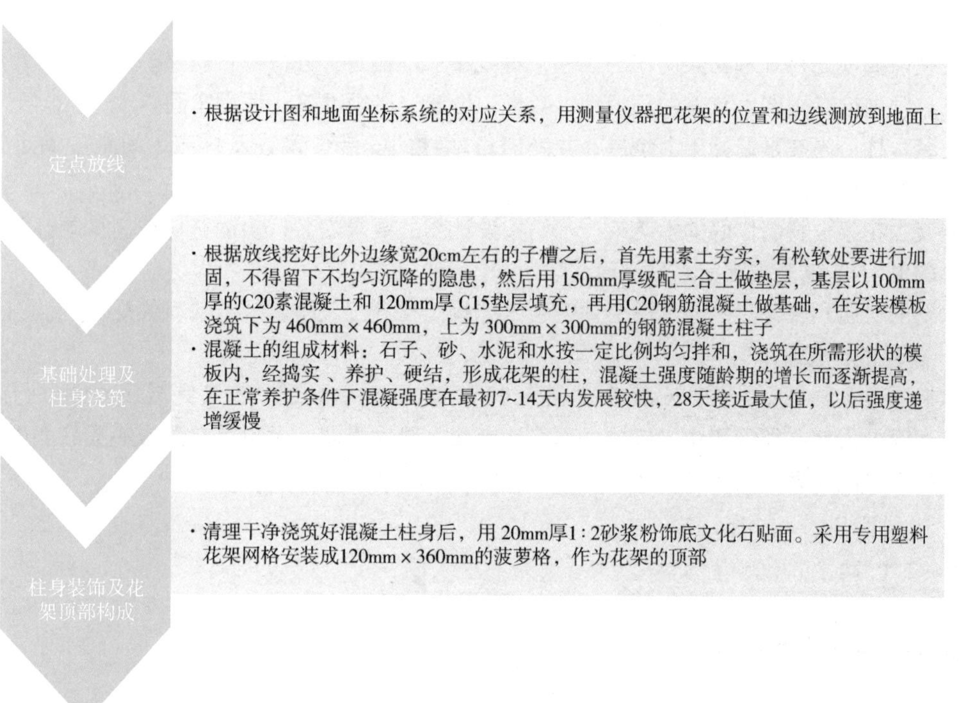

图 4-47　花架施工步骤

十、木花架施工

1. 工艺流程

采购选料→加工木柱及木枋和角钢→对半成品进行防腐处理→核查半成品→现场放线定位→安装角钢→对预埋件（包括柱形杯口基础）进行检查和处理→安装木柱及木枋→对半成品进行防腐处理→刷防腐面漆。

2. 选料

组织设计、建设单位以及监理单位对木材市场，进行产地实地考察并确定供货单位，签订供货合同。

组织责任心强，经验丰富，技术好的木工班子，对供货单位仓库的库存材料进行筛选，选择材质优良，质地坚韧，材料挺直，比例匀称，正常无障节，霉变，无裂缝，色泽一致，干燥的木材。

3. 加工制作

根据锯好的木花架半成品料，按规格，同时应进行再次选料，保证用料质量。

木花架制作前，先进行放样。木工放样应按设计要求的木料规格，逐根进行榫穴的制作，榫头划墨，画线必须正确。操作木工应按要求分别加工制作，榫要饱满，眼要方正，半榫的长度应比半眼的深度短2~3mm。线条要平直，光滑，清秀，深浅一致。割角应严密，整齐，刨面不得有刨痕，戗槎及毛刺。拼榫完成后，应检查花架方木的角度是否一致，有否有松动现象，整体强度是否牢固。木作加工不仅要求制作，接榫严密，更应确保材料的质量。构件规格较大时，施工也应注意榫卯，凿眼工序中的稳、准的程度，用家具的质量标准要求，体现园林小品的特色。

4. 木花架安装

安装前要预先检查木花架制作的尺寸，对成品加以检查，进行校正规整。如有问题，应事先修理好。预先检查固定木花架的预埋件、数量、位置，必须准确，埋设牢固。

安装木柱：先在素混凝土上垫层，并弹出各木柱的安装位置线及标高。间距应满足设计要求。将木柱放正，放稳，并找好标高，按设计要求的方法固定。

安装木花架：将制作好的木花架、木枋按设计图的要求安装，用钢钉从枋侧斜向钉入，钉长为枋厚的1~1.2倍。固定完之后及时清理干净。

木材的材质和铺设时的含水率必须符合木结构工程施工及验收规范的有关规定。

5. 成品的防腐

木制品及金属制品必须在安装前按规范进行半成品防腐处理，安装完成后立即进行防腐施工，若遇雨雪天气必须采取防水措施，不得让半成品受淋浸湿，更不得在湿透的成品上进行防腐施工，确保成品防腐质量合格。

第二节 园门和景墙

【高手必懂】园门

我国古典园林中的门犹如文章的开头，是构成一座园林的重要组成部分。造园家在规划构思设计时，常常是搜奇夺巧，匠心独运。

如南京瞻园的入口，小门一扇，墙上藤萝攀绕，于街巷深处显得情幽雅静，游人涉足入门，空间则由“收”而“放”。一入门只见庭院一角，山石一块，树木几枝，经过曲廊，便可眺望到园的南部山石、池水建筑之景，使人感到这种欲露先藏的处理手法，正所谓“景愈藏境界愈大”，把景物的魅力蕴含在强烈的对比之中。

苏州留园的入口处理更是苦心经营。园门粉墙、青瓦，古树一枝，构筑可谓简洁，入门后是一个小厅，过厅东行，先进一个过道，空间为之一收。而在过道尽头是一横向长方厅，光线透过漏窗，厅内亮度较前厅稍明。

1. 园门的作用

园门是指园林景墙上开设的门洞，也称景门。园门有导游、点景和装饰的作用，一个成功的园门往往给人以“引人入胜”“别有洞天”的感受。

(1) 导游作用 园门的导游作用是指为游人提供集散与联系服务，有效的组织游览路线、发挥导游的作用，使游人在游览过程中不断获得生动的画面。

(2) 划分空间 园门在建筑设计中不仅具有交通及通风、采光作用，在空间处理上，它可以把两个相邻的空间既分隔开来又联系在一起。在造园艺术中往往利用园门的这种分隔空间和联系空间的作用，构成园林空间的渗透和空间的流动，并形成明显的层次，以达到园内有园，景外有景，形成丰富多彩的景观形式。

(3) 点景作用 园门给游人的最初印象是其能影响人们对园林整体或局部的感受，不仅具有能引导出入和造景的功能，还易产生“触景生情”的效果，因此，园门又可以起到园林入口的点景作用。

(4) 装饰作用 园门的造型往往对园林建筑的艺术风格起着一定的支配作用，有的气质轩昂庄重，有的格调小巧玲珑，所以选择园门形式的时候绝不能凭个人的偏爱随意套用，而应多从园林艺术风格的整体效果加以推敲。园门在形式处理上虽然不需过分渲染，但却要求精巧雅致。

2. 园门的类型

园门的形式大体上可分为直线型、曲线型和混合型三种。

(1) 直线型 直线型园门是指方门、六方门、八方门、长八方门、执圭门以及把曲线门程式化的各种式样的门，如图 4-48 所示。

(2) 曲线型 曲线型园门是我国古典园林中常用的园门形式。主要有圈门、月门、汉瓶门、葫芦门、创环门、梅花门、如意门和贝叶门等，如图 4-48 所示。

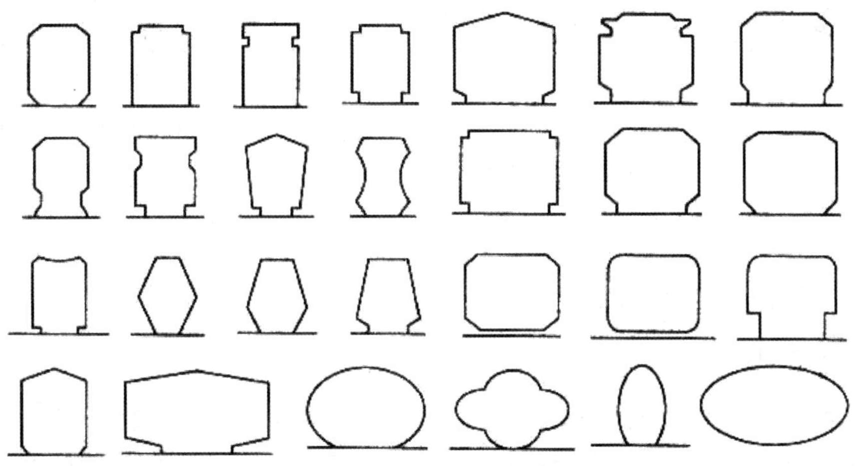

图 4-48 直线型园门和曲线型园门

(3) 混合型 以直线型为主体，在转折部位加入曲线段进行连接，或将某些直线变成曲线即为混合型园门，如图 4-49 所示。

3. 设计要点

园门的设计除了要管理方便，入园合乎顺序外，还要形象明确，特点突出，使人易寻找，给人深刻印象。大门的形式可分对称形式与不对称形式两种，从形式和习惯上考虑，对称的形式构图严谨，可根据气候变化，调节使用，过去园林大门多用对称形式。不对称形式活泼美观，易于

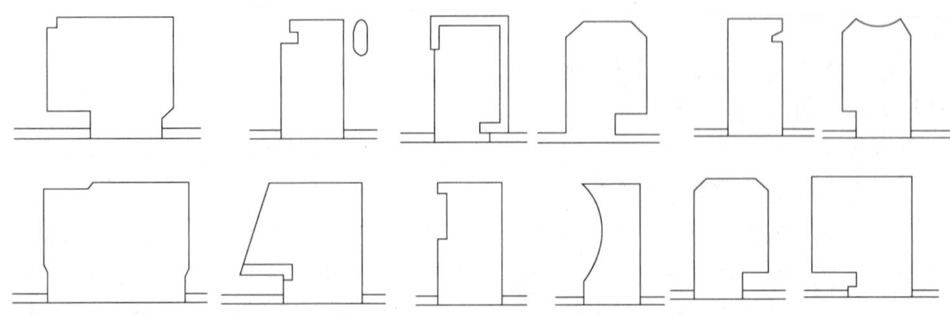

图 4-49　混合型园门

形成特点，可避免因构图形式产生的不利和浪费，中小公园和植物园常采用此种形式。

园门设计时要注意：入口应反映建筑的性质和特色；入口必须与周围环境相协调；大门的形式多样，有盖顶或无盖顶，古典或现代，甚至两根柱也可成为大门。有消防要求的入口须能够通过消防车；运用地方特色和建筑符号，可以使其表达很多内涵意义。

【高手必懂】景墙

一、景墙的类型

景墙是指园林中的墙垣，是通常用于界定和分隔空间的设施，或称为园墙，有连续式景墙和独立式景墙两种类型。

连续式景墙大多位于园林内部景区的分界线上，起到分隔、组织空间和引导游览的作用，或者位于园界的位置对园地进行围合，构成明显的园林景观范围。园界上的景墙除了要符合园林本身的要求以外，还要与城市道路融为一体，并为城市街景添色。在连续式景墙中如运用植物材料进行表现，可取得良好的景观效果。

独立式景墙一般可分为磨砖景墙、石景墙、木景墙和竹景墙等形式。磨砖景墙给人一种古朴的感觉，一般多出现在古典园林或仿古园林的入口；石景墙给人以浑厚和沉重的感觉，一般用在纪念性园林的前部并起着传递纪念主题的作用；木景墙给人以轻快和细腻的感觉，为起到“障景”的效果，一般设置在私家园林或庭院园林入口的后面；竹景墙常常设置在园林内部的某一景区入口处，并对该景区起到点题的作用。

二、功能作用

园林墙垣有围墙和景墙之分，围墙作为园界墙体，其主要作用是起到防护功能，而且具有装饰环境的作用。但景墙在园林中的主要功能是造景，以其精巧的造型，点缀在园林之中，成为景物之一。现代园林多采用围墙和屏壁，是空间划分的重要手段。

三、基本构造

景墙一般由基础、墙身和压顶三部分组成。

（1）基础　传统景墙的墙体厚度都在 330mm 以上，且因景墙较长，故墙基需要稍加宽厚。一般墙基埋深约为 500mm，厚约为 700～800mm。可用条石、毛石或砖砌筑。现代园林大多用“一砖”墙，厚 240mm，其墙基厚度可以酌减。

(2) 墙身　可直接在基础之上砌筑墙身，也可砌筑一段高800mm的墙裙。墙裙可用条石、毛石、清水砖或清水砖贴面塑造。砌筑的平整度以及砖缝较为讲究。直接砌筑的墙体或墙裙之上的墙体通常用砖砌，也可为追求自然野趣而通体用毛石砌筑。

(3) 压顶　传统园墙的墙体之上通常都用墙檐压顶。墙檐是一条狭窄的两坡屋顶，中间还筑有屋脊。北方的压顶墙檐直接在墙顶用砖逐层挑出，上加小青瓦或琉璃瓦，做成墙帽。江南则往往在压顶墙檐之下做“抛仿”，就是一条宽300～400mm的装饰带。

现代景墙的基础和墙身的做法与传统的做法基本相似，但有时因砖墙较薄而在一定距离内加筑砖柱墩。压顶大多做简化处理，不再有墙檐。景墙的整体高度一般在3.6m左右。

四、景墙的设计

1. 材料

(1) 竹木围墙　竹篱笆是过去最常见的围墙，现已很少使用。

(2) 砖墙　墙柱间距为3～4m，中开各式漏花窗，是节约又易施工、养护管理的办法，但较为闭塞。

(3) 混凝土围墙　一是以预制花格砖砌墙，花型富有变化但易爬越；二是混凝土预制成片状，可透绿也易养护管理。混凝土墙的优点是一劳永逸，缺点是不够通透。

(4) 金属围墙

1）以型钢为材，断面有几种，表面光洁，性韧易弯不易折断，但需每2～3年刷一次漆。

2）以铸铁为材，可做各种花型，不易锈蚀又经济实惠，但材质脆而光滑度不够，订货时要注意所含成分的不同。

3）锻铁、铸铝材料质优而价高，可在局部花饰或室内使用。

4）各种金属网材，如镀锌、镀塑铅丝网，铝板网，不锈钢网等。

现在往往把几种材料结合起来，进行取长补短。混凝土往往用作墙柱、勒脚墙。以型钢为透空部分的框架，用铸铁为花饰构件。局部、细微处用锻铁、铸铝材料。

2. 设计要求

1）能不设围墙的地方尽量不设，让人亲近自然，爱护绿化。

2）尽量利用空间的划分、自然的材料达到分隔空间的目的，地面的高差、水体的两侧、绿篱树丛都可以达到隔而不分的目的。

3）设置围墙的地方能低尽量低，能透尽量透，只有少量须掩饰的隐私处，才用封闭的围墙。

4）将围墙处于绿地之中，使其成为园景的一部分，减少与人接触的机会，由围墙向景墙转化。

3. 景墙设计实例

某景墙的设计如图4-50所示。

【高手必懂】洞门与景窗

1. 表现形式

园林景墙尤其是园林内部的围墙，通常要开设洞门、空窗、漏窗等。通过它们可以增加景深变化，扩大空间，使方寸之地小中见大。

(1) 洞门的形式　洞门的形式概括起来可以分为几何形和仿生形两种形式。几何形主要有圆形、横长方、直长方、圭角、多角形、复合形等，如图4-51所示。仿生形有海棠、桃、李、石榴形，葫芦、汉瓶、如意形等，如图4-52所示。

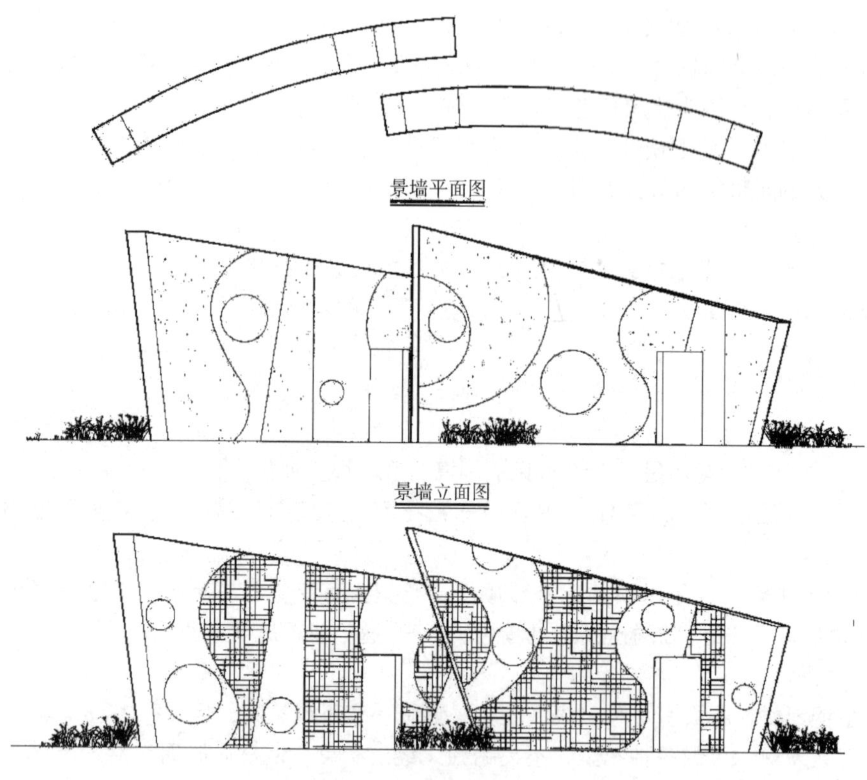

图 4-50　某景墙的设计

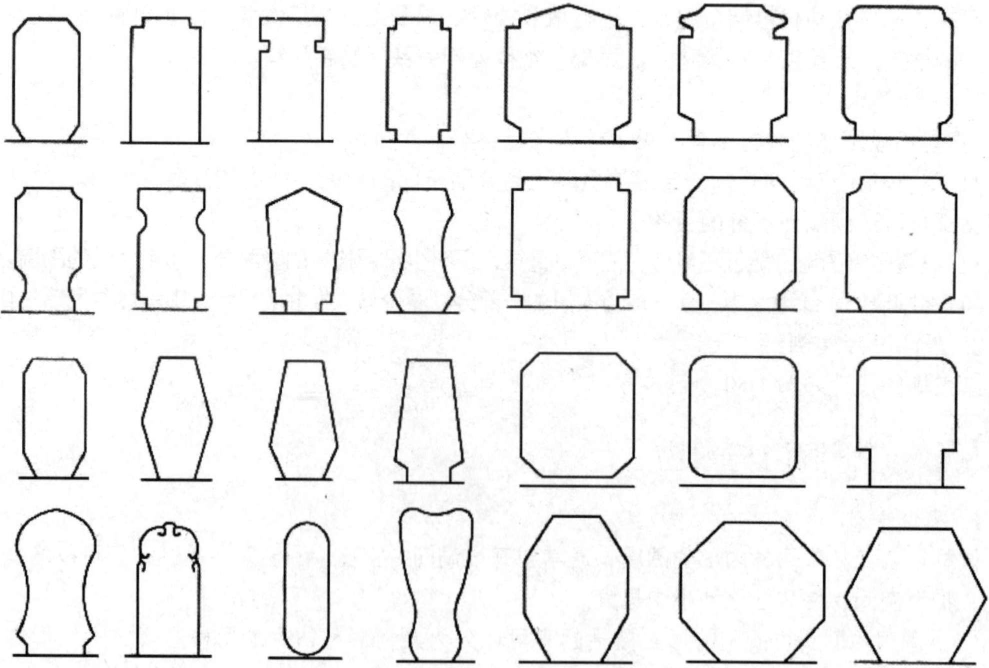

图 4-51　几何形洞门

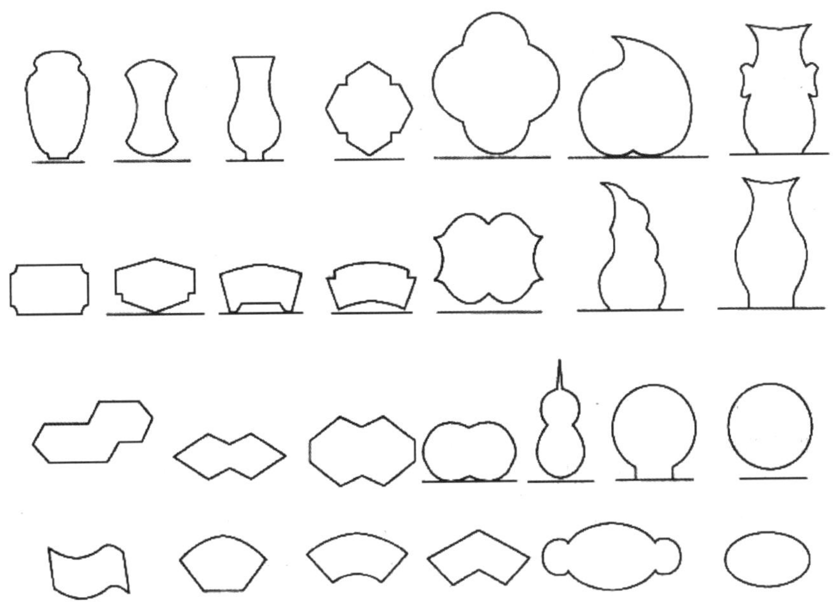

图 4-52　仿生形洞门

（2）景窗的形式　景窗不但有采光通风作用，还是庭园组景、借景的常用手法。设窗得景、结合环境，大小得体，观景得宜。景窗的形式如图 4-53 和图 4-54 所示。

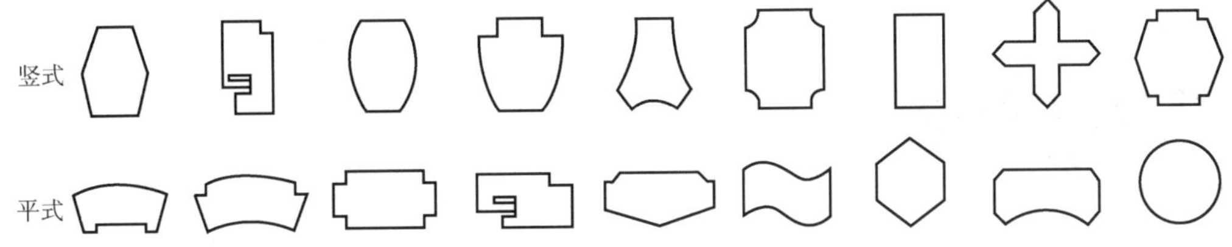

图 4-53　景窗的立面形式

图 4-54　景窗的设计实例

2. 构造与做法

（1）洞门的构造与做法　如果洞门跨度小于 1.2m，可整体预制安装或用砖砌平拱作为过梁；如果跨度大于 1.2m，洞顶须放钢筋混凝土过梁或按加筋砖过梁设计并验算。用砖砌平拱作为过梁时，一般用竖砖作为平拱砌筑。加筋砖过梁的最小构造高度不小于门窗洞跨度的1/4。底层砂浆层厚度不小于20mm，内中放3根$\phi6\sim\phi8$的钢筋伸进砌体支座内，长度不小于240mm。当门洞较宽时，为确保安全和不产生裂缝，应在门洞顶加放一道厚度为120mm的钢筋混凝土过梁。

北方洞门还常用清水砖砌筑拱券，当跨径不大于1.5m时，拱顶厚100mm；当跨径为1.5～2.4m时，拱顶厚200mm。门洞净高宜不小于2.2m，以便于通行，避免产生心理上的碰头感觉。

洞门边框可用灰青色方砖镶砌，并于其上刨成挺秀的线脚，使其与白墙辉映衬托，形成素洁的色调；也可用水磨石、斩假石、大理石、水泥砂浆抹灰及预制钢筋混凝土做框。若是采取方砖做框，为承载自重需在方砖背面做燕尾榫卯口，并用木块做成榫头插进榫卯口，木块之后端则砌入墙内，面缝用油灰嵌缝，同时用猪血拌砖屑灰嵌补面上隙洞，待其干后再用砂纸打磨光滑即成。

（2）景窗的构造与做法　景窗的高度应以人的视点高度为准，以便于游人观景眺望，同时也要兼顾与建筑、墙面及四周环境的协调。窗框下缘一般离地面1.2～1.5m为宜，窗高约1.0m，窗宽约1.2m。其构造、做法与洞门（尤其是空窗）较为相似。

传统漏窗的花格是利用望砖或筒瓦构成直线或弧线图案而成的，较为复杂的图案则改用木片外粉纸筋做成；也有以琉璃材质为窗格的，但这种漏窗尺寸较小。现代园林中也有用钢丝网水泥砂浆予以仿古预制而成的，可以成批生产。

现代公园绿地中的景窗有用扁钢、金属、有机玻璃、水泥等材料予以组合、创作的，更丰富了景窗的内容与表现形式。

第三节 栏杆与雕塑

【高手必懂】栏杆

栏杆是由外形美观的立柱和镶嵌的图案按一定间隔排成栅栏状的构筑物。在园林景观中起到安全防护、隔离和装饰等作用。在现代园林中，因其造型具有简洁、明快、通透、开敞和不阻隔空间、灵活多样的形式特点，极大地丰富了园林景致。

1. 栏杆的类型

栏杆大致分为以下3种类型：

（1）矮栏杆　高度为30～40cm，不会妨碍视线，多用于绿地边缘，也可用于场地空间领域的划分。

（2）高栏杆　高度在90cm左右，具有较强的分隔与拦阻的作用。

（3）防护栏杆　高度在100～120cm以上，超过人的重心高度，以起到防护围挡作用，一般设置在高台的边缘，可使人产生安全感。

2. 栏杆的作用

栏杆的作用，如图4-55所示。

3. 栏杆的设计

（1）栏杆的设计要求

1）低栏要防坐防踏，故低栏的外形有时做成波浪形的，有时直杆朝上，不但造型好看，构

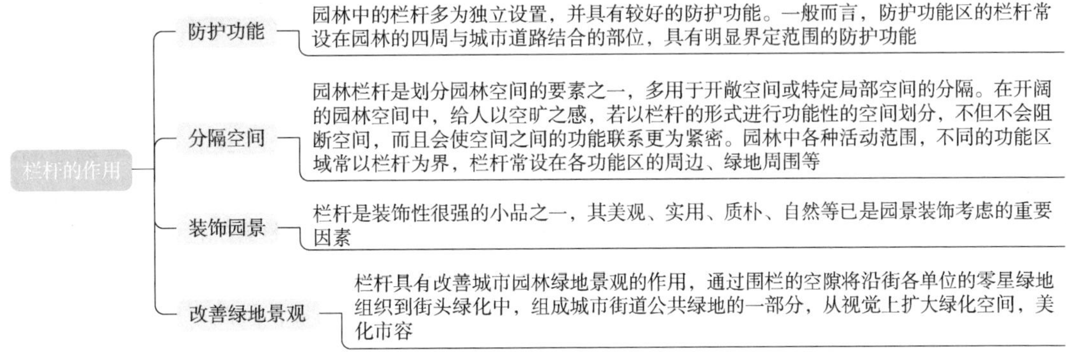

图 4-55　栏杆的作用

造牢固，杆件之间的距离大一些，还能节省造价，便于维护。

2）中栏在须防钻的地方，净空不宜超过14cm；在不须防钻的地方，构图的优美是关键，但这不适用于有危险、临空的地方，尤其要注意儿童的安全问题。

3）中栏的上槛要考虑作为扶手使用，凭栏遥望。高栏要防爬，因此，下面不要有太多的横向杆件。

（2）栏杆的构图

1）栏杆是一种长形的、连续的构筑物，因为设计和施工的要求，常按单元来划分和制作。栏杆的构图要好看，更要整体美观，在长距离内连续地重复，产生韵律美感，因此某些具体的图案、标志往往不如抽象的几何线条组成的图案给人感受强烈。

2）栏杆的构图要服从环境的要求。例如：桥栏、平曲桥的栏杆有时仅是两道横线，与平桥的造型呼应；而拱桥的栏杆则是循着桥身呈拱形的。

3）栏杆色彩注意隐显选择，切不可喧宾夺主。

4）栏杆的构图除了美观，也和造价关系密切，要疏密相间、用料恰当，每单元节约一点，总体节约的则相当可观。

（3）栏杆的构件　除了构图的需要，栏杆杆件本身的选材、构造也很有讲究。

1）要充分利用杆件的截面高度，提高强度又利于施工。

2）杆件的形状要合理，如两点之间，直线距离最短，杆件也最稳定，多几个曲折，就要放大杆件的尺寸，才能获得同样的强度。

3）栏杆受力传递的方向要直接明确。只有了解一些力学知识，才能在设计中把艺术和技术统一起来，设计出好看、耐用又便宜的栏杆来。

（4）栏杆的用料　栏杆的用料包括石、木、竹、混凝土、铁、钢、不锈钢等。现最常用的是型钢与铸铁、铸铝的组合。

1）竹木栏杆自然、质朴、价廉，但使用期不长，但如果有强调天然意境的地方，真材实料要经过防腐处理，或者采取“仿”真的办法进行设计。

2）混凝土栏杆构件较为拙笨，使用不多，有时作为栏杆柱，但无论什么栏杆，总离不了用混凝土作为基础材料。

3）铸铁、铸铝可以做出各种花型构件。优点是美观通透，缺点是性质脆，毁坏后不易修复，因此常常用型钢作为框架，取两者的优点而用之。还有一种锻铁制品，杆件外型和截面可以有多种变化，做工也精致，优雅美观，只是价格昂贵，可在局部或室内使用。

【高手必懂】雕塑

雕塑是造型艺术的一种，又称雕刻，是雕、刻、塑三种创作方法的总称。它是凝固瞬间的形象与神态、内容寓意丰富的纯艺术造型，以各种可塑的物质材料（如黏土等）或可雕刻翻制的物质材料（如石头、木材、金属等）来塑造占有一定空间的可视、可触的各种具体的艺术形象，借此反映现实生活和表现艺术家的思想感情和审美理想，是社会发展形象的历史记载。雕塑又是一种语言，表达人们的主观意念以及对美好生活环境的向往。

雕塑不仅丰富和美化了人们生活空间，而且丰富了人们精神生活，反映时代精神的地域文化的特征，许多优秀的雕塑更是成为城市的标志和象征。

1. 雕塑的作用

园林雕塑既能装点城市，美化环境，丰富人们的生活，又能在为当代服务的同时又为未来留下不易磨灭的历史性标记。因此园林雕塑在园林景观设计中起着特殊而积极的作用。

（1）表达园林主题　园林雕塑往往是园林表达主题的主要方式，把仅运用园林艺术无法具体表达的主题，运用雕塑艺术表达出来。

（2）点缀、装饰环境　园林雕塑有一部分是装饰雕塑，体现在园林装饰上，则毫不含蓄地追求附属物的外在美，精雕细琢，细腻纤秀，这从细部丰富了园林总体的审美内容。为装点环境，还可以将雕塑与水景结合，共同组成优美的画面，如图 4-56 所示。

图 4-56　法国凡尔赛宫阿波罗池

（3）组织园林景观　现代园林中，许多具有艺术魅力的雕塑艺术品为优美的环境注入了人文因素，雕塑本身又往往成为局部景观，乃至全园的主景。这些雕塑于环境当中在组织景观，美化环境，烘托气氛等方面起到了重要的作用。

（4）其他作用　在公园中常设有一些服务性设施，运用雕塑的表现手法，既拥有优美的造型，同时也满足了其使用功能。如公园内的花钵、果皮箱、灯柱、座椅以及大型儿童玩具等。另外，一些雕塑常设在公园的入口，与其他景物结合，也可起到一定指示作用。

2. 雕塑的类型

按照不同的分类方法可将雕塑分为不同的类型，雕塑的分类如下：

园林雕塑按功能分类

纪念性雕塑

纪念性雕塑以历史上或现实生活中的人或事件为主题，也可以是某种共同观念的永久纪念，用于纪念重要的人物和重大历史事件。一般这类雕塑多在户外，也有在户内的，如图4-57所示。

南京雨花台烈士陵园烈士群像

上海鲁迅公园鲁迅像

图4-57 纪念性雕塑

装饰性雕塑

装饰性雕塑是城市雕塑中数量较大的一类，这类雕塑营造的氛围比较轻松、欢快，也被称之为雕塑小品。这里专门把它作为一类来提出，是因为它在人们的生活中越来越重要，人物、动物、植物、器物都可以作为题材。其主要目的就是美化生活空间，它可以小到一个生活用具，大到街头雕塑，所表现的内容极广，表现形式也多姿多彩。它创造的一种舒适而美丽的环境，可净化人们的心灵，陶冶人们的情操，培养人们对美好事物的追求，如图4-58所示。

功能性雕塑

功能性雕塑是一种实用雕塑，是将艺术与使用功能相结合的一种艺术，这类雕塑也是从私人空间到公共空间等无所不在。它在美化环境的同时，也丰富了我们的环境，启迪了我们的思维，让人们在生活的细节中真真切切地感受到美。功能性雕塑的首要目的是实用。比如公园的垃圾箱，大型的儿童游乐器具等，如图4-59所示。

图4-58 装饰性雕塑

图4-59 功能性雕塑

陈列性雕塑

陈列性雕塑又称架上雕塑，尺寸一般不大，有室内、外之分，以雕塑为主体充分表现作者自己的想法和感受、风格和个性，甚至是某种新理论、新想法的试验品。其形式手法更是让人眼花缭乱，内容题材更为广泛，材质应用也更加现代化，如图 4-60 所示。

主题性雕塑

主题性雕塑指某个特定地点、环境、建筑的主题说明，必须与这些环境有机地结合起来，并点明主题，甚至升华主题，使观众明显地感到这一环境的特性。可具有纪念、教育、美化、说明等意义。主题性雕塑揭示了城市建筑和建筑环境的主题。这一类雕塑紧扣城市的环境和历史，可以看到一座城市的历史、精神、个性和追求，如图 4-61 所示。

图 4-60　陈列性雕塑

图 4-61　主题性雕塑

园林雕塑按形式分类

圆雕

圆雕是指非压缩的,可以多方位、多角度欣赏的三维立体雕塑，其应用范围极为广泛，也是最常见的一种雕塑形式。圆雕的手法与形式也多种多样，有写实性与装饰性的，也有具体与抽象的，户内与户外的，架上与大型城雕，着色与非着色的等；雕塑内容与题材也是丰富多彩，可以是人物、动物，甚至于静物；材质上更是多彩多姿，有石质、木质、金属、泥塑、纺织物、纸张、植物、橡胶等，如图 4-62 所示。

浮雕

浮雕是雕塑与绘画结合的产物，用压缩的办法来处理对象，靠透视等因素来表现三维空间，并只供一面或两面观看。浮雕一般是附属在另一平面上，建筑上使用得更多，用具器物上也经常可以看到。近年来，它在城市美化环境中占据了越来越重要的地位。浮雕在内容、形式和材质上与圆雕一样丰富多彩，如图 4-63 所示。

图 4-62　圆雕

图 4-63　浮雕

透雕

去掉底板的浮雕则称透雕，也称为镂空雕。把所谓的浮雕的底板去掉，从而产生一种变化多样的负空间，并使负空间与正空间的轮廓线有一种相互转换的节奏。这种手法过去常用于门窗栏杆以及家具上，有的可供两面观赏，如图 4-64 所示。

图 4-64 透雕

3. 园林雕塑的设计

雕塑在园林中的布局要全盘考虑，合理安排，根据园林的总体规划，服从园林的主题思想和意境要求。雕塑的体量需与周围环境相统一协调，在建造前应精心选址、合理选题。

（1）选题 园林雕塑的选题必须服从于整个环境思想的表达，作者赋予雕塑的主题、运用的手法以及雕塑的风格都应与整体环境相协调，这样有利于发挥环境和雕塑各自的作用。好的题材既能使雕塑的形象更丰富，又能加深人们对环境的认识，从而增加环境的感染力，在瞬间打动人心。

（2）选址 雕塑的选址要有利于雕塑主题的表达和观赏以及其形体美的展示。而雕塑的位置及周围环境对其体量的大小、尺度也有影响。因此，雕塑的选址应协调好与游人的视线关系。

（3）园林雕塑的艺术构思手法

1）形象再现的手法。这是园林雕塑创作中最基本的构思手法，常用于对内容比较具体、含义比较特殊的纪念性雕塑。形象选择多种多样，有再现人物的，有再现当时事件的。

2）环境烘托的手法。将雕塑布局在特定园林景观中，借以环境气氛的烘托，以表达雕塑的主题与内容，充分利用环境的美学特征来加强雕塑形式美的表现，以提高园林雕塑的表现力和感染力。

3）含蓄影射的手法。这种手法实质是园林艺术布局中意境的创造，运用这种构思手法，可使园林雕塑产生“画外音”“意不尽”而富有诗情画意，使游人产生情思与联想，增强了雕塑的艺术魅力。

第四节 其　他

【高手必懂】园凳

园凳是供人们休息、赏景之用。同时其变换多样的艺术造型也具有很强的装饰性。

1. 常见形式和材料

制作园凳的材料有钢筋混凝土、石、陶瓷、木、铁等，如图 4-65 所示。

1）铸铁架木板面靠背长椅，适于半卧半坐。

2）条石凳，坚固耐久，朴素大方，便于就地取材。

3）钢筋混凝土磨石子面，坚固耐久制作方便，造型轻巧，维修费用低。

4）用混凝土塑成树桩或带皮原木凳各种形状和色彩的椅凳，可以点缀风景，增加趣味。此外还可以结合花台、挡土墙、栏杆、山石设计。

图 4-65　园凳的形式

2. 园凳的结构

一般园凳以高度 40 ~ 50cm、深度 30 ~ 45cm 为宜，长度则依需要而定。具体选购或施工安装时，要根据老年人偏多的实际情况，高度尽可能低一些，深度尽可能深一点，保证老年人的安全，长度以二人使用居多，适当考虑一人和三人的特殊要求。

3. 园凳的设计

园凳的设计要在考虑功能的基础上，注重艺术性。其造型要力求简单朴实、舒适美观、制作方便、坚固耐久，色彩风格要与周围环境相协调，如图 4-66 所示。

图 4-66　园凳

（1）位置安排　园凳一般放在安静舒适、景色良好、游人需要停留休息的地方。

1）在路的两侧设置时，宜交错布置，切忌正面相对。在路的尽头设置座凳时，应在尽头开辟出一块小场地，将座凳布置在场地周边。

2）在园路拐弯处设置座凳时，应开辟出一个小空间；在规则式广场设置座凳时，宜布置在广场周边。

3）在选择座凳位置时，必须考虑游人的使用需求。特别是在夏季，座凳应安排在落叶阔叶树下，这样夏季可以乘凉，冬季树木落叶之后又可晒太阳。关于这一点在北方地区尤为重要。

（2）施工要求

1）靠背椅长度，2 人座为 120cm，4 人座为 240cm。

2）靠背椅架中距，铸铁架为 95～105cm，钢筋混凝土架为 90cm。

3）螺栓帽必须窝入木材 0.2cm，用腻子找平饰面，涂料颜色需征求业主意见后再定。

4）设围树椅时，椅底至树木枝下高要求不小于 190cm，树木胸径外围至凳椅之间窄边应不小于 25cm，基础埋设时应避免伤、碰到树木主根，同时满足并保证树坑浇水的需要。

【高手必懂】花坛、花池

花坛、花池是园林中的重要组景手段之一。花池随地形、景位、环境的变化有多种形式：花篮、花台、花兜、花穴、花带、花盆等，可固定或不固定，还可与座椅、栏杆等结合处理。设计时需考虑池深、排水等问题。花坛、花池的形式如图 4-67 和图 4-68 所示。

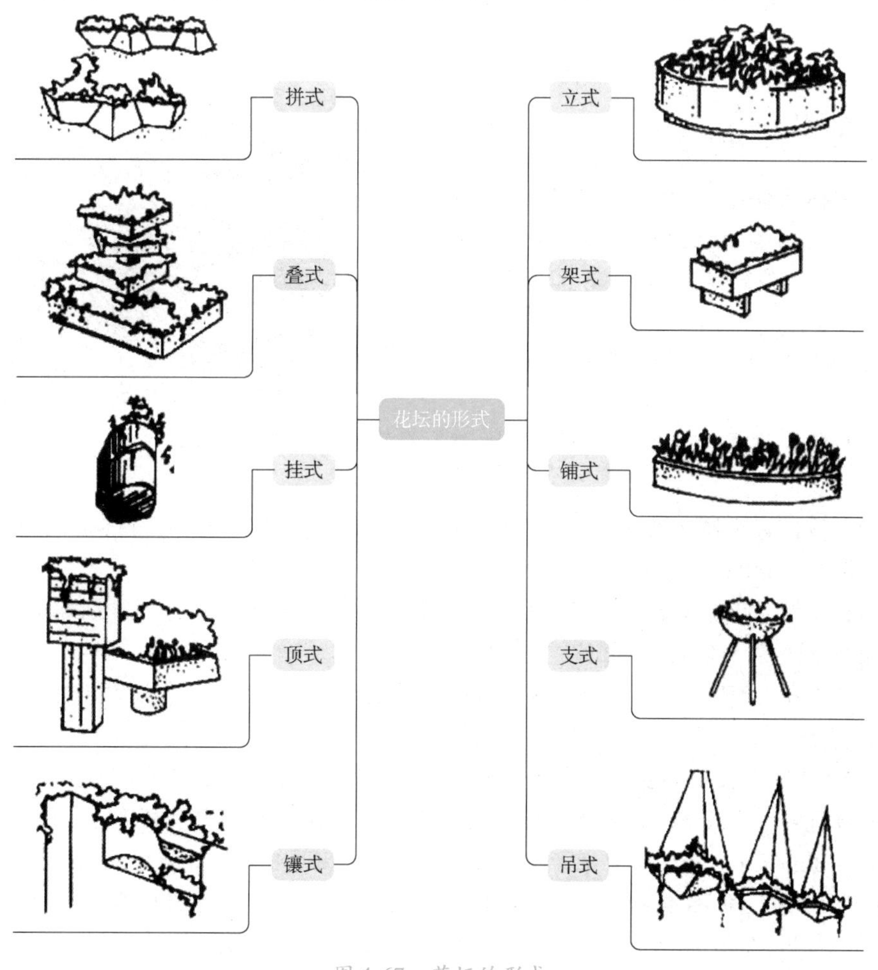

图 4-67 花坛的形式

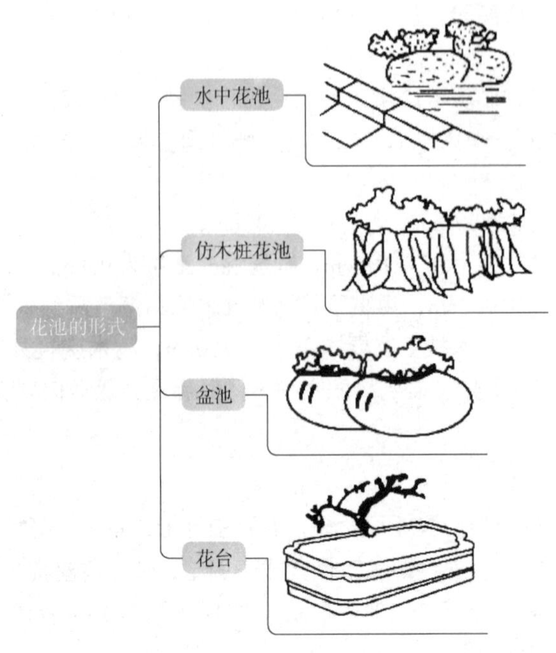

图 4-68　花池的形式

【高手必懂】垃圾桶

在保持园林环境整洁的方面，垃圾桶扮演着重要角色。为了垃圾分类及景观的需要，垃圾桶的造型、位置、材质、取出方式等均应考虑，如图 4-69 所示。

图 4-69　垃圾桶

1. 构造式样

垃圾桶从形状上看，有抽象形、具象形和动物形等；

从投入口看，有横口、上口、有盖、无盖、回转盖、上盖等。

从材料上看，有铁制（铁板制、铸板制）、合金制、塑胶制、木制、竹制、混凝土制、陶制、其他制和组合制等。

从安置方式看，有柱固定、混凝土固定、支架固定和其他固定，其中，柱固定又分为横固定、上固定和下固定（移动式、固定式）3 种。

从取出方式看，有回转式、抽出内笼、拆除支承配件、清出下部、拆盖和其他等。

2. 设计要点

1）垃圾桶位置的安排必须贯穿于园林的主要游览路线，既不能安排在特别醒目的场所，又不能安排在隐蔽处，一般安排在主路一侧、大树下、绿篱旁等地。间距本着方便游人使用的原则，一般 50 ~ 80m 安排一个即可。在用餐或长时间休憩、滞留的地方，要设置大型垃圾桶。

2）因垃圾桶是一种不雅观的设施，故其造型就显得尤为重要。垃圾桶要能适合环境条件和具有清洁感的色彩，同时要考虑废弃物是否回收，应有 2 ~ 3 种垃圾桶安置。

3）垃圾桶的材料应结实耐用、防水和不易燃。使用较多的材料有不锈钢、玻璃钢和铁制等，而且在实际使用中效果良好。

4）在户外因容易积留雨水、垃圾容易腐烂的关系，要通风良好，同时为易于垃圾清理作业，垃圾桶的下部要设排水孔。

3. 垃圾桶实例

某垃圾桶设计实例如图 4-70 和图 4-71 所示。

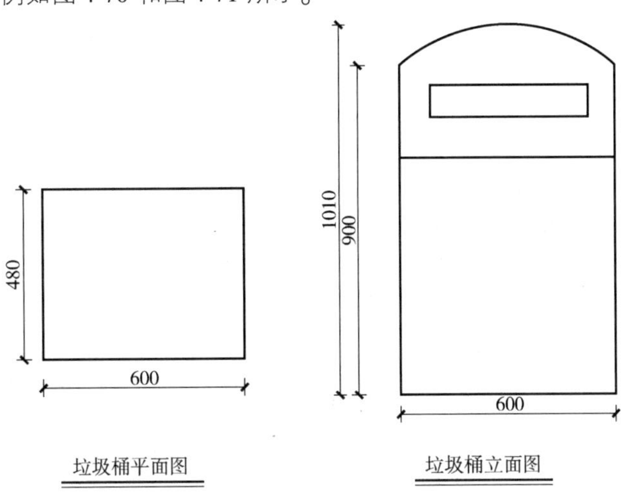

图 4-70 某垃圾桶的平、立面图（一）

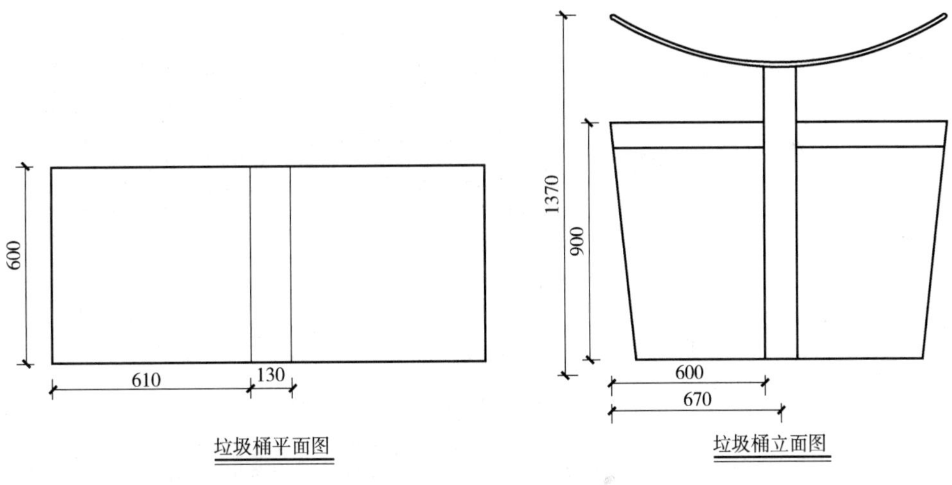

图 4-71 某垃圾桶的平、立面图（二）

【高手必懂】标识小品

一、解说牌

1. 解说牌的位置选择

（1）解说牌 解说牌设施中除解说牌之外还包括解说员、视听媒体、实物展示等，解说牌虽不及这些媒体生动有趣，但因其具有造价便宜、容易维护管理、位置固定、游客自导式及可供拍照留念等优点，故在现代园林中的解说设施多采用此项。

（2）指示牌　在现代园林中常有园区图与路标等的设置，可告诉游客目的地的方向与距离。

（3）警告牌　警告牌通常是基于安全上的需要所给予的警告，如河渠边、土坎边等均需要设警告牌。

（4）管理牌　常见的如园门口处的管理规则、开放时间以及请游客勿踏草坪、勿攀折花木的牌子。

2. 解说牌的设计原则

解说牌的设计原则如图 4-72 所示。

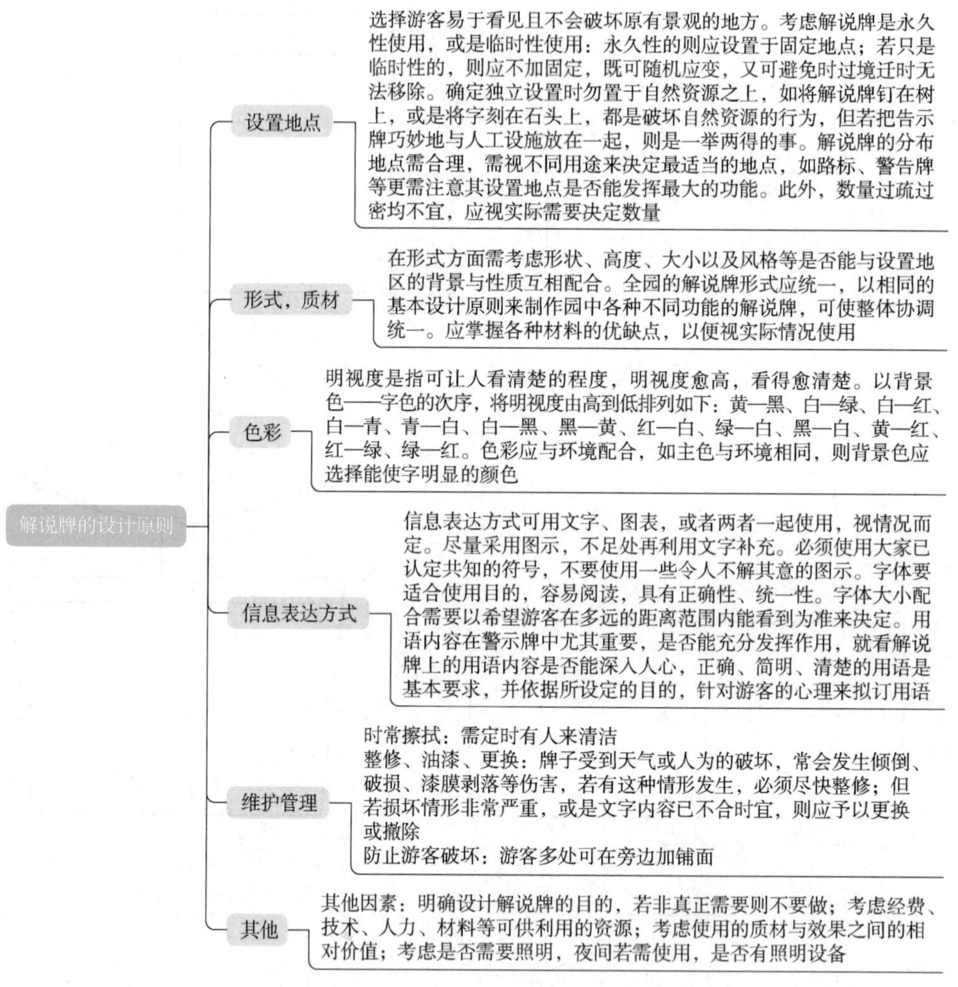

图 4-72　解说牌的设计原则

二、宣传牌与宣传廊

宣传牌与宣传廊属于园林绿地中进行宣传、科普、教育的一种景观设施。在节假日，利用公众场合对游人进行相关知识的普及、教育和介绍。采用寓教于乐的形式，对促进大众素质的提高颇有裨益。

（1）一般要求　一般宣传牌应设在人流路线以外的绿地之中，且前部应留有一定的场地，与广场结合的宣传牌，其前部的场地应利用广场，不需要单独开辟。宣传牌的两侧或后部适宜与花坛或乔木结合，为方便人们浏览，橱窗的高度控制在视域范围内。

(2) 材料选择 主件材料一般选用经久耐用的花岗石类天然石、不锈钢、铝合金、钛合金、红杉类坚固耐用木材、瓷砖、丙烯板等。构件材料除选择与主件相同的材料外，还可采用混凝土、钢材、砖材等。

(3) 位置处理 宣传牌的位置应选在游人停留较多之处，如园内各类广场、建筑物前、道路交叉口等地段，还可与挡土墙、围墙、花坛、花台以及其他园林景观相结合。

第五章 综合实例

【高手必懂】×××假山工程设计实例

一、内容

为了清楚地反映假山设计的内容，便于指导施工，通常要制作假山施工图。假山施工图是指导假山施工的技术性文件。

通常一幅完整的假山施工图包括以下几个部分：

①平面图；②剖面图；③立面图或透视图；④做法说明；⑤预算。

二、绘制要求

1. 平面图

假山施工平面图要求表现的内容如下：

①假山的平面位置、尺寸；②山峰、制高点、山谷、山洞的平面位置、尺寸及各处高程；③假山附近地形及建筑物、地下管线及与山石的距离；④植物及其他设施的位置、尺寸；⑤图纸的比例尺一般为（1∶20）~（1∶50），如图5-1、图5-2所示。

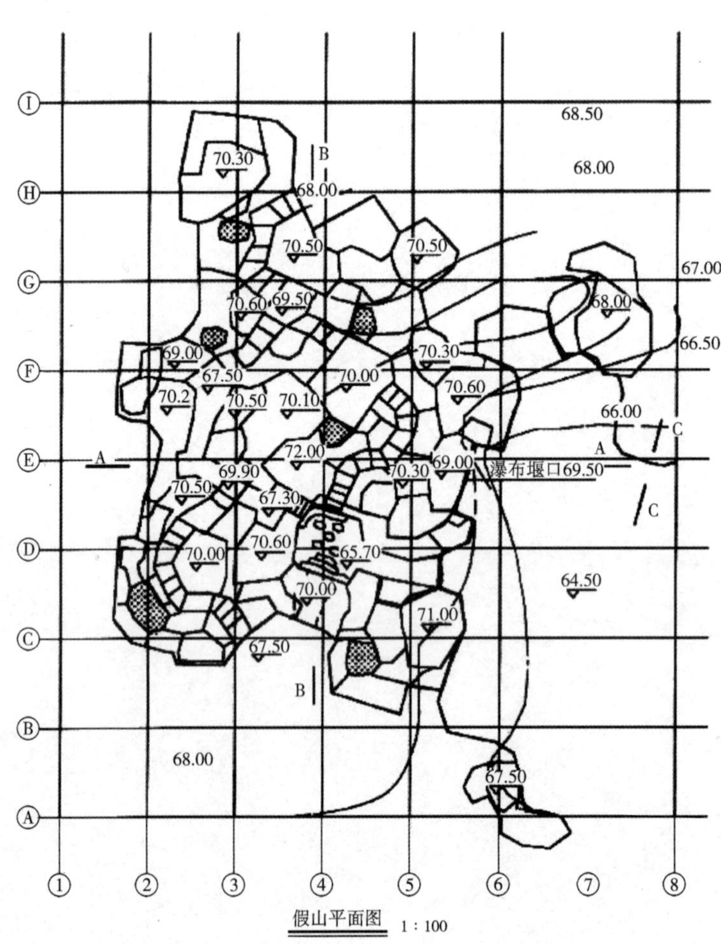

图5-1 假山平面图

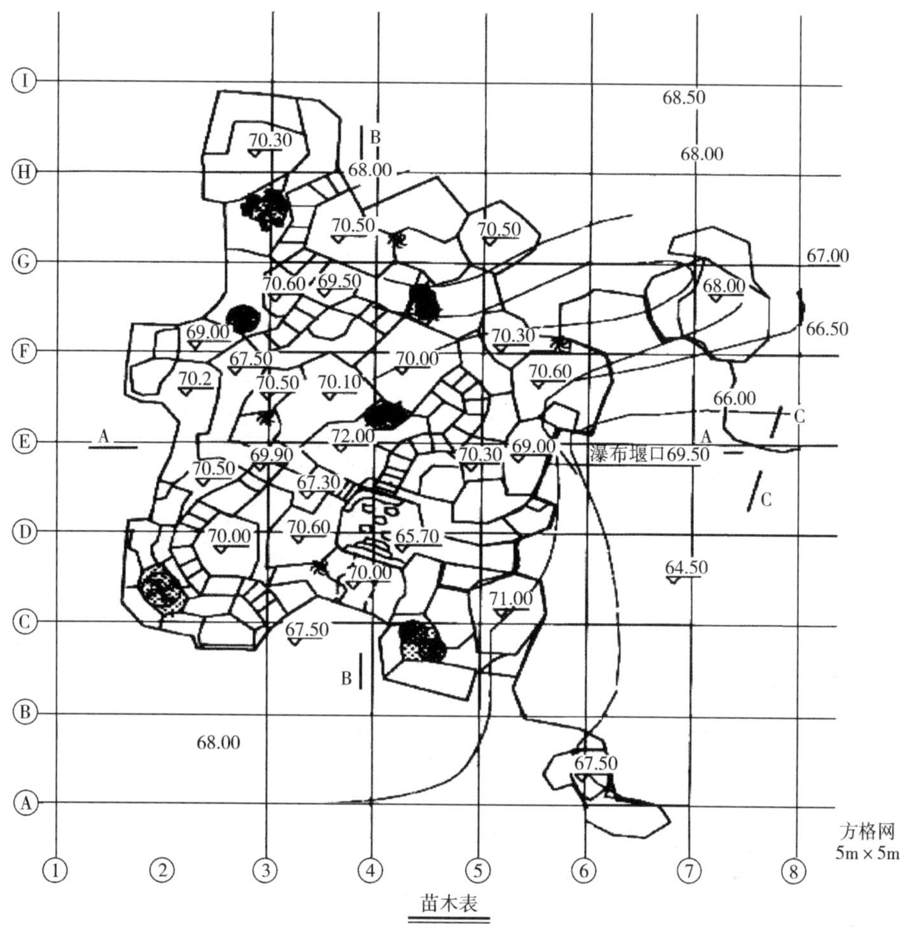

苗木表

序号	图例	名称	规格/cm	数量/棵	备注
01		三角枫	*H*250~280 *d*6~7	1	树下植龟甲冬青30株 *H*21~30 *P*21~30
02		榉树	*ϕ*8~9	1	树下植结香2株 *H*80~100 *P*60~70
03		女贞	*ϕ*6~7 *H*300	1	树下植红花继木30株 *H*35~40 *P*35~40
04		红枫	*d*5.1~6.0 *H*160	2	树下植茶梅30株 *H*25~30 *P*25~30
05		黑松	*ϕ*6~7	4	树下植杜鹃50株 *H*35~40 *P*35~40
06		常春藤	*L*110~150	100	零星种植
07		凌霄	*d*2.1~2.5	4	
08		络石藤	*L*110~150	100	零星种植
09					
10					
11					
12					
13					

注：*ϕ*—胸径　*H*—高度　*d*—地径　*P*—冠径　*L*—长度

图 5-2　假山绿化平面图

2. 剖面图

剖面图要求表现的内容一般包括：

①假山各山峰的控制高程；②假山的基础结构；③管线位置、管径；④植物种植池的做法、尺寸、位置，如图5-3、图5-4所示。

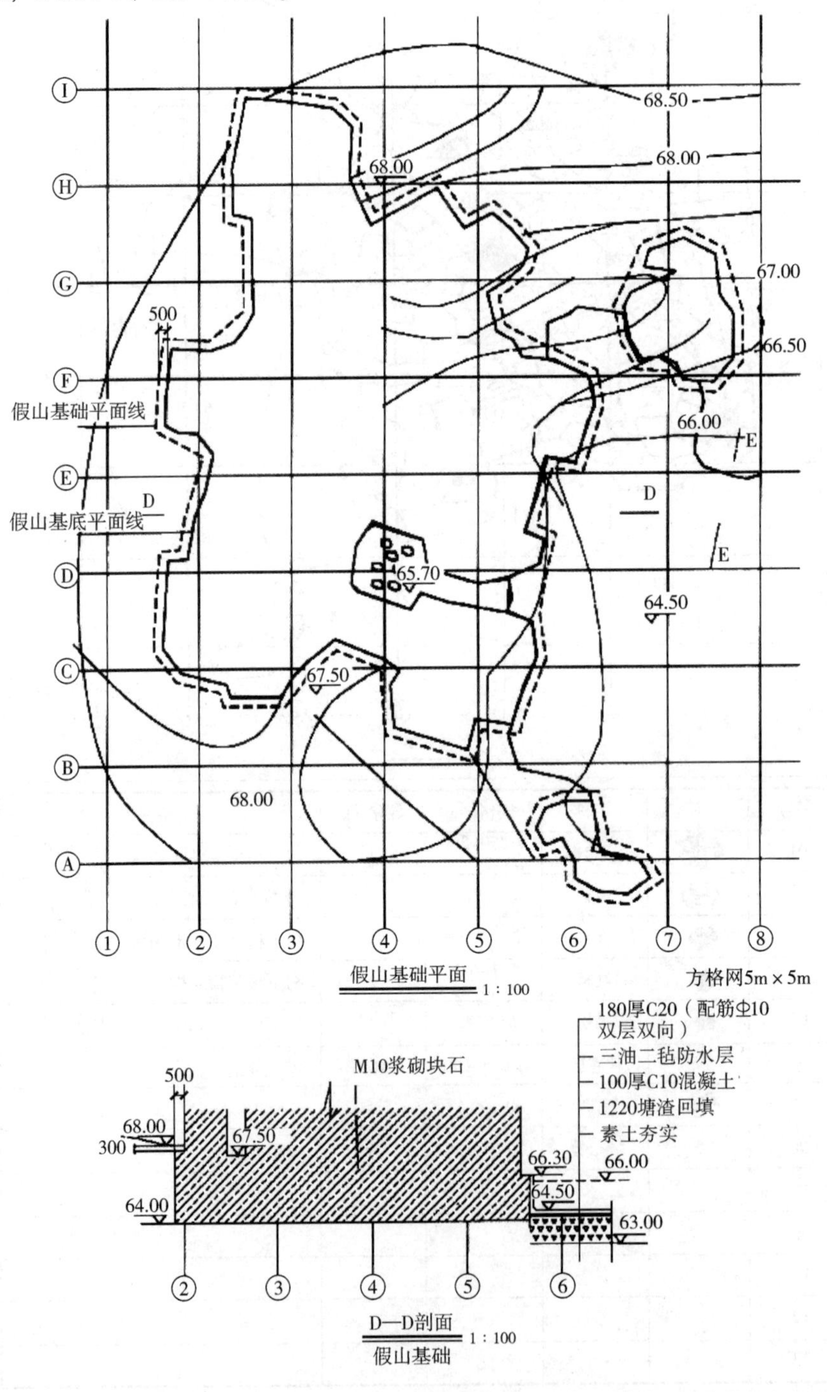

图5-3 假山剖面图（一）

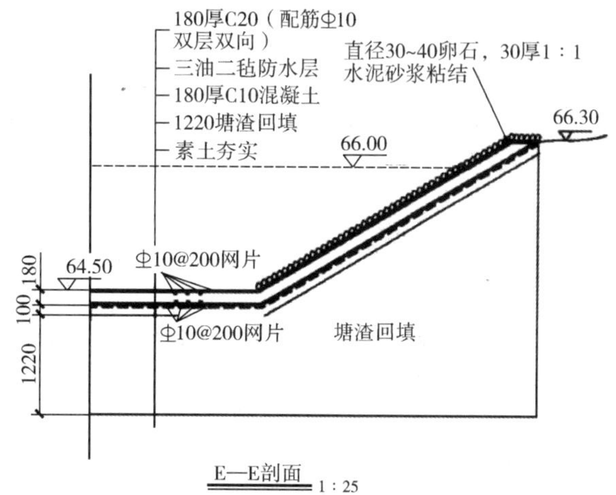

图 5-3　假山剖面图（一）（续）

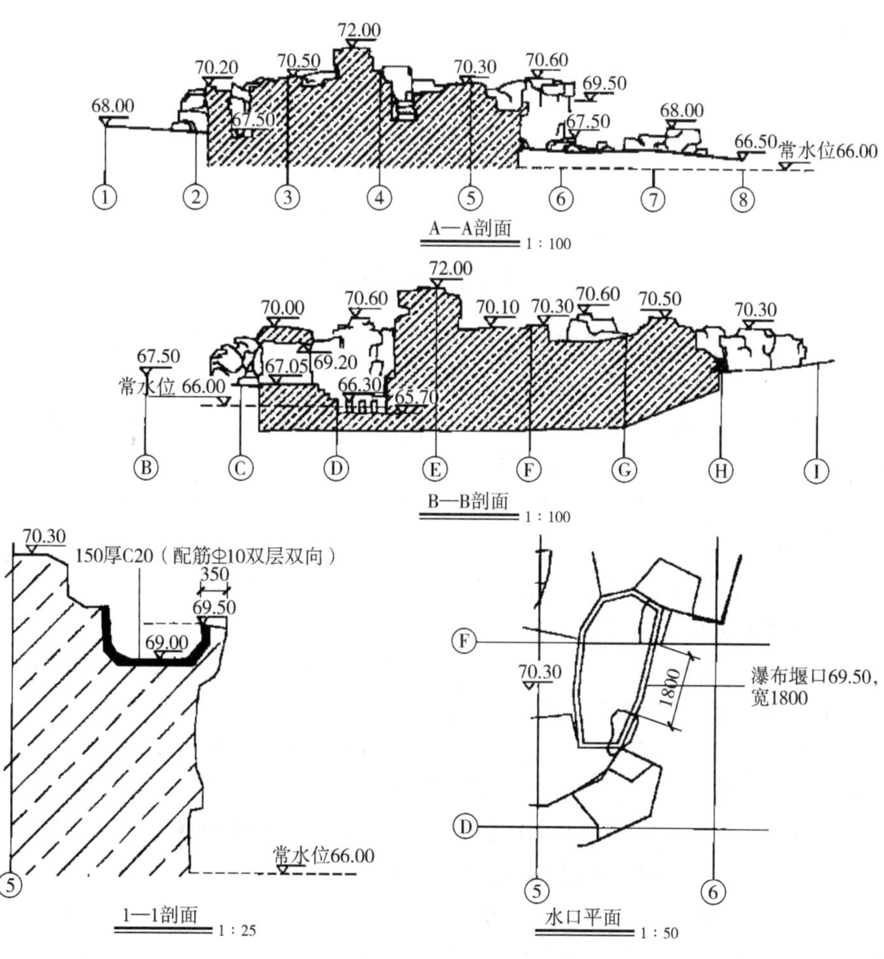

图 5-4　假山剖面图（二）

3. 立面图或透视图

立面图（图 5-5）或透视图要求表现的内容一般如下：

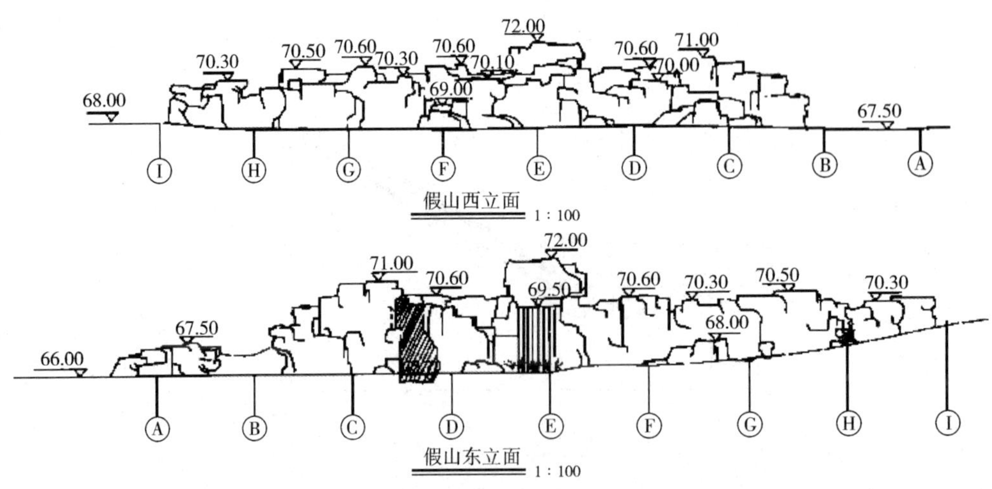

图 5-5　假山立面图

①假山的层次、配置形式；②假山的大小及形状；③假山与植物及其他设备的关系。

4. 做法说明

①山石形状、大小、纹理、色泽的选择原则；②山石纹理处理方法；③堆石手法；④接缝处理方法；⑤山石用量控制。

假山设计说明

1）假山石采用黄石，以黄石之坚硬、雄浑、沉实、棱角分明来体现骆宾王刚正不阿之性格。

2）假山基础采用 M10 浆砌块石，石料尺寸不小于 0.4m，基础宽出假山基石 0.5m。

3）假山基石从地面以下 0.3m 开始砌筑。

4）假山山体部分采用黄石，1:2 水泥砂浆砌筑，并适当留出凹穴、孔洞，以减轻假山重量，便于假山绿化。

5）假山采用 1:1 水泥砂浆加适量铁黄粉勾平缝、形成假山自然纹理。

6）零星山石布置做法同假山，基础埋深 0.5m。

7）瀑布用水采用潜水泵从水池中取水，水泵型号 QX100-7-3，接管直径 ϕ100mm，扬程 7m，流量 80～120t/h，功率 3kW。

8）水池补充水源采用水池边打井取水、井深 10m。水井开挖直径 2m，井壁采用直径 ϕ1.5m 钢筋水泥管砌筑，井底、井壁外围回填粗砂（粒径 10～15mm）。补充潜水泵型号 QX65-10-3。接管直径 ϕ65mm，扬程 10m，流量 52～78t/h，功率 3kW。

9）假山占地面积 461m^2，石材 7468t（其中普通石材、黄石各一半），池边、路边零星置黄石 100t，北大门庭院花台湖石 30t，壁山英石 5t。

10）假山、水池基础应挖至原状土，基底标高现为暂定，视现场开挖情况调整。

11）水池底 20mm 厚 1:2 防水水泥砂浆粉刷。溪流的做法：沟底 30mm 厚 1:2 水泥砂浆铺 ϕ30～40mm 卵石。

【高手必懂】×××水池设计实例

一、内容

为了清楚地反映水池的设计，便于指导施工，通常要绘制水池施工图，水池施工图是指导水池施工的技术性文件。

通常一幅完整的水池施工图包括以下几个部分：

①平面图；②剖面图；③各单项土建工程详图。

二、绘制要求

1. 平面图

水池施工平面图要求表现的内容一般包括以下几部分：

①放线依据；②水池与周围环境、建筑物、地上地下管线的距离；③对于自然式水池轮廓可用方格网控制，方格网一般为（2m×2m）~（10m×10m）；④周围地形标高与池岸标高；⑤池底转折点、池底中心以及池底的标高、排水方向；⑥进水口、排水口、溢水口的位置、标高；⑦泵房、泵坑的位置、标高，如图 5-6 所示。

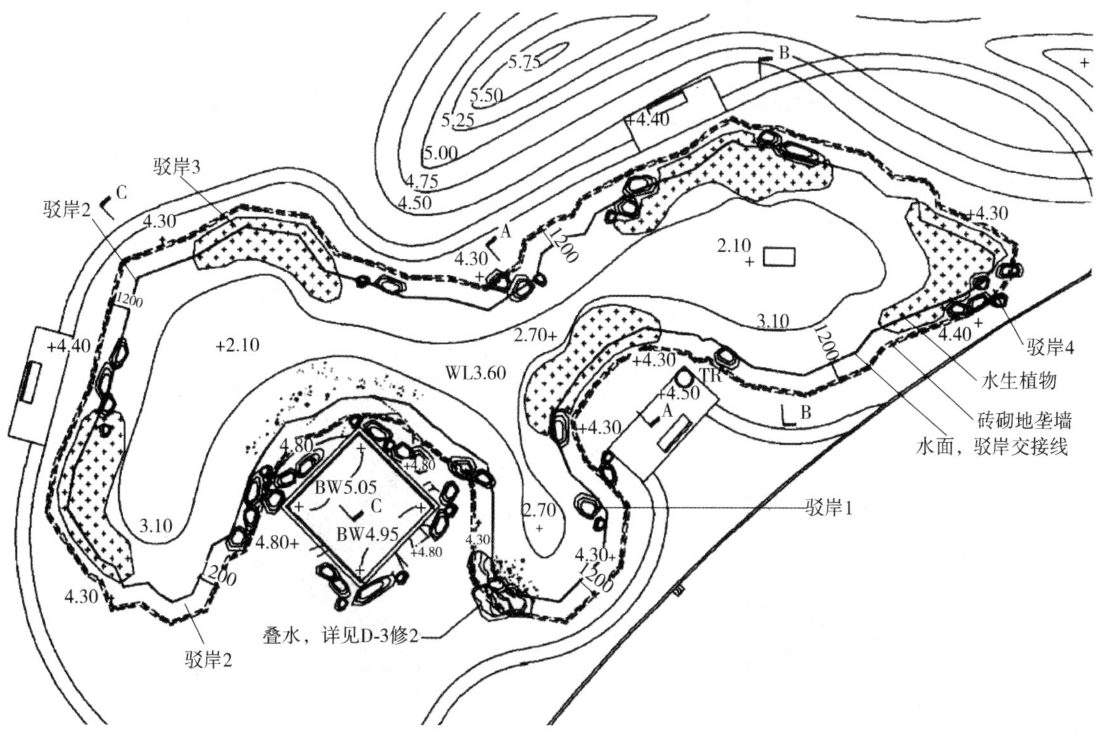

图 5-6 水池平面图 1:100

2. 剖面图

剖面图要求表现的内容包括以下几部分：

①池岸、池底以及进水口的高程；②池岸池底结构、表层、防水层、基础做法；③池岸与山石、绿地、树木结合部的做法；④池底种植水生植物的做法，如图 5-7 所示。

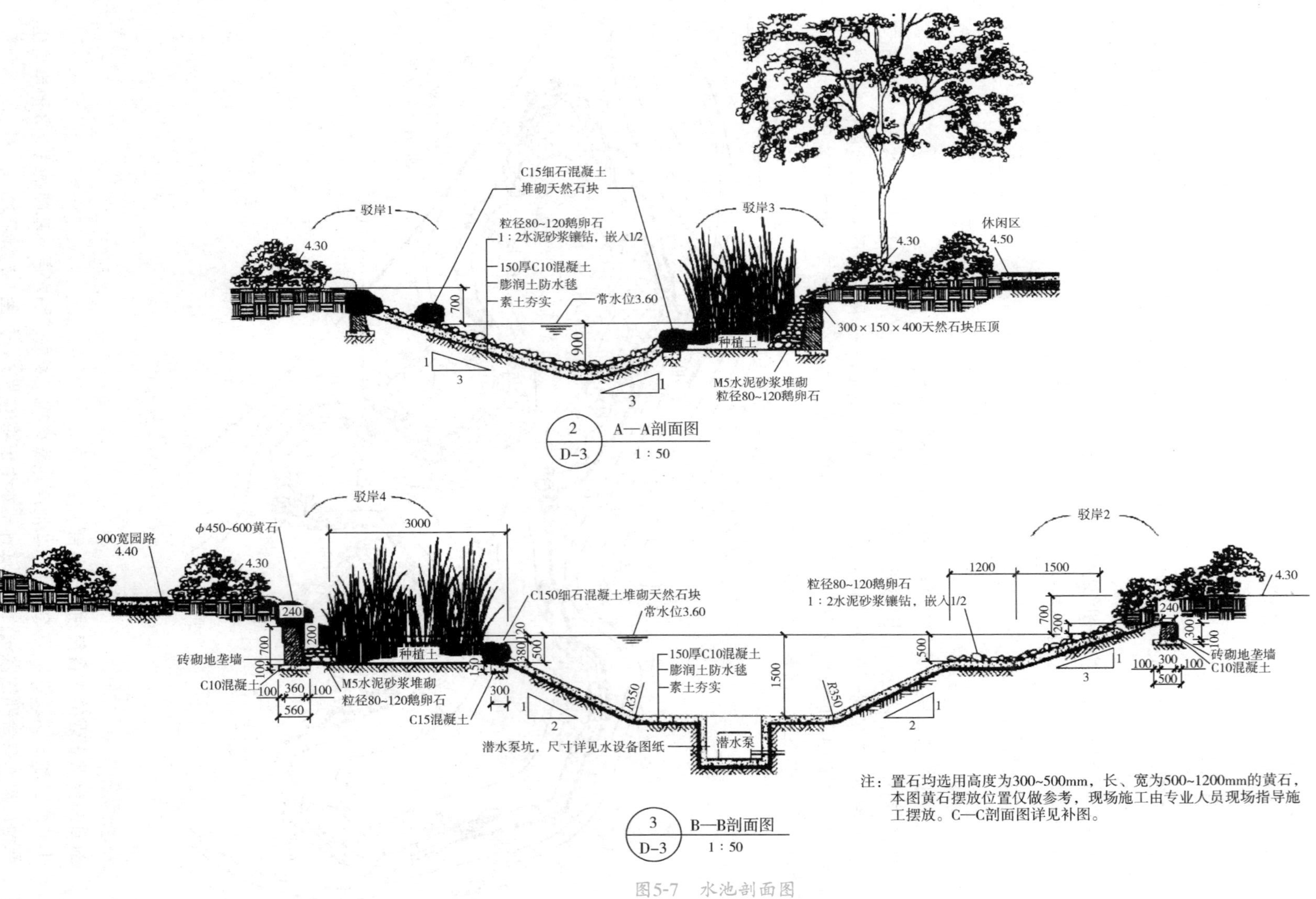

注：置石均选用高度为300~500mm，长、宽为500~1200mm的黄石，本图黄石摆放位置仅做参考，现场施工由专业人员现场指导施工摆放。C—C剖面图详见补图。

图5-7　水池剖面图

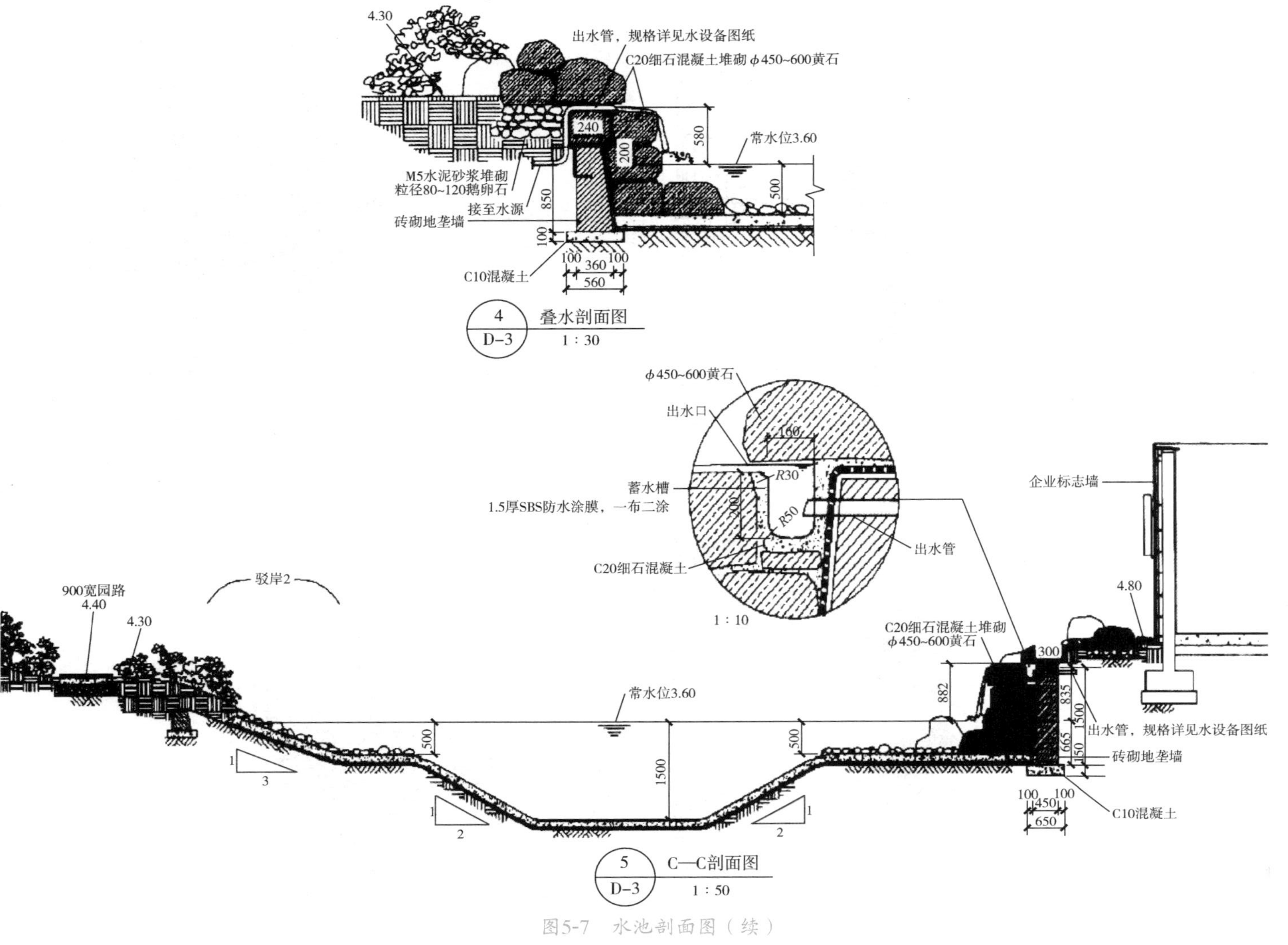
4.30
出水管，规格详见水设备图纸
C20细石混凝土堆砌φ450~600黄石
240
200
580
常水位3.60
500
M5水泥砂浆堆砌
粒径80~120鹅卵石
接至水源
850
砖砌地垄墙
100
100
360
100
560
C10混凝土
4
D-3
叠水剖面图
1 : 30
φ450~600黄石
出水口
160
R30
蓄水槽
1.5厚SBS防水涂膜，一布二涂
200
R50
出水管
C20细石混凝土
1 : 10
企业标志墙
驳岸2
900宽园路
4.40
4.30
4.80
C20细石混凝土堆砌
φ450~600黄石
300
882
835
1500
665
150
出水管，规格详见水设备图纸
砖砌地垄墙
常水位3.60
500
1500
500
1
3
1
2
1
2
100
100
450
650
C10混凝土
5
D-3
C—C剖面图
1 : 50
图5-7　水池剖面图（续）

3. 各单项土建工程详图

各单项土建工程详图要求表现的内容一般包括以下几个方面：①泵房；②泵坑；③给水排水、电气管线；④配电。

【高手必懂】×××景观小品设计实例

一、亭的实例

（1）钢筋混凝土预制装配仿古亭　图5-8所示为钢筋混凝土预制装配仿古亭，亭顶采用了钢丝网代替木模板的做法，不使用起重设备，节约了大量木材和人工，增加了亭顶的强度。

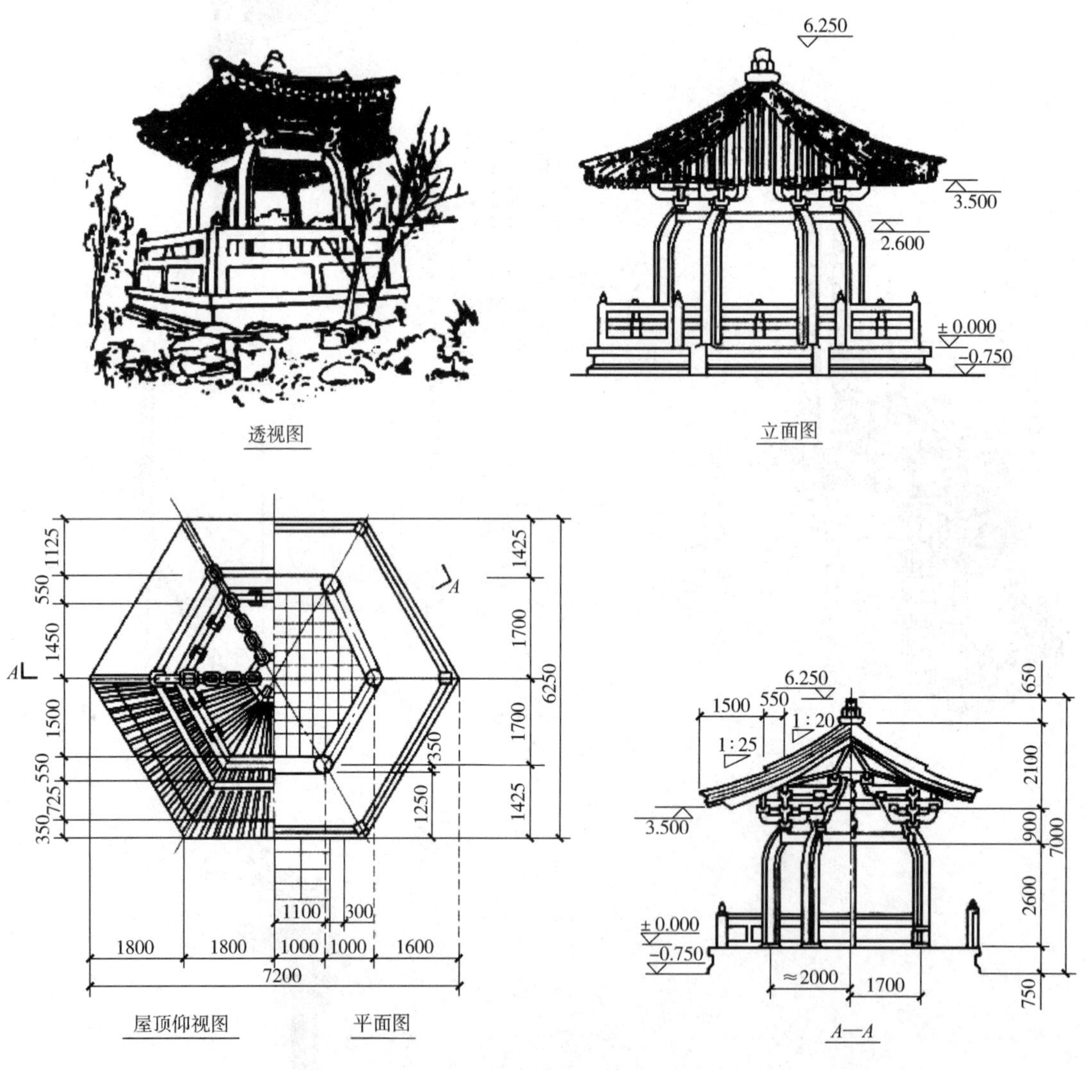

图5-8　钢筋混凝土预制装配仿古亭

（2）蘑菇亭　蘑菇亭做法的不同之处是：有时要在亭顶底板下做出“菌脉”，可利用轻钢构架外加水泥抹面做成。最后，涂上鲜艳美丽色彩的丙烯酸酯涂料，如图5-9、图5-10所示。

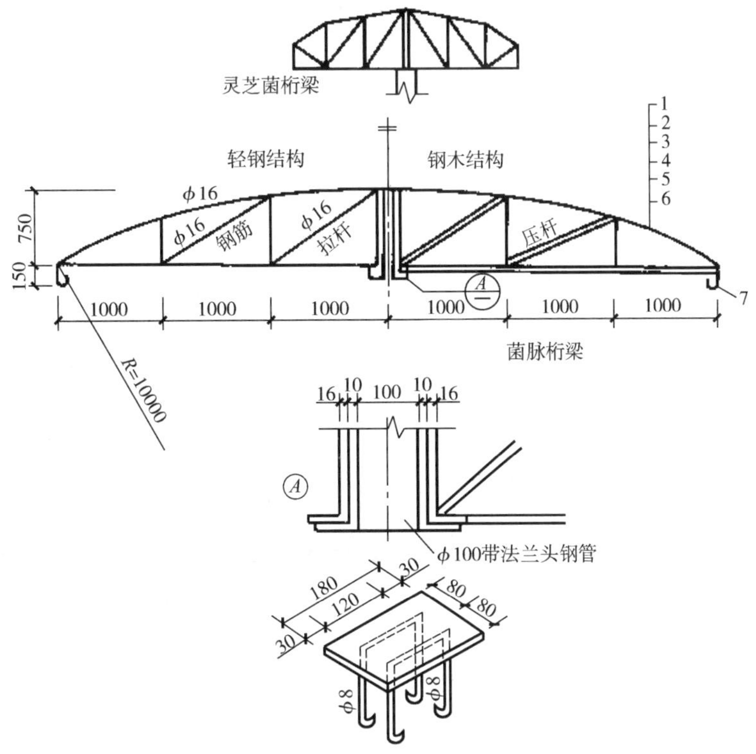

图 5-9　蘑菇亭及其菌脉顶板构造图

1—用丙烯酸酯涂料的蘑菇亭　2—厚 15cm 钢板网一层，批灰 1∶2 水泥浆

3—壳边加强筋　4—辐射筋（含垂勾筋）　5—环筋

6—菌脉桁梁　7—弧形通长辐射式垂钩钢筋

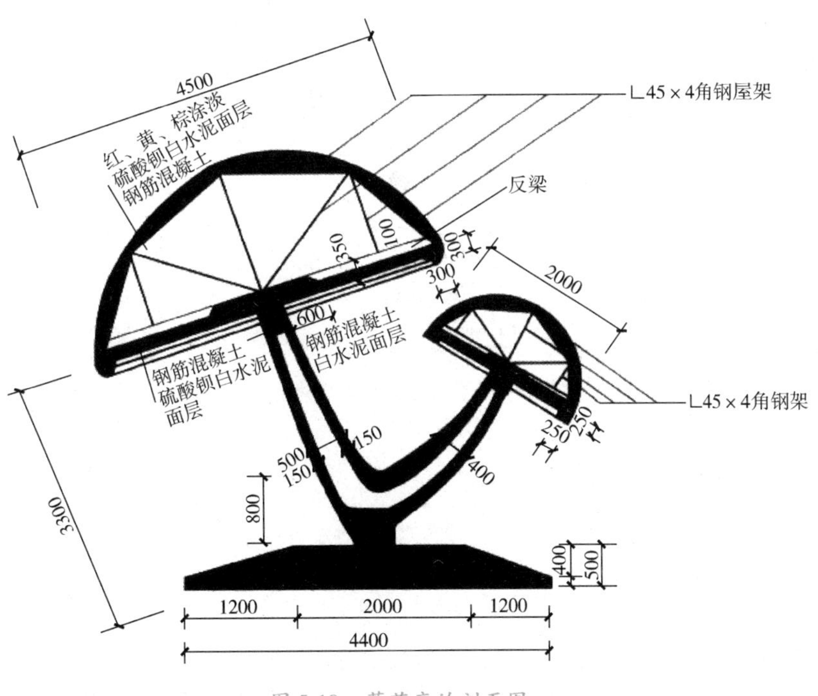

图 5-10　蘑菇亭的剖面图

（3）欧式亭 欧式亭一般是用在欧式风格的景区内，多为钢筋混凝土仿石做法。某欧式亭的结构如图5-11所示。

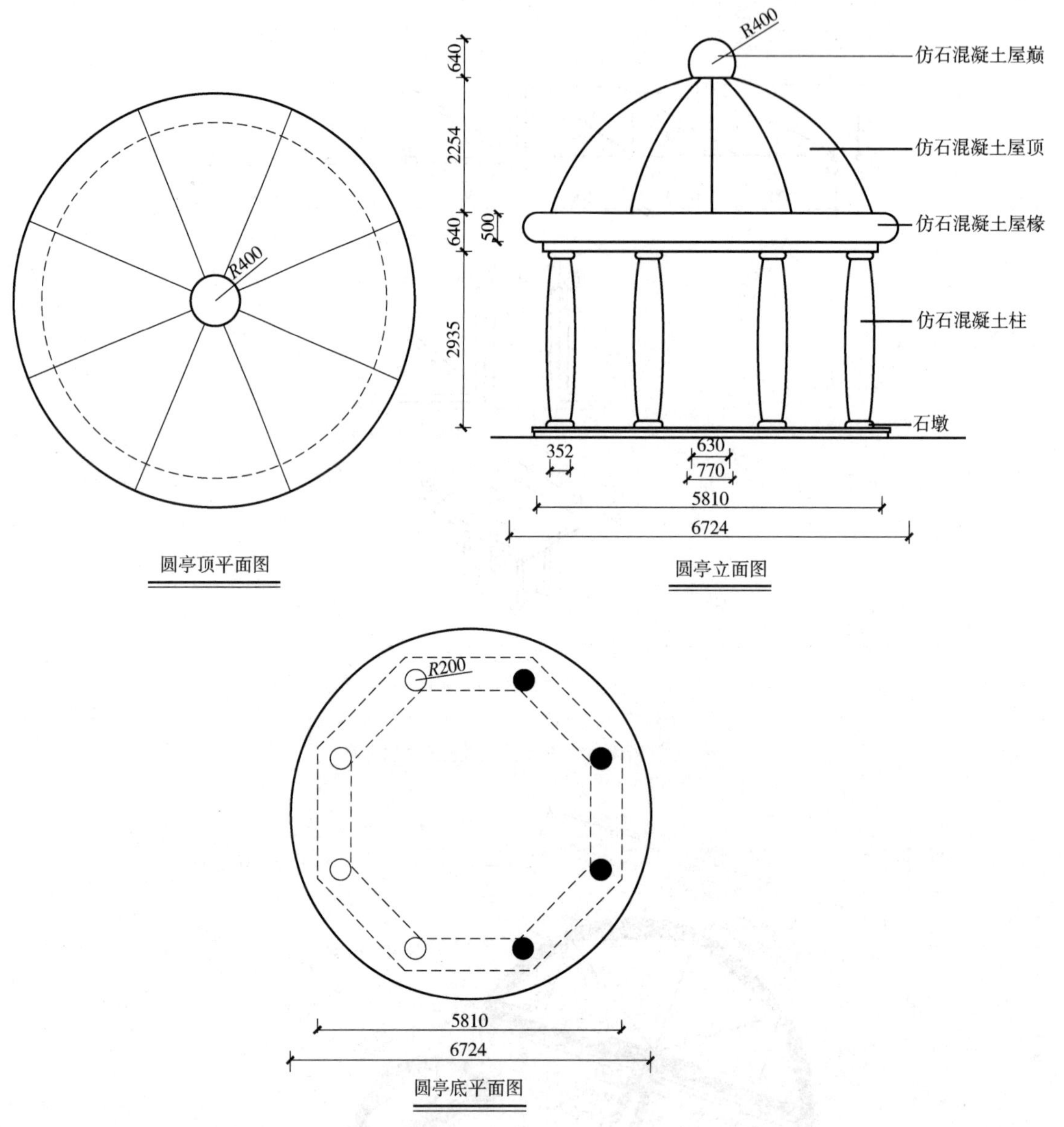

图5-11 某欧式亭结构图

二、花架实例

1. 某欧式古典花架

某欧式古典花架做法参考图5-12所示。

施工方法：

1）先按图纸放线，确定花架中线位置及座椅位置。

2）定位后，挖基础槽，根据结构图绑扎钢筋，绑扎过程中注意结构标高，绑扎完成后根据

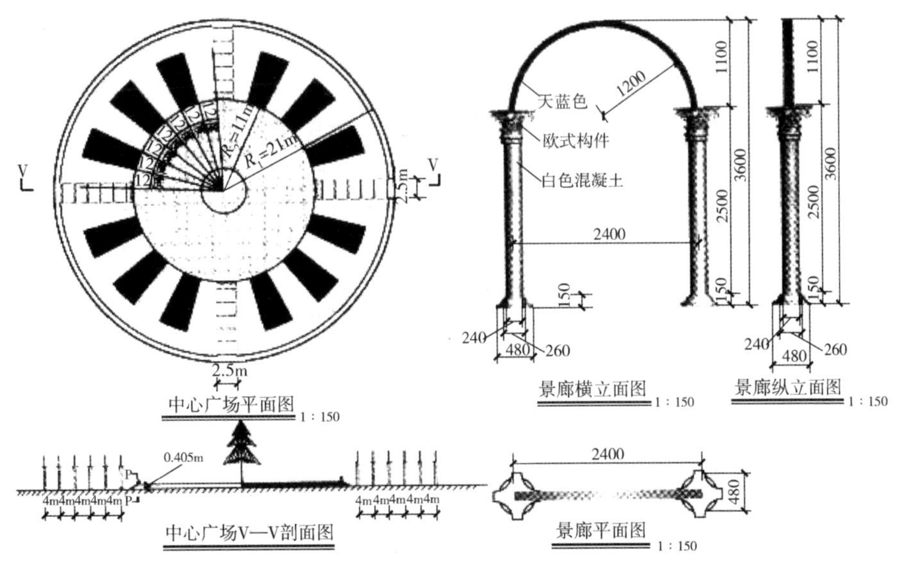

图 5-12　某欧式花架总平面图、V—V 剖面图、纵横立面图

图纸支模板，浇筑混凝土。

3）花架柱子为古罗马爱奥尼柱式，在图纸设计上要注意柱式的比例关系及细部线脚，尤其是柱头一定要做到精确。

4）花架柱外部可用预制 GRC 或表面喷涂面漆，现在市场上用意大利古迹石做旧米黄色糙面花岗石，效果更好。

5）在花架上用木头花架条，木宽 250mm，在花架梁上预埋 M1 扁钢，用 ϕ10mm 沉头螺栓与 M1 焊牢。

6）花架安装时要注意安全，安装完毕后保护好现场，并进行清理以备竣工后使用。

2. 某中式花架

某中式花架的结构如图 5-13 所示。

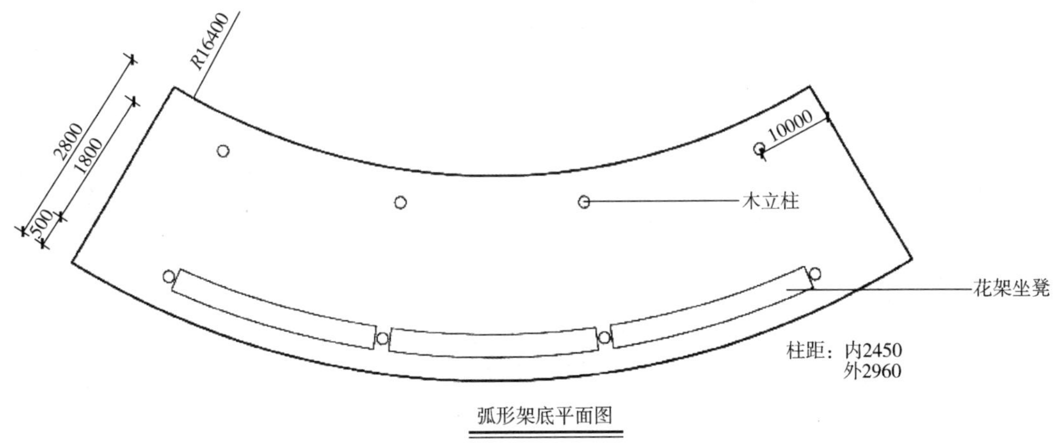

图 5-13　某中式花架结构图

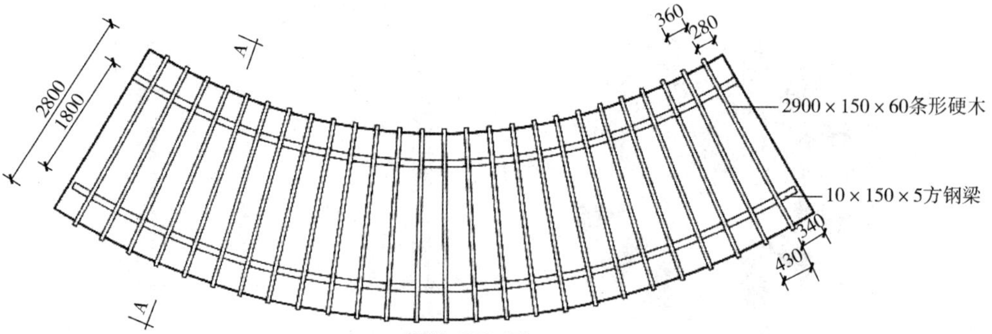

2800
1800
A
A
360
280
2900 × 150 × 60条形硬木
10 × 150 × 5方钢梁
340
430

弧形架顶平面图

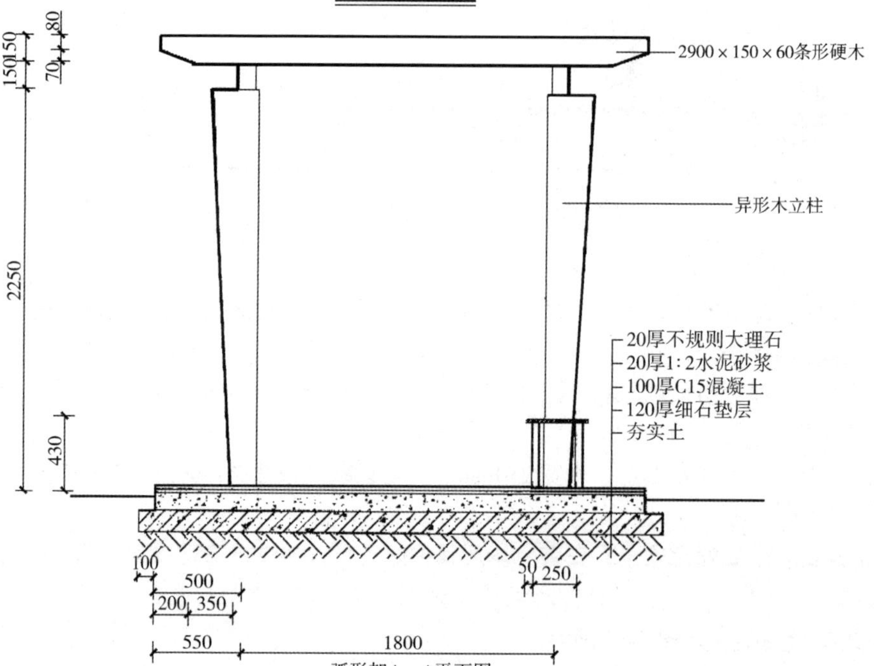

150
150
80
70
2900 × 150 × 60条形硬木
异形木立柱
2250
430
20厚不规则大理石
20厚1∶2水泥砂浆
100厚C15混凝土
120厚细石垫层
夯实土
100
500
200
350
550
1800
50
250

弧形架A—A平面图

图 5-13　某中式花架结构图（续）

3. 某现代式花架

某现代式花架结构如图 5-14 所示。

2500
300
450
3000
12000

花架底平面图

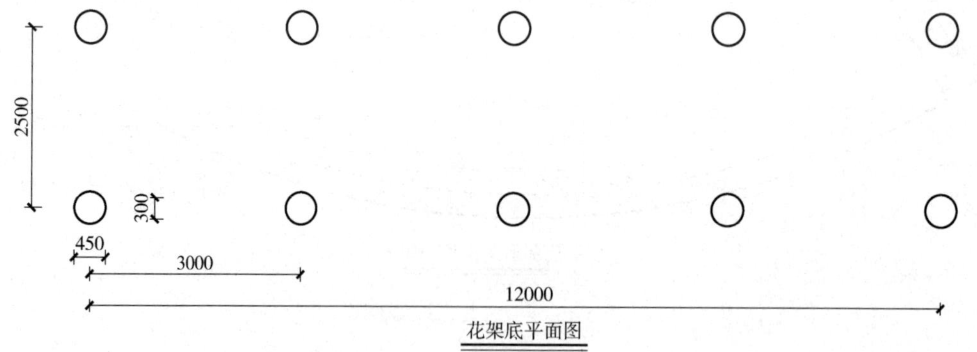

图 5-14　某现代式花架结构

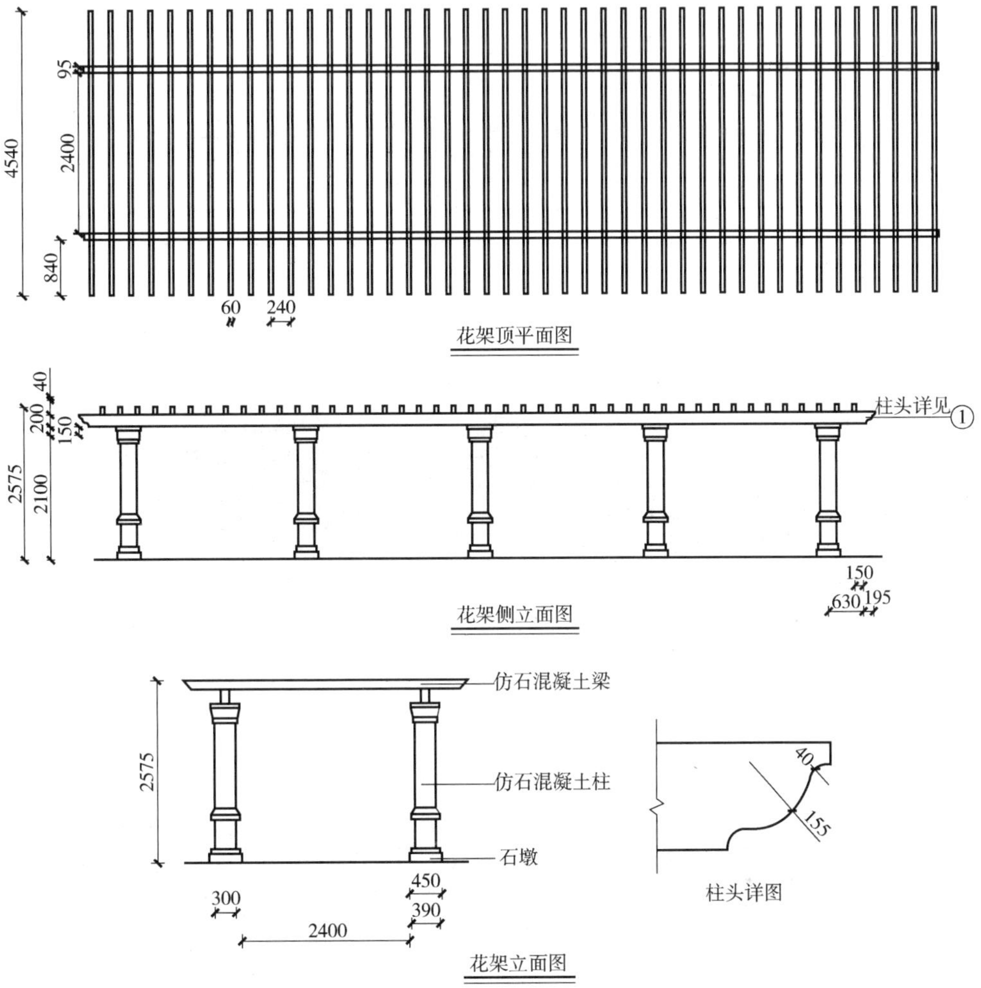

花架顶平面图

柱头详见①

花架侧立面图

仿石混凝土梁

仿石混凝土柱

石墩

柱头详图

花架立面图

图 5-14　某现代式花架结构（续）

三、栏杆实例

某栏杆实例如图 5-15 ~ 图 5-18 所示。

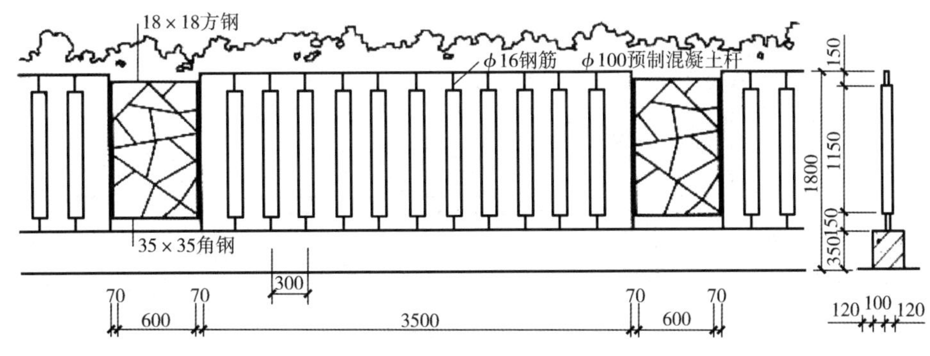

图 5-15　栏杆（一）

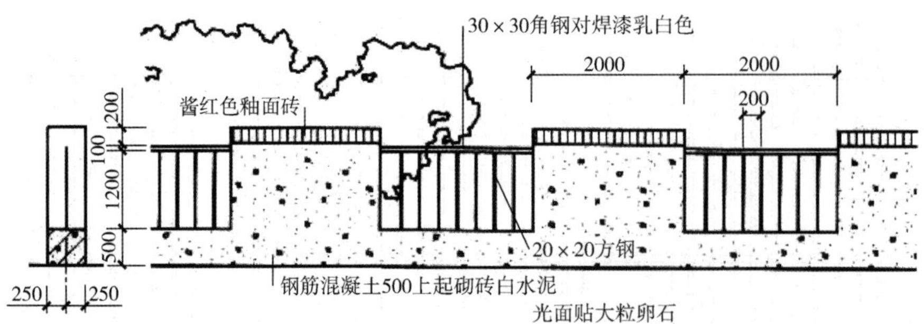

图 5-16　栏杆（二）

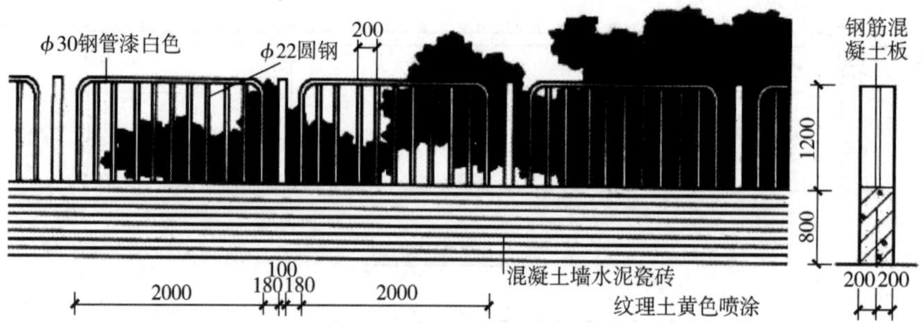

图 5-17　栏杆（三）

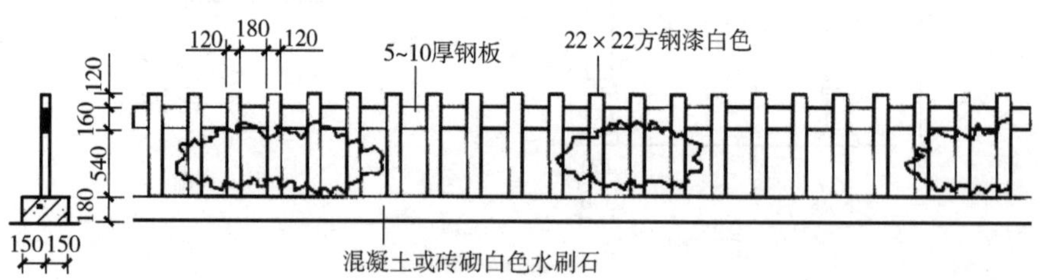

图 5-18　栏杆（四）

四、圆座石凳实例

某圆座石凳的结构如图 5-19 所示。

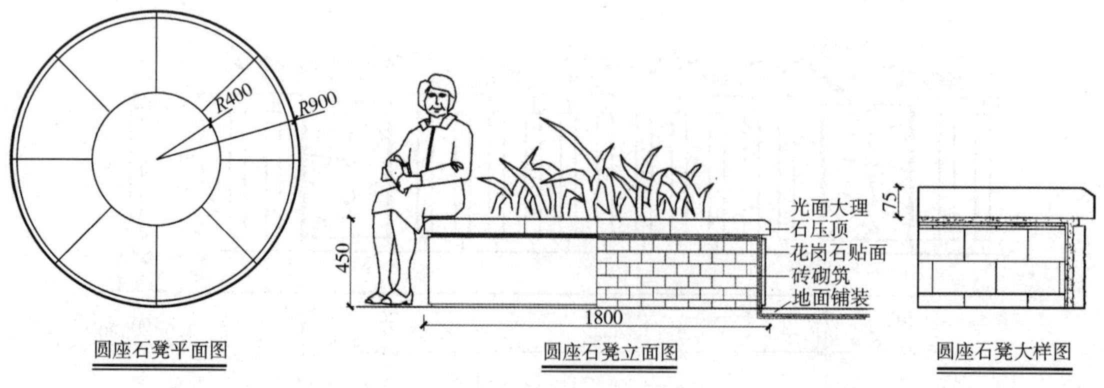

图 5-19　某圆座石凳结构图

某条凳结构如图 5-20 所示。

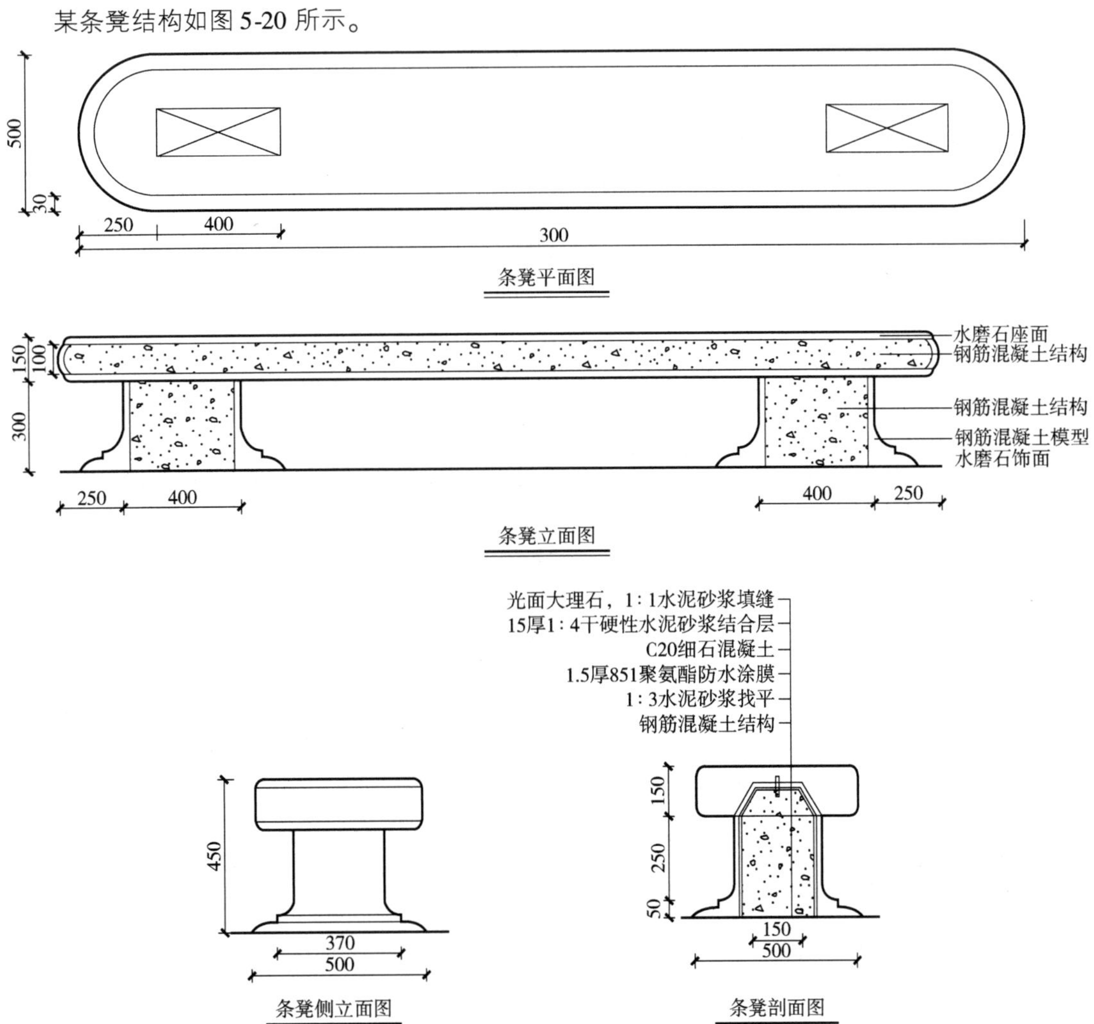

图 5-20　某条凳结构图

参考文献

［1］陈祺，陈佳．园林工程建设现场施工技术［M］．2 版．北京：化学工业出版社，2011.
［2］郝瑞霞．园林工程规划与设计便携手册［M］．北京：中国电力出版社，2008.
［3］郭丽峰．园林工程施工便携手册［M］．北京：中国电力出版社，2006.
［4］郭爱云．园林工程施工技术［M］．武汉：华中科技大学出版社，2012.
［5］蒋林君．园林绿化工程施工员培训教材［M］．北京：中国建材工业出版社，2011.
［6］田建林．园林假山与水体景观小品施工细节［M］．北京：机械工业出版社，2009.
［7］刘磊．园林设计初步［M］．重庆：重庆大学出版社，2011.
［8］吉河功．苏州园林写真集［M］．苏州：古吴轩出版社，2002.
［9］周代红．园林景观施工图设计［M］．北京：中国林业出版社，2010.
［10］张杰．现代园林置石理法与应用研究——以泰山石为例［D］．山东：山东农业大学，2011.